“十二五”普通高等教育本科国家级规划教材
普通高等教育工程造价类专业“十二五”系列规划教材

工程造价(专业)概论

编著 李建峰 赵健 勾利娜 胡倩
徐丽娇 黎明 李阳 马小瑞
张艳 申月 国伟
主审 陈起俊

机械工业出版社

本书入选教育部“‘十二五’普通高等教育本科国家级规划教材”。

本书是针对工程造价专业开设“工程造价概论”或“工程造价专业概论”课程使用的教科书，也是一本对学生进行专业教育的教材。全书共分8章，系统介绍了工程造价专业学科的产生与发展过程，工程造价专业人才培养目标和人才素质要求；在论述了工程建设与土木工程相关概念的基础上，全面阐述了工程造价专业的基础知识、理论体系、教学安排和课程设置；详细介绍了工程造价专业的学习方法和专业人士制度等；最后，针对学生的专业发展和就业方向提出了建议。

本书的作用在于指导大一新生及早了解本专业的基本情况和行业发展态势，明确学习目标和任务，掌握学习规律和方法，增强学习的目的性、主动性和责任感，为今后学好专业课程、掌握专业技能和从事相关工作打下坚实基础。

本书可作为普通高等本、专科学校及高等职业技术学校教学用书，也可作为学生自学的参考资料，以及土木工程技术人员了解工程造价用书。

本书配有电子课件，免费提供给选用本书的授课教师。需要者请根据书末的“信息反馈表”索取。

图书在版编目(CIP)数据

工程造价(专业)概论/李建峰等编著. —北京：机械工业出版社，2011.4(2016.9重印)

普通高等教育工程造价类专业“十二五”系列规划教材

ISBN 978-7-111-33469-9

Ⅰ.①工… Ⅱ.①李… Ⅲ.①建筑造价管理—高等学校—教材 Ⅳ.①TU723.3

中国版本图书馆CIP数据核字(2011)第024814号

机械工业出版社(北京市百万庄大街22号 邮政编码100037)
策划编辑：刘 涛 责任编辑：刘 涛 版式设计：张世琴
责任校对：张玉琴 封面设计：马精明 责任印制：乔 宇
北京铭成印刷有限公司印刷
2016年9月第1版第8次印刷
169mm×239mm · 13.5印张 · 258千字
标准书号：ISBN 978-7-111-33469-9
定价：24.00元

凡购本书，如有缺页、倒页、脱页，由本社发行部调换

电话服务
服务咨询热线：010-88379833
读者购书热线：010-88379649

网络服务
机 工 官 网：www.cmpbook.com
机 工 官 博：weibo.com/cmp1952
教育服务网：www.cmpedu.com
金 书 网：www.golden-book.com

普通高等教育工程造价类专业“十二五”系列规划教材

编 审 委 员 会

序　一

1996年，原建设部和人事部联合发布了《造价工程师执业资格制度暂行规定》，工程造价行业期盼多年的造价工程师执业资格制度和工程造价咨询制度在我国正式建立。该制度实施以来，我认为我国工程造价行业取得了以下三个方面的主要成就：

一是形成了独立执业的工程造价咨询产业。通过住房和城乡建设部标准定额司和中国建设工程造价管理协会（以下简称中价协），以及行业同仁的共同努力，造价工程师执业资格制度和工程造价咨询制度得以顺利实施，目前，我国已拥有注册造价工程师近11万，甲级工程造价咨询企业1923家，年产值近300亿元，进而形成了一个社会广泛认同独立执业的工程造价咨询产业。该产业的形成不仅为工程建设事业做出了重要的贡献，也使工程造价专业人员的地位得到了显著提高。

二是工程造价管理的业务范围得到了较大的拓展。通过大家的努力，工程造价专业从传统的工程计价发展为工程造价管理，该管理贯穿于建设项目的全过程、全要素，甚至项目的全寿命周期。造价工程师的地位之所以得以迅速提高就在于我们的业务范围没有仅仅停留在传统的工程计价上，而是与我们提出的建设项目全过程、全要素和全寿命周期管理理念得到很好的贯彻分不开的。目前，部分工程造价咨询企业已经通过他们的工作成就，得到了业主的充分肯定，在工程建设中发挥着工程管理的核心作用。

三是通过推行工程量清单计价制度实现了建设产品价格属性从政府指导价向市场调节价的过渡。计划经济体制下实行的是预算定额计价，显然其价格的属性就是政府定价；在计划经济向市场经济过渡阶段，仍然延用预算定额计价，同时提出了“固定量、指导价、竞争费”的计价指导原则，其价格的属性具有政府指导价的显著特征。2003年《建设工程工程量清单计价规范》实施后，我们推行工程量清单计价方式，该计价方式不仅是计价模式形式上的改变，更重要的是通过"企业自主报价"改变了建设产品的价格属性，它标志着我们成功地实现了建设产品价格属性从政府指导价向市场调节价的过渡。

尽管取得了具有划时代意义的成就，但是，必须清醒地看到我们的主要业务范围还是相对单一、狭小，具有系统管理理论和技能的工程造价专业人才仍很匮乏，学历教育的知识体系还不能适应行业发展的要求，传统的工程造价管理体系部分已经不能适应构建适应我国法律框架和业务发展要求的工程造价管理的发展要求。这就要求我们重新审视工程造价管理的内涵和任务、工程造价行业发展战略和工程造价管理体系等核心问题。就上述三个问题笔者认为：

1. 工程造价管理的内涵和任务。工程造价管理是建设工程项目管理的重要组成部分，它是以建设工程技术为基础，综合运用管理学、经济学和相关的法律知识与技能，为建设项目的工程造价的确定、建设方案的比选和优化、投资控制与管理提供智力服务。工程造价管理的任务是依据国家有关法律、法规和建设行政主管部门的有关规定，对建设工程实施以工程造价管理为核心的全面项目管理，重点做好工程造价的确定与控制，建设方案的优化，投资风险的控制，进而缩小投资偏差，以满足建设项目投资期望的实现。工程造价管理应以工程造价的相关合同管理为前提，以事前控制为重点，以准确工程计量与计价为基础，并通过优化设计、风险控制和现代信息技术等手段，实现工程造价控制的整体目标。

2. 工程造价行业发展战略。一是在工程造价的形成机制方面，要建立和完善具有中国特色的“法律规范秩序，企业自主报价，市场形成价格，监管行之有效”工程价格的形成机制。二是在工程造价管理体系方面，构建以工程造价管理法律、法规为前提，以工程造价管理标准和工程计价定额为核心，以工程计价信息为支撑的工程造价管理体系。三是在工程造价咨询业发展方面，要在“加强政府的指导与监督，完善行业的自律管理，促进市场的规范与竞争，实现企业的公正与诚信”的原则下，鼓励工程造价咨询行业“做大做强，做专做精”，促进工程造价咨询业可持续发展。

3. 工程造价管理体系。工程造价管理体系是指建设工程造价管理的法律法规、标准、定额、信息等相互联系且可以科学划分的整体。制订和完善我国工程造价管理体系的目的是指导我国工程造价管理法制建设和制度设计，依法进行建设项目的工程造价管理与监督。规范建设项目投资估算、设计概算、工程量清单、招标控制价和工程结算等各类工程计价文件的编制。明确各类工程造价相关法律、法规、标准、定额、信息的作用、表现形式以及体系框架，避免各类工程计价依据之间不协调、不配套、甚至互相重复和矛盾的现象。最终通过建立我国工程造价管理体系，提高我国建设工程造价管理的水平，打造具有中国特色和国际影响力的工程造价管理体系。工程造价管理体系的总体架构应围绕四个部分进行完善，即工程造价管理的法规体系、工程造价管理标准体系、工程计价定额体系，以及工程计价信息体系。前两项是以工程造价管理为目的，需要法规和行政授权加以支撑，要将过去以红头文件形式发布的规定、方法、规则等以法规和标准的形式加以表现；后两项是服务于微观的工程计价业务，应由国家或地方授权的专业机构进行编制和管理，作为政府服务。

我国从1996年才开始实施造价工程师执业资格制度，至今不过十几年的时间。天津理工大学在全国率先开设工程造价本科专业，2003年才获得教育部的批准。但是，工程造价专业的发展已经取得了实质性的进展，工程造价业务从传统概预算计价业务发展到工程造价管理。尽管如此，目前，我国的工程造价管理体系还不够完善，专业发展正在建设和变革之中，这就急需构建具有中国特色的工程造价管理体系，并积极把有关内容贯彻到学历教育和继续教育中。2010年4月，笔者参加了2010年度“全国普通高等院校工程造价类专业协作组会议”，会上通过了尹贻林教授提出的成立“普通高等院校工程造价类专业‘十二五’系列规划教材" 编审委员会的议题。我认为，这是工程造价专业发展的一件大好事，也是工程造价专业发展的一项重要基础工作。该套系列教材是在中价协下达的" 造价工程师知识结构和能力标准" 的课题研究基础上规划的，符合中价协对工程造价知识结构的基本要求，可以作为普通高等院校工程造价专业或工程管理专业(工程造价方向)的本科教材。2011年4月中价协在天津召开了理事长会议，会议决定在部分普通高等院校工程造价专业或工程管理专业(工程造价方向)试点，推行双证书(即毕业证书和造价员证书)制度，我想该系列教材将成为对认证院校评估标准中课程设置的重要参考。

该套教材体系完善，科目齐全，笔者虽未能逐一拜读各位老师的新作，进而加以评论，但是，我确信这将又是一个良好的开端，它将打造一个工程造价专业本科学历教育的完整结构，故笔者应尹贻林教授和机械工业出版社的要求，还是欣然命笔，写了一下对工程造价专业发展的一些个人看法，勉为其序。

中国建设工程造价管理协会　副秘书长

吴佐民

2011年4月

序　二

进入21世纪，我国高等教育界逐渐承认了工程造价专业的地位。这是出自以下考虑：首先是我国三十余年改革开放的过程主要是靠固定资产投资拉动经济的迅猛增长，导致对计量计价和进行投资控制的工程造价人员的巨大需求，客观上需要在高校中办一个相应的本科专业来满足这种需求；其次，高等教育界的专家、领导也逐渐意识到一味追求宽口径的通才培养不能适用于所有高等教育形式，开始分化，即重点大学着重加强对学生培养的人力资源投资通用性的投入以追求“一流”，而对于更大多数的一般大学则着力加强对学生的人力资源投资专用性的投入以形成特色。工程造价专业则较好地体现了这种专用性，是一个活跃而精准满足了上述要求的小型专业。第三，大学也需要有一个不断创新的培养模式，既不能泥古不化，也不能随市场需求而频繁转变。达成上述共识后，高等教育界开始容忍一些需求大，但适应面较窄的专业。在近十年的办学历程中，工程造价专业周围逐渐聚拢了一个学术共同体，以“全国普通高等院校工程造价类专业教学协作组”的形式存在着，每年开一次会议，共同商讨在教学和专业建设中遇到的难题，目前已有近三十所高校的专业负责人参加了这个学术共同体，日显人气旺盛。

在这个学术共同体中，大家都认识到，各高校应因地制宜，创出自己的培养特色。但也要有一些核心课程来维系这个专业的正统和根基。我们把这个根基定为与大学生的基本能力和核心能力相适应的课程体系。培养学生基本能力是各高校基础课程应完成的任务，对应一些公共基础理论课程；而核心能力则是今后工程造价专业适应行业要求的培养目标，对应一些各高校自行设置各有特色的工程造价核心专业课程。这两类能力和其对应的课程各校均已达成共识，从而形成了这套“普通高等教育工程造价类专业‘十二五’系列规划教材”。以后的任务则是要在发展能力这个层次上设置各校特色各异又有一定共识的课程和教材，从英国工程造价(QS)专业的经验看，这类用于培养学生的发展能力的课程或教材至少应该有项目融资及财务规划、价值管理与设计方案优化、LCC及设施管理等。那将是我们协作组在今后的任务，可能要到“十三五”才能实现。

那么，高等教育工程造价专业的培养对象，即我们的学生应如何看待并使用这套教材呢？我想，学生应首先从工程造价专业的能力标准体系入手真正了解自己为适应工程造价咨询行业或业主方、承包商方工程计量计价及投资控制的需要而应当具备的三个能力层次体系，即成为工程造价专业人士必须掌握的基本能力、核心能力、发展能力入手，了解为适应这三类能力的培养而设置的课程，并检查自己的学习是否掌握了这几种能力。如此循环往复，与教师及各高校的教学计划互动，才能实现所谓的“教学相长”。

工程造价专业从一代宗师徐大图教授在天津大学开设的专科专业并在技术经济专业植入工程造价方向以来，在21世纪初由天津理工大学率先获教育部批准正式开设目录外专业，到本次教育部调整高校专业目录获得全国管理科学与工程学科教学指导委员会全体委员投票赞成保留，历时二十余载，已日臻成熟。期间徐大图教授创立的工程造价管理理论体系至今仍为后人沿袭，而后十余年间又经天津理工大学公共项目及工程造价研究所研究团队及开设工程造价专业的近三十所高校同行共同努力，已形成坚实的教学体系及理论基础，在工程造价这个学术共同体中聚集了国家教学名师、国家精品课、国家级优秀教学团队、国家级特色专业、国家级优秀教学成果等一系列国家教学质量工程中的顶级成果，对我国工程造价咨询业和建筑业的发展形成强烈支持，贡献了自己的力量，得到了高等工程教育界的认同也获得世界同行们的瞩目。可以想见，经过进一步规划和建设，我国高等工程造价专业教育必将赶超世界先进水平。

天津理工大学公共项目与工程造价研究所(IPPCE)所长
尹贻林　博士　教授
2011年4月

前　言

随着我国经济建设的高速发展和与国际惯例接轨的需要，社会对工程造价人才的需求越来越大，培养与国际工程造价体系相容的中国造价工程师已成为建设管理部门和高等院校的迫切任务和历史使命。

在国际上，以英国为代表的工料测量师(Quantity Surveyor)和以美国为代表的造价工程师(Cost Engineer)制度已经有200多年的历史，并形成了与此专业人士执业资格制度相一致的高等教育体系。在我国，虽然工程造价学科专业与执业制度发展较晚，但发展势头迅猛。1998年教育部调整本科专业目录后，工程造价专业已成为工程管理专业的一个方向。当时工程造价专业仅出现在专科与高职院校，直到2002年，天津理工大学率先在国内设置了四年制工程造价本科专业。至今，已发展到近40所高校办有工程造价本科专业，200多所院校办有工程造价专科专业，每年培养的工程造价专业人才达3万人之多，并且其规模还在日益剧增。但是，对刚刚跨入高等学校大门，准备接受工程造价专业教育的大学生来说，他们最渴望了解的是工程造价的基本内涵、主要特点，工程造价专业人才的培养目标和素质要求，工程造价专业的课程设置、学习方法与要求以及工程造价行业的发展前景、就业方向等内容。

《工程造价(专业)概论》正是一本专业入门的教科书，它勾画出工程造价专业学习的各个重要侧面，使学生对工程造价有一个全面而简要的了解，以激发他们的学习热情；也是一本新生入学启蒙的教科书，它符合学生的认知规律，即在一个大一学生可以达到的起点上引导他们的学习；还是一本专业思想教育的教科书，它体现应有的教育性，使学生认识到作为一个工程造价技术人员应具备的事业心和责任感。

本教材具有如下特色:

1）编写的开创性。本教材解决了工程造价专业基础教材缺乏的燃眉之急。

2）结构的完整性。本教材构建了一个专业学习的知识框架体系，使学生了解专业的课程体系和学习方法，符合专业新生的学习特点。

3）内容的衔接性。本教材注意与相关课程的良好衔接，逻辑性强，通俗易懂，符合学生的认知规律，为学习其他专业课奠定了良好基础。

4）学习的实用性。本教材循序渐进、层层剖析，具有较强的实用性和可操作性。每章之后均附有复习思考题，以利于学生检查自己的学习效果。

5）编者的经验性。本教材结合编者近30年工程造价与管理的教学经验、工程实践和科研成果新编而成。

全书共分8章，由长安大学李建峰教授策划，李建峰、赵健、勾利娜、胡倩、徐丽娇、黎明、李阳、马小瑞、张艳、申月、国伟编著。

本书在编写过程中查阅了大量资料，得到了其他兄弟院校的大力支持和帮助；在试用过程中，听取了众多师生的意见，对此表示衷心的感谢。

本书由山东建筑大学陈起俊教授主审。陈教授为本书提供了许多建设性的意见，在此深表谢意。

限于编者水平，书中不足和错误之处在所难免，敬请读者批评指正。

编著者

教学建议(学习导言)

一、教学导航

“工程造价(专业)概论”是一门安排在大一的专业教育启蒙课程，其内容涉及与工程造价(专业)相关的多方面知识。本教材在编写过程中，既考虑到专业基础知识的介绍，又不失与其他相关课程的衔接。教材的内容安排包括专业教育起点、专业基础知识、专业培养体系、专业学习指导和专业就业指导五大模块，具体的框架体系和知识要点如图1所示。

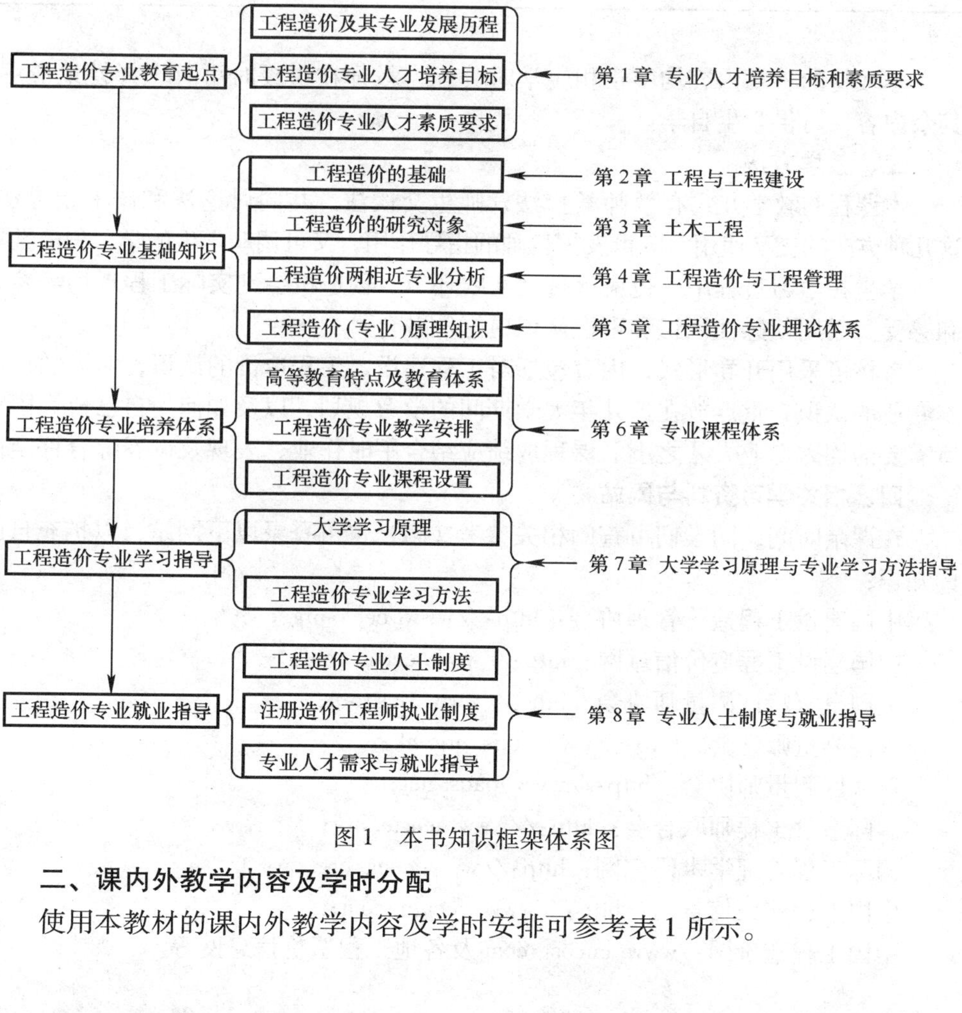

图1 本书知识框架体系图

二、课内外教学内容及学时分配

使用本教材的课内外教学内容及学时安排可参考表1所示。

表1　课内外教学内容及学时安排参考表

章节	内　容	课内学时	课　外	课外时数
1	专业人才培养目标和素质要求	2	写一份自我介绍，包括爱好、兴趣、上大学的目的及对大学的印象	1
2	工程与工程建设	2		
3	土木工程	3~4	看录像、参观工程项目至少两次	8
4	工程造价与工程管理	2~3		
5	工程造价专业理论体系	2	参观本专业优秀学生作业、设计组织一次师生(也可邀请高年级学生)思想、学习交流	1
6	专业课程体系	2		
7	大学学习原理与专业学习方法指导	1		2
8	专业人士制度与就业指导	2	可请专业人士作职业报告	2
合计		16~18		14

本教材的各章内容均多于相应学时分配，教师在讲授时可有选择性地应用，其余内容，可供学生自学。

三、教学方法

本课程的教学方式有教师教授法，师生交谈法，共同讨论法和读书指导法。这几种方法的交叉使用，既可发挥教师的指导作用，又可调动学生的学习积极性。

学生在学习过程中，也应该重视实践环节，创造机会到实际工程现场等参观和感受，以期使感性认识和理性认识更好地融合。

考核可采用开卷形式，内容包括对工程建设、工程造价的认识，对大学、对本专业的认识，重点放在这几年大学期间的学习规划，以及如何使自己成为国家所需要的优秀专业人才之上。课程成绩应结合平时作业、表现及试卷综合评定。

四、相关学习资料与网站

在课余时间，同学们可查阅相关参考文献，也可登录以下网站，以扩充自己的知识：

中国建设工程造价管理协会：http://www. ceca. org. cn;

中国建设工程造价信息网：http://www. ccost. com;

英国皇家特许测量师协会：http://www. rics. org;

香港测量师学会：http://www. hkis. org. hk;

亚太区测量师协会：http://www. paqs. net;

国际造价工程师联合会：http://www. icoste. org;

国际工程管理学术研究网：http://www. ceca. org. cn;

中国工程建设信息网：http://www. cecain. com;

中国工程造价网：www. cncost. com 及各地工程造价信息网等。

目　录

第1章 专业人才培养目标和素质要求

学习要点

本章介绍了工程造价和工程造价专业的概念及其在国内外的发展概况，总结了工程造价专业学科的特点，并重点阐述了工程造价专业人才培养的具体目标和素质要求。通过本章的学习，要求了解工程造价和工程造价专业的基本概念，了解国内外工程造价及工程造价专业的产生与发展，熟悉工程造价专业学科的特点，熟悉工程造价专业人才培养目标的内涵和素质要求，掌握素质培养的方法并付诸实践。

1.1 工程造价专业

1.1.1 工程造价和工程造价专业

1. 工程造价

工程造价，即工程的建造价格。但在不同的场合有不同的含义：

站在投资方的角度，意指工程的投资成本，即建设一项工程预期开支或实际开支的全部投资费用。因此，工程造价要计算工程项目从筹建到竣工验收，直接或间接投入的所有费用。

站在市场交易的角度，工程造价有买卖价的含义，意指工程承发包价格，即为建成一项工程，预计或实际在市场交易活动中所形成的工程价格。也就是说，工程造价类似于普通商品交易中的买卖价格，只是由于建筑产品比较特殊（期货[㊀]，费用巨大且受多种因素影响），在交易时更加慎重，一般采用招投标形式，以双方共同认可的价格确定。交易的对象可以是一个完整的建设项目，也可以是建设项目中某一完整的独立部分，如一个单位工程等。

工程造价是个不断发展的学科，随着新理念和新方法的不断出现，工程造价的含义也不断丰富，既可以认定为建筑安装施工的交易价格，也可以理解成项目

㊀ 期货是现在进行买卖，但是在将来进行交收或交割的标的物。

从开发到建成全过程的投资费用，甚至可以延伸到项目的整个生命期所投入的费用。刚进入大学的新生，对工程造价的理解处于较浅层次，但随着专业知识的不断丰富，会领悟到越来越多的深层含义。

2. 工程造价专业

在国际上，以英国为代表的工料测量师(Quantity Surveyor)和以美国为代表的造价工程师(Cost Engineer)制度已有200多年的历史，并形成了与此专业人士执业资格制度相一致的高等教育体系。我国的工程造价专业与执业制度，虽然发展较晚，但由于市场需求和与国际接轨的需要，其发展势头迅猛。1998年教育部调整本科专业目录后，工程造价成为工程管理专业的一个专业方向，作为一个独立的工程造价专业开始出现在专科与高职院校，2002年天津理工大学率先在国内设置了四年制工程造价工学学士学位。随后有近40所高校办有工程造价本科专业，200多所院校办有工程造价专科专业，每年培养的工程造价专门人才达3万人之多，并且其规模还在急剧扩大。

随着工程建设领域与国际接轨，走向国际市场，由于业务量的增加和分工的细化，工程建设领域迫切需要兼备通晓工程技术、建筑法律法规、合同、工程管理、工程计量和计价等综合知识与能力的专业人才，工程造价专业就是为培养这类人才所设置的专业门类。通常，工程造价专业是指以建筑工程技术为基础，对拟建或在建的建设项目进行工程计量、计价并进行全过程造价动态控制与管理的学科专业。

高等院校(本、专科院校)的工程造价专业培养的是未来的造价工程师、咨询工程师、建造师；中等专科学校的工程造价专业培养的是未来的工程造价技术员。

1.1.2 国内外工程造价及其专业的产生与发展

1. 国外工程造价的产生与发展

(1) 国外工程造价的产生与发展概况　英国是国外工程造价的诞生地。在英国，工程造价称为工料测量。16~18世纪，社会化大生产促使了英国建筑业的大分工，当设计和施工分离并各自形成一个独立专业以后，施工工匠需要有人帮助他们对已完成的工程进行测量和估价，以确定应得的报酬，专业的工料测量师应运而生，这时的测量和估价是在工程设计和施工完成后进行的，这是工料测量的雏形。1773年在爱丁堡出现了第一本工料测量规则，并于1775年得到法律的承认。到19世纪初期，资本主义国家开始在工程建设中推行招标承包制，这要求工料测量师在工程设计以后、开工以前就进行测量和估价，根据图样算出工程量并汇编成工程量清单，以便于业主制定招标控制价和投标者报价。这是工程造价发展的巨大进步，从此工程投资有了控制的依据。20世纪40年代开始运用工程造价规划技术和分析方法，在投资决策时就进行投资估算，依此对设计进行控制。这种主动设防投资控制额，对工程投资起到了有效控制作用，至今依然被广泛使用。第二次世界大战后，全球的大规模建设为工程造价的全面发展提供了机会，这一时期工程造价管理取得了巨大的进步和成果。

到20世纪80年代末，工程造价管理理论与实践进入综合与集成的阶段。以英国学界为主，提出了“全寿命周期造价管理(Life Cycle Costing,LCC)”的理论与方法。20世纪90年代初，以美国学界为主，提出工程项目全面造价管理的概念，至今依然在研究相关的概念和原理。国外工程造价的发展以英国、美国和日本最具代表性。表1-1从多方面对比分析了这三国的工程造价特点，展示出当今国外工程造价的发展概况。

表1-1 国外工程造价发展概况对比

内容＼国家	英国	美国	日本
计价模式	实行量、价分离，“量”是按参与工程建设各方共同遵守的计量的基本规则计算；“价”是通过市场确定，没有统一的计价定额和标准，投资者一般委托中介组织利用已建类似工程的数据资料及政府和各类机构发布的近期的价格及相关指数，并进行必要的调整来确定投资估算，作为控制设计、招标和施工的造价限额 各类指数信息主要由贸工部(DTI)的建筑市场情报局和国家统计办公室共同负责收集整理并定期出版发行，同时各咨询机构、业主和承包商也注重收集整理相关信息和保留历史数据	没有由联邦政府统一颁布的工程量计量规则和工程定额，其工程造价是一种自由型价格形成模式。对于量的计算，在不同类型的民用工程上有一些行业协会发布的经过普遍认可的工作细目划分(WBS)标准及编码系统，在国防及航天工程上有国防部以及NASA根据自己所管辖工程制订的工作细目划分(WBS)标准及其编码系统。招标文件不提供项目的工程量清单，大型承包商都有自己的一套估价系统，承包商的分项单价不向业主及社会公开。社会专业协会及咨询公司等会根据本地区的实际和特点，按照工程结构、材料种类、装饰方式等，制定出平方英尺建筑面积的人、材、机消耗量、单价以及其他估价所需数据，以此作为工程计价的基础	统一执行建设省制定的《建设省建筑工程积算基准》，工程量以《建筑数量积算基准》为依据计算，实行量价分离，量是公开的，价是活单价且具有保密性。政府只管实物量消耗，价格由咨询公司采集、跟踪管理：劳务单价通过银行调查取得；材料、设备价格由“建设物价调查会”和“经济调查会”负责定期采集、整理和编辑出版 政府和民间投资工程的工程造价计价一般都参考由建设物价调查会定期发布的工程造价信息，这些信息包括建筑材料价格、人工价格、工事费、机械设备、工具价格、建设物价指数等

(续)

内容＼国家	英　国	美　国	日　本
招标投标	有公开招标、一阶段选择性招标、两阶段选择性招标、议标四种招标方式。招标一般通过中介机构完成	几乎所有的项目都要求招标投标。主要采取两种招标方式：一是竞争性招标，即采用无招标控制价招标，报价最低者中标；一是协商性招标，即由业主根据已掌握的信息，选择几家条件和信誉较好的建筑商进行协商	多数进行招标投标，特别是政府工程，按规定招标投标的占90%以上。招标方式为公开招标和邀请招标两种，对非常特殊的工程则采用议标方式。招标主要是由公团或公社具体负责实施
对政府和私人项目的管理	对政府投资的公共工程项目必须执行统一的设计标准和投资指标，这些计价依据、各类指数及数据库主要由环境部地产服务中心负责制订、发布和管理。政府投资的公共工程必须在各部门核定的建设规模和投资额范围内组织实施，不得突破 对于私人投资的工程项目，在不违反国家的法律、法规的前提下，政府不干预私人投资工程的建设	对政府工程的造价采取一种谁投资谁管理即由政府投资部门直接管理的模式。一般采用两种形式：一种是由政府设专门机构对政府工程进行直接管理；另一种是将一些政府工程公开招标，选择私营企业设计、估价，或委托专业公司按照该部门的规定进行管理 对私营工程项目，在不违反国家的法律、法规的前提下，政府不干预私人投资的工程项目建设，只是在宏观上协调全社会的投资项目，提供服务引导型管理	对政府投资的项目，分部门直接对工程造价从调查开始直至交工实行全过程管理。为把造价严格控制在批准的投资额度内，各级政府都掌握有自己的劳务、材料、机械单价或利用出版的物价、指数编制内部掌握的工程复合单价 对于私人投资项目，政府不予干涉。计价依据由建设省统一组织或经建设省统一委托编制，并发布有关公共建筑工程计价依据

(2) 国外工程造价的特点

1) 政府对工程造价的间接调控。许多国家对政府投资项目和私人投资项目采取不同力度和深度的管理。对政府投资项目重点控制，对私人投资项目政府不直接干预，而是主要采取价格、税收、利率政策调整和城市规划等手段来约束私人投资方向和区域分布。

2) 计价依据的灵活确定和有章可循。许多国家工程造价计价的标准不由政府部门组织制定，而是由大型权威的咨询公司制定，政府仅发布计价办法与调整方法。

3) 多渠道的工程造价信息。在市场经济社会中，及时、准确地捕捉到市场价格信息是业主和承包商占有竞争优势和取得赢利的关键。在国外，政府定期发布工程造价资料信息，以供各类估算师对政府工程进行估算时参考。同时，社会咨询公司也发布价格指数、成本指数、投入价格指数等造价信息来指导工程项目的估价。

4）实行动态估价。在国外，尤其是英联邦国家或地区，测量师会将不同设计阶段提供的拟建项目资料与以往同类工程对比，并结合当前市场行情，确定项目单价。承包商在投标时会根据本企业定额计算出人工、材料、机械等的用量，再根据市场情况随行就市，自行确定管理费率，最后确定工程报价。各方面的估价，都是以市场状况为依据，是完全的动态估价。

5）采用标准合同文本。在工程造价计价中，一般都采用国际公认的《建设工程合同文本》，以便在建设项目招投标中予以确认和实施。

（3）国际造价工程师联合会　国际造价工程联合会（International Cost Engineering Council，ICEC），是由美国造价工程师协会（AACE）；英国造价工程师协会（A Cost E）以及荷兰的 DACE 和墨西哥的 SMIEFC 于 1976 年在波士顿会议上发起成立的。它是为推进国际造价工程发展而建立的协调组织。为促进团体会员之间的交流和在世界范围内推进造价工程专业的发展，ICEC 选举产生的行政管理人员具有广泛的地区代表性。ICEC 没有任何资产，它的存在是为了各会员组织的利益，它的生存完全依靠会员组织的支持、国际代表大会和区域分会的捐助，各位代表和行政人员的时间和精力，以及那些支持 ICEC 的各种公司所给予的赞助。ICEC 能够从造价工程的当前和未来需要出发，在教育、培训、认证、术语、协会或学会以及其他方面做些工作。但是，它只能完全按照会员组织的要求办事，而不可能有其独立的行动。作为一个真正的世界性组织，也不可能在所有问题上达成完全一致的意见，但又必须在大多数问题上统一行动。由于 ICEC 的存在，各会员组织获得了更为有效的指导。

2. 我国工程造价的产生与发展

我国的工程造价思想早在春秋战国时期就有了记载，当时的科学技术名著《考工记》里就提到了关于定额的一些思想。唐代时，出现了记载有夯筑城台用工定额的《辑古篡经》。到了北宋时期，李诫编写成《营造法式》，全书包括释名、名作制度、功限、料例、图样共五部分，其中“功限”相当于现在所说的劳动定额，它系统地提出了工料分析的方法，对控制工料消耗、加强设计监督和施工管理起了很大作用，并一直沿袭到明清。明代管辖官府建筑的工部编著了《工程做法》，即使到现今此书依然有参考价值。

到了 20 世纪 50 年代，在当时学习苏联先进经验的大背景下，我国出现了仿苏的建设工程概、预算定额管理模式，到 60 年代被禁止，取而代之的是无定额的实报实销制度，80 年代初又恢复了定额。所以在相当长的一段时期，我国的工程建设造价管理都采用了定额模式，它的计价过程是：依据国家或地区的工程量计算规则和建筑工程图计算工程量，套用法定（概）预算定额和取费标准，最终确定工程造价。在这种模式下，工程预算定额就成为编制施工图预算、编制建设工程招标控制价、投标报价以及签订工程承包合同的法定依据，任何单位和个人在使用中必须严格执行，不能违背定额所规定的原则。但是工程定额的指令性过强、指导性不足，统一固化了本应属于竞争内容的企业的技术装备、施工手段、管理水平等活跃因素，反映不出企业消耗量水平的高低，企业缺乏自主权，不利于竞争机制的发挥，不利于生产力的提高。这种静态管理模式在特定的历史条件下起到了确定和衡量工程造价标准的积极作用。但随着市场经济体制的建立，它的弊端越来越明显。

20 世纪 90 年代初，我国在工程施工发包和承包中开始初步实行招投标制度。1992 年，建设部提出了“量价分离”，即“控制量、指导价、竞争费”的改革措施，指令性的定额变为指导性的，虽然定额中的消耗量依然是指令性的，仍然没有完全跳出定额计价框框，一些问题仍然存在，但工程造价已开始从过去的“静态”管理向“动态”管理过渡，量价开始分离，即工程预算定额中的人工、材料、机械台班的消耗量与相应的单价分离。同时，建筑产品作为商品，按照等价规律进行交换的观念开始深入人心。工程招标投标制、工程承发包制、工程合同管理制也开始全面推行，择优选择工程承包单位、设计单位、施工单位和设备材料供应单位，重视项目前期投资估算，强调设计阶段概预算工作必须能动地影响设计、优化设计等措施在建筑市场经济中起到了积极的作用。

从 2003 年 7 月 1 日开始，《建设工程工程量清单计价规范》作为国家标准，在全国推行，从此我国开始实施工程量清单计价模式的计价方法。2008 年新《建设工程工程量清单计价规范》提出了“政府宏观调控，企业自主报价，市场形成价格，加强市场监督”的管理原则，现在看这条原则应该是“法律规范秩序，公开交易规则，竞争形成价格，监管行之有效”，24 个字却指引了我国工程造价的发展。在工程量清单计价模式下，招标人除提供原有的招标文件内容，还要按照国家统一的工程量计价规范，提供工程量清单，作为招标技术文件。投标人依据工程量清单，结合企业自身情况，报价策略，自主报价；最后经评审合理低价中标。企业作为市场的主体，也是价格决策的主体。企业被赋予了充分的定价自主权。这种计价办法提高了招标投标的透明度和公平性，能反映出企业个别成本，满足招标投标法的低价中标要求，有利于竞争机制形成，有利于生产力的发展，并逐渐与国际管理接轨。

3. 国外高校工程造价专业发展概况

在国际上，工程造价的学科教育可以分为两大体系：一是以英国为代表的工料测量(QS)体系，强调成为工料测量师的条件之一是必须获得相应的工料测量学历；二是以美国为代表的工程造价(CE)体系，强调专业人士执业资格的获得是基于工程技术的继续教育，即在北美获得造价工程师(CE)资格，必须首先获得工程师资格或具有工程学历背景，然后参加美国全面造价管理学会(AACE)的资格考试合格后才可以取得专业资格。两大体系下的专业人士执业资格都在国际上获得了公认，而且两个体系都与专业人士的执业资格制度紧密联系在一起。

在英联邦体系内，高校中一般设有建筑物测量(Building Surveying)、建造和管理(Building Construction & Management)、工料测量(Quantity Surveying)、建造工程测量(Construction Quantity Surveying)、建筑管理及经济(Construction Management & Economics)等与工程造价相关的专业。在美加体系内，设有建造管理(Building Construction Management)、建筑工程管理(Construction Engineering Management)等与工程造价相关的专业。

4. 国内高校工程造价专业的产生及发展概况

我国的工程造价专业的历史不长。"一五"期间，前苏联援建了156个建设项目，为了总结经验，我国推行计划经济体制下的基本建设管理模式，1956年在同济大学创办了"建筑工程经济与组织"本科专业。但是在当时的背景下，该专业的毕业生并没有从事建筑管理工作，而是从事工程概预算及设计、施工等技术工作。这可以认为是我国工程造价专业的雏形。之后的几十年，随着社会生产力提高带来的需求以及经济与管理科学的不断进步，我国工程造价行业渐渐从依附于设计或施工发展到一个独立的行业；从工程项目的施工发展到设计再发展到工程项目的全过程；从计划经济体制下的工程概预算发展到市场经济体制下的工程造价并形成一门技术、经济、管理多学科交叉的学科，基本实现"政府宏观调控，企业自主报价，市场形成价格、社会全面监督"的目标。目前，我国高校的工程造价专业的设置情况主要有以下两种：一种是在工程管理专业下开设工程造价方向的课程，供学生们选择学习，没有独立出来进行专门的人才培养；另一种是专门独立开设的工程造价专业，不仅专科、高职和高等教育自学考试层面上有，自2002年天津理工大学率先在国内设置了四年制工程造价工学学士学位之后，现有近40所高校办有工程造价本科专业，加上200多所院校办有工程造价专科专业，每年毕业的工程造价专门人才达3万人之多，并且其规模还在增长。

1.1.3　工程造价专业学科特点

工程造价专业是一个以工程技术为背景，多学科交叉的应用型学科，实践性强，涵盖面广，发展快。它的特点主要体现在两个方面：

(1) 整合知识和综合能力　工程造价的编制过程需要用到工程技术、经济、管理、法律等知识，具体到实际工程，往往需要把各种理论和方法综合运用才能解决与建设过程有关的实际问题，这个过程是将各种知识整合的过程。

(2) 多样性和系统性　投资主体(政府、企业、私人等)的多元化和工程项目

(商业、办公、住宅、工厂、市政交通项目等)的多样化造成工程造价确定方式方法的多样性和造价管理的系统性。

此外，工程造价本身的特点也决定了工程造价专业学科的另外一些特点，具体体现，如图 1-1 所示。

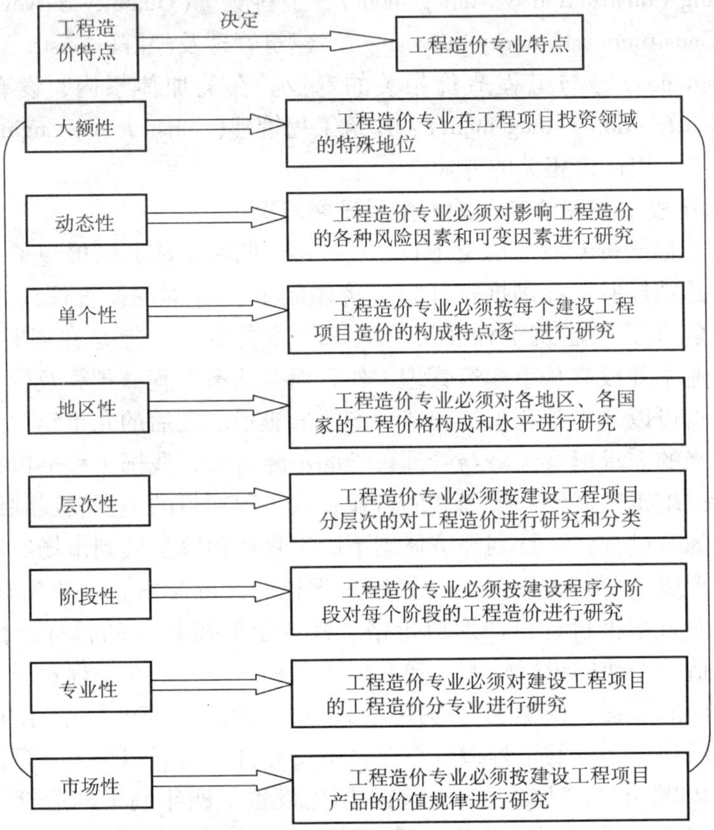

图 1-1 工程造价本身特点决定的工程造价专业的特点

1.2 专业人才培养目标

1.2.1 工程造价专业培养目标的设定

本专业旨在培养德智体美全面发展，具备土木工程基本技术，了解建筑市场规律，掌握管理学、经济学、法律与合同基本知识，掌握工程造价管理工作所需的基础理论、方法与手段，具有工程建设项目投资决策和全过程各阶段工程造价管理能力，具有一定实践能力、综合应用能力和创新能力，适应我国和地方区域经济建设发展需要，能在国内外工程建设领域从事项目决策，以及全过程、各阶段造价管理的应用型高级经济技术管理人才。

1.2.2　对工程造价专业培养目标的理解

1）高等学校工程造价专业培养人才的目的，是塑造能为祖国社会主义现代化建设服务的、从事第一线造价工作的造价工程师和咨询工程师。在学校，学生进行的是基本的训练，毕业后成为助理工程师，经过实践锻炼和考核后才能成为工程师。

2）培养目标要求毕业学生具备土木工程技术知识，具有一定的实践能力。所以，在重视基础理论学习的同时，更要注重与工程实践有关的技能和能力的训练，还要注重自学能力和创新精神的培养，以便毕业后能较快进入角色承担工程任务，在以后的实践中，有更大的上升空间。

3）本专业培养的是应用型高级经济技术管理人才。所谓“应用型”，是指培养的目标是面向应用层次的，即利用所学的知识改进和完善已有的世界，而不是研究未知世界或创造没有的世界，所以学习本专业知识过程中，要重视基础科学和技术科学的学习，要重视联系实践，注意经验的积累；而“高级”则是站在高等教育的角度，相对于中等工程教育而言的，博士生、硕士生、本科生和大专或高职生都称为“高级……人才”，只有属于中等工程教育的中专或中学培养的人才才称“中级……人才”。所以，必须明白，培养高级经济技术人才并不是说毕业以后就能成为高级工程人才，培养目标所指“高级”只是一个相对的称号，事实上，高级工程师的称号要在毕业后经过多年的实践锻炼并在工程中积累了较丰富的经验，为工程实践做出了较大贡献后才能获得。

4）社会对人才的需求与学校对人才的培养之间永远存在着两个根本矛盾：一是社会人才需求的多样性和学校人才培养的单一性之间的矛盾；二是社会人才需求的可变性和学校人才教育培养的相对稳定性之间的矛盾。此外，个人的兴趣爱好不同，选择发展道路方向的不同，也会与面向大众的学校培养模式之间产生矛盾。因此，学生学习本专业时，要选好发展方向，有所侧重的积累相关方面知识，也不能忽视其他方面知识的拓展，以适应社会需求的多样性和可变性。

1.3　专业人才素质要求与培养

1.3.1　专业人才的素质要求

1. 国际上对工程人才的素质要求

素质，《辞海》对它的定义为：①人的生理上的原来的特点；②事物本来的性质；③完成某种活动所必需的基本条件。在专业人才培养方面的意义应取第三种定义，也就是毕业生做好某种专业活动所需具备的基本条件。

工程造价专业作为一门以工程技术为基础建立的交叉学科，属于大工程的范畴。美国工程与技术认证委员会(ABET)对大工程范畴人才的培养提出了11条评估标准：

1）有应用、数学、科学与工程等知识的能力。

2）有进行设计、实验分析与数据处理的能力。

3）有根据需要去设计一个部件、一个系统或一个过程的能力。

4）有经过多种训练的综合能力。

5）有验证、指导及解决工程问题的能力。

6）有对职业道德及社会责任的了解。

7）具备有效的表达与交流的能力。

8）懂得工程问题对全球环境和社会的影响。

9）具备终身学习的能力。

10）具有有关当今时代问题的知识。

11）有应用各种技术和现代工程工具去解决实际问题的能力。

这11条标准重点强调了工程实践能力，同时对多学科的背景、多方面的能力以及职业道德以及社会责任感也作了要求。这些标准同样可以作为我国工程界人才培养标准的一个参考。新世纪对工程人才的需求已不仅仅局限于技术上狭窄的工程教育，多学科的交叉背景、多方面的综合能力的培养是新世纪对人才的新要求。

2. 我国对工程造价专业人才的具体要求

与美国大工程观对应，在20世纪末我国提出了素质教育的理论，并开始着重探索这种教育思想，它强调的是对学生潜能、个性等基本素质的培养。多年的探索与实践证明，素质教育比传统教育更有利于学生能力的培养和潜力的激发。对工程造价专业人才的培养必须紧跟素质教育的步伐。跨入21世纪，在建筑业与房地产业领域，随着新理念、新工艺、新技术、新材料、新方法的不断出现，新的挑战也不断出现，面对不断变化的形势，专业的发展对专业人才的素质要求也越来越高。具体到工程造价专业，素质的要求应包括以下几个方面：

（1）思想道德素质　思想是行动的先导，而道德是立身之本。一个思想道德素质高的人能够在工作中赢得别人充分的信任和良好的合作，在复杂的社会中取得立足之地。企业和单位在选拔录用毕业生时，都会很在意思想道德素质，虽然这种素质很难准确衡量，但是人的思想道德素质会体现在人的一言一行中。因此，平时的学习生活过程中必须注意思想道德方面素质的培养。

从培养目标来看，要求培养对象在政治方面热爱社会主义，拥护中国共产党的领导和国家路线方针，愿为国家富强、民族昌盛而奋斗。在思想品质方面乐观、积极、向上。在道德品质方面具有良好的思想品德、社会公德和职业道德，遵纪守法。

（2）专业素质　专业素质包括扎实的理论基础、熟练的专业技能、全面的业务能力，它是工程造价专业人才素质中的核心内容，培养目标要求培养对象毕业后，能成为在国内外工程建设领域从事项目决策以及全过程各阶段造价管理的应用型高级经济技术管理人才，这就要求他们在可行性研究、造价管理、项目管理、合同管理、财务管理、工程咨询、招标投标、成本控制、索赔、程序分析、纠纷解决、保险咨询等方面都能提供服务，为了满足这方面的要求，必须具备以下多方面的知识和能力：

1）掌握基础学科理论知识，熟悉建设工程，尤其是土木工程的基本理论与知识。

2）了解有关建筑经济的基本原理，掌握经济学、工程经济、财务管理的基本理论与知识。

3）掌握工程项目管理和企业管理的基本理论与方法。

4）熟悉工程项目建设相关的政策、法律、法规、条例和规范等。

5）掌握工程项目投资分析和工程造价管理的理论与方法。

6）具有运用计算机解决工程造价管理问题的能力。

7）掌握文献检索、资料查询的基本方法，具有初步的科学研究的能力。

8）具有一定的外语基础，能阅读工程造价方面外文文献。

9）具有较强的自学能力、语言与文字表达能力、人际沟通能力和一定的社会活动能力。

（3）身体素质　现代社会生活节奏快，工作压力大，没有健康的体魄是很难适应的。从个人发展的角度，身体是一切活动的资本，没有健康的身体，对很多事情你只能望而却步，再好的才华也无用武之地；从用人单位的角度看，用人单位都希望自己的员工能健康地工作，而不希望看到他们经常请病假。身体有疾病的员工不但会耽误自己的工作，还有可能对单位的其他同事造成影响。因此，要掌握科学锻炼身体的基本技能，坚持科学的体育锻炼，养成良好的生活习惯和卫生习惯，让身体处于一种健康的状态。

（4）心理健康　从广义上讲，心理健康是指一种高效而满意的、持续的心理状态。从狭义上讲，心理健康是指人的基本心理活动的过程，内容完整、协调一致，即认识、情感、意志、行为、人格完整和协调，能适应社会，与社会保持同步。健康的心理是一个人事业取得成功的重要因素，一个心理健康的人具有充分的适应力，能充分地了解自己，并对自己的能力作出适度的评价。生活的目标切合实际，不脱离现实环境，能保持人格的完整与和谐，善于从经验中学习，能保持良好的人际关系，能适度地发泄情绪和控制情绪。在不违背集体利益的前提下，能有限度地发挥个性。在不违背社会规范的前提下，能恰当地满足个人的基本需求。一个优秀的专业人才，心理一定是健康的，只有心理健康，才能保持自我意识的健全，情绪控制的适度，人际关系的和谐和对挫折的承受能力，才能以旺盛的精力、积极乐观的心态处理好各种关系，主动适应环境的变化。心理健康也是身体健康的保证，一个心理不健康的人很容易引起身体出现疾病。大学毕业生在走出校园以后，会遇到更加复杂的情况，更大的工作压力，一定要有良好的自我调适能力以适应社会。

(5) 工程意识　作为一个面向技术工程师层面的工程技术专业，工程造价要求其专业人才时刻具备良好的工程意识，并有坚毅的意志去克服种种困难，完成预定目标。良好的工程意识包括：

1) 实践意识。工程造价专业是面向应用层面的专业，在处理工程实际问题时，必须有一切从实际出发的意识。

2) 质量意识。任何时候，必须坚持工程质量是生存之本的意识，工程造价专业的工作虽然本身不直接构成工程实体，但能间接影响到工程的质量，此外，专业本身工作也存在质量问题，良好的工作质量是工程成功的有力保证。

3) 科技意识。工程建设一般比较复杂，完成建设任务必须要采用科学的方法，充分利用新技术的意识。

4) 经济意识。土木工程建设投资巨大，在处理工程问题时，要有在完成任务、保证质量的前提下，努力降低成本、节约能源、材料和劳动力的意识。

5) 信息意识。工程建设一般周期比较长，要有密切注视和了解国内外相关行业科技、经济等信息用以服务工程的意识。

6) 协作意识。现代社会工程越来越大，越来越复杂，很多时候，工作都需要一群人的共同努力才能完成，所以一定要能与周围的人协同工作，具有良好的合作能力。

7) 竞争意识。竞争是生产力发展的根本动力，是创造更好事物的推动力。优秀的专业人才一定具有强大的竞争力。

8) 创新意识。创新精神对于工程建设极其重要。新方法、新工艺等都来源于创新，墨守成规者最终都会被社会淘汰，只有不断创新才能在不断变化的环境中立于不败之地。

1.3.2　对工程造价专业的素质培养

作为一个刚入大学的学生，在了解到专业培养对自身的要求后，在大学四年的学习中怎么样去努力以达到专业人才的要求呢?

（1）勤奋学习　学习是获取知识和能力的来源，只有不断的努力才能获取足够的知识，适应不断变化的环境和需求。在学校里，一定要充分利用学校的资源，除了学好基础理论的知识外，要注意工程技术理论和经验的积累，要积累一定的人文社会科学理论知识，要多读文献资料，读“著”或“编著”的书籍，以了解最新的专业动态。良好的理论基础也是继续学习的基础，当今社会知识更新周期不断减短，新理念、理论、技术层出不穷，只有通过不断的学习才能适应社会形势的不断变化。

（2）重视实践　工程造价是一个面向应用层面的专业，培养的是技术型工程师，很多的知识与实践经验直接相关。所以一定要抓住每次实践机会，做好课程设计、实习和社会实践等实践环节工作，并且要主动创造和寻找实习的机会，利用假期到工程项目上实习，深入了解工程造价在国内工程实践中的现状。总之，工程实践的基础对于学好造价专业帮助很大，一定要充分利用。

（3）敢于怀疑　工程造价在我国是一个并不十分成熟的专业，某些并不十分合理的因素在工程实践中依然存在。此外，各种理念和计价方法在不断涌现，不断冲击着行业的发展。在平时的学习中既要勤于思考，依靠和相信基础理论，也要敢于怀疑，勇于创新。只有敢于怀疑的学，才能真正将知识变成自己的能力。

（4）注重交际　工程造价专业的工作在广义的层面还包括全面造价管理，任何一种管理活动都需要良好的沟通和交际能力，大学学习中一定要注意综合能力的培养，良好的交际能力和人脉关系能使自己在以后的道路上走得更高、更远。平时的学习中，要积极参加学校、学院和班级的各种活动，承担部分社会工作，让自己在学习和社会两个工作层面上都得到锻炼。

（5）坚持锻炼　大学的管理是一种松散的管理，一定要有自觉的能力。很多大学生在松散的环境中忽视了体育锻炼的重要性，晚睡晚起成为一种习惯，这种不健康的生活习惯不利于身心的发展。以后的继续教育或者工作中，良好的身体都是极其重要的，大学里一定要重视锻炼的必要性，坚持运动，注意劳逸结合，只有这样，才能在以后更长久、更好地服务于社会。

（6）紧跟时代　现代社会的发展速度变得越来越快，一定要紧跟时代的步伐。在平时的学习生活中，要关心国际国内大事，关注社稷民生，关注专业发展动态，关注时代潮流，让自己更好地适应社会的变化，并在不断变化中找到适合自己发展的方向。

总之，要利用各种资源，不断武装丰富自己，不断调整自己，以适应社会的不断变化带来的各种需求，从而在以后的发展道路上走得更高更远。

本章小结

工程造价有两种含义：一种认为工程造价是指建设一项工程预期开支或实际开支的全部固定资产投资费用；工程造价就是指工程价格。另外一种认为工程造价就是工程承发包价格；即为建成一项工程，预计或实际在土地市场、设备市场、技术劳务市场，以及承包市场等交易活动中所形成的建筑安装工程的价格和建设工程总价格。

工程造价专业是以建筑工程技术为基础，对拟建或在建的建设项目进行工程计量计价并进行全过程造价动态控制与管理的专业，旨在培养能在国内外工程建设领域从事项目决策以及全过程各阶段造价管理的应用型高级经济技术管理人才。

国外工程造价起源于16世纪的英国。当时资本主义生产关系的诞生促使了社会化大生产和劳动分工的日益精细，到18世纪时，在工程建设消耗的测量与估价方面的长期经验积累，促使了工程造价的产生。

国外的工程造价发展比较成熟，体现在：①政府对工程造价的间接调控；②计价依据的灵活确定和有章可循；③多渠道的工程造价信息；④实行动态估价；⑤采用标准合同文本。我国的工程造价真正意义上起步晚，但发展很快，目前渐渐与国际接轨。

为了适应新世纪对工程造价人才的需求，国际上提出了大工程观的标准。本书则从思想道德素质、专业素质、身体素质、心理健康、工程意识五个方面提出了对素质的要求，并对工程造价专业本科生素质的培养提出了六点建议：勤奋学习、重视实践、敢于怀疑、注重交际、坚持锻炼、紧跟时代。

【关键概念】 工程造价、工程造价专业、培养目标、素质

复习思考题

1.1 工程造价产生的原因与发展现状是什么？

1.2 工程造价专业培养目标如何理解？

1.3 作为工程造价专业本科生如何在大学四年学习中培养出适应新世纪发展需要的素质？

第 2 章　工程与工程建设

学习要点

本章介绍了工程的相关概念及分类，工程建设的基本概念及工程建设程序，我国工程建设法规及管理制度。通过本章的学习，要求了解工程与工程建设的基本概念，熟悉工程与工程建设项目的分类，明确工程相关的科学技术以及工程建设在国民经济中的地位和作用，重点掌握工程建设程序以及我国现行的工程建设法规与管理制度。

2.1　工程

2.1.1　工程的相关概念

工程的含义涉及很多相关方面，为了更好地理解工程的含义，我们首先需要了解几个和工程相关的名词术语。

1. 科学、技术及工程的概念

（1）科学　科学是指运用范畴、定理、定律等思维形式反映现实世界各种现象的、本质的、规律的知识体系，是社会的意识形态之一，它是对一定条件下物质变化规律的总结。科学的任务是探索自然界和社会的本质及其发展规律。

按照不同的划分依据，科学一般有以下几种分类方法。

1）按研究对象的不同划分，科学可分为自然科学、社会科学和思维科学，以及总结和贯穿于三个领域的哲学和数学。自然科学是指研究无机自然界和包括人的生物属性在内的有机自然界的各门科学的总称，如数学、物理、化学、天文学等都属于自然科学的研究领域；社会科学是指用科学的方法，研究人类社会的各种现象的各学科总体或其中任一学科，如政治学、经济学、管理学等都属于社会科学的研究范围；思维科学是指研究人的意识与大脑、精神与物质、主观与客观的综合性科学。

2）按与实践的联系划分，科学可分为理论科学、技术科学、应用科学等。理论科学是指偏重理论总结和理性概括，强调较高普遍的理论认识而非直接实用意义的科学，如数学、天文学、生物学等。技术科学是指偏重指导生产技术的基本理论学科，如理论力学、结构力学、电子学、电工学等。应用科学是指把基础理论转向实际应用的科学，如施工技术与组织、工程招标投标、项目管理等。

3）按人类对自然规律利用的直接程度划分，科学可分为自然科学和实验科学两类。自然科学在前面已经介绍过，这里不再重复。实验科学是指以实验为基础，将人类已经认识的自然规律，用一定的手段汇集在一起的科学。

4）按是否适合用于人类目标划分，科学可分为广义科学、狭义科学两类。广义科学是指将传统的实验科学的定义域外延，从三维空间拓展到N维空间的理论体系，这是虚拟中的科学；狭义科学是指广义科学中适合人类生存的科学。

（2）技术　技术是指根据自然科学原理和生产实践经验，通过改造环境以实现特定目标的生产工艺、作业方法等。技术的任务是利用和改造自然，以其生产的产品为人类服务。技术主要由以下三个要素组成：

1）条件性。技术是有条件的，由于科学规律是客观的，技术必须符合科学规律才能发挥作用，它必然要受到客观环境的制约，只有在特定的条件下才能发挥作用。技术的条件性要求我们在应用技术时，需认真考查目标环境是否适合技术的应用。

2）目的性。技术是有目的的，它是以满足人的需要为前提的，正因如此，技术才体现出它的价值。具有目的性的行为方法才能称之为技术，才有技术意义。技术的目的性要求我们在应用技术时，要认真注意这种技术除了形成我们想要的结果之外，是否还可能存在一些意想不到的结果，产生一些间接意义。

3）抽象性。技术是抽象的，一种技术实际上是总结出来的一种方法，而不是一项活动，它源于实践活动又高于实践活动。技术的抽象性要求我们在应用技术时，必须把技术和实际联系起来，把抽象的技术具体化。

不断发展的技术促进了人类物质文明的发展，推动了人类社会的进步。但是，技术进步也带来某些不良的影响，如环境污染问题日益严重等，这也越来越引起全人类的关注和思考。

（3）工程　工程是指以科学技术为依托，通过科学知识的应用，并结合经验的判断、自然资源的经济利用，以最短的时间和精而少的人力做出高效、可靠且对人类有用的东西。工程的任务是解决实际需要的问题。

在现代社会中，“工程”一词有广义和狭义之分。广义的工程是指为达到某种目的，按一定的计划和组织，在一个较长时间周期内，应用有关的科学知识和技术手段，将投入的各种资源最好的为人类服务而进行协作活动的过程。狭义的工程是指应用有关的科学知识和技术手段，通过有组织的活动将某个(或某些)现有实体(自然的或人造的)转化为具有预期使用价值的人造产品的过程。

2. 科学、技术和工程的关系

科学、技术和工程是三个不同的概念，它们之间既有紧密的联系又有明显的区别。科学是技术的理论指导和理论基础，结合科学进行开发研究，得出新材料、新工艺、新品种的方法就是技术；技术是科学的实际运用，是科学和生产的中介，没有技术，科学对生产就没有实际意义；工程则是以科学与技术为依托，解决现实生活中的实际问题，工程和技术对科学也有巨大的反作用，在技术开发和工程实践过程中所出现的新现象和提出的新问题，可以扩展科学研究的领域，工程和技术能为科学研究提供必要的仪器设备。

科学、技术和工程虽然有非常紧密的联系，但是它们毕竟是三个不同的概念，三者之间存在一定的差异，见表 2-1。

表 2-1　科学、技术与工程差异比较

项　目	科　学	技　术	工　程
目的	创造知识的研究活动	创造方法、技巧	创造对人类有用的东西
任务	回答"是什么"、"为什么"	回答"做什么"、"怎样做"	回答"怎样满足实际需求"
研究内容	发现、探索未知活动	发明、创造实践活动	寻求为人类服务的活动
研究成果	知识形态	知识形态和物质形态	物质形态
侧重点	理论研究	介于理论和经验之间	实际经验
方法	侧重分析	侧重综合	侧重运用
评价标准	正确与否	有效与否	适用与否

3. 科学家和工程师

（1）科学家　科学家是指专门从事科学研究的人士，包括自然科学家和社会科学家。所有自然科学和社会科学的研究人员，达到了一定的造诣，获得有关部门和行业内的认可，均可以称为科学家。按照这样的说法，无论是数学家、物理学家和化学家，还是哲学家和思想家，都应当属于科学家的范畴。

成为一名科学家并不是一蹴而就的，优秀的科学家必须具备以下素质：

1）好奇心是一名科学家首先应该具备的素质。对自然的好奇，对普通事物的好奇，对事物规律的好奇，都促使他们对事物的本质进行探知，并把对个别事物的认知归纳成为最基本的简单而重要的法则。

2）优秀的科学家必须具有恒心。在科学研究的道路上会遇到很多困难和挫折，恒心能够促使他们在研究过程中不断努力，锲而不舍，坚持自己的科学研究事业。

3）优秀的科学家应该有很强的自信心。任何研究成果的出现都是一项创新，只有拥有足够的自信心、相信自己判断的科学家才能坚持自己的成果，从而其成果才有可能被大家所验证而成为科学成就。

（2）工程师　工程师是指具有从事工程系统操作、设计、管理和评估能力的人员。在欧洲一些国家，工程师称谓的使用被法律所限制，它必须用于持有学位的人士，而其他没有学位人士使用工程师的称谓，属于违法。在美国大部分州及加拿大一些省份也有类似法律存在，通常只有在专业工程考试取得合格才可被称为工程师。在美国，工程师(Engineer)一词也用于指操作机械发动机(Engine)的人，也可以将工程师理解为工程的原动力、启动人。所以工程师必须具有创新能力，因而对工程师素质的特定要求，主要有以下几个方面：

1）政治素质。主要体现在工程师有能为国家和社会的进步与发展献身的精神，即必须具备良好的民族精神，并将民族精神寓于自己的个体意识之中，将民族精神作为基本素质来要求自己、提高自己。工程师还应该拥有很强的责任心，有一种造福后代和振兴民族的强烈的责任感。

2）知识素质。主要体现在工程师不仅应具有扎实的基础科学知识和工程科学知识，还应该具备经济、社会、文化、管理等方面的知识。某些专业的工程师还应该具备很好的审美观，如建筑工程师。另外，工程师还应该具备很好的再学习能力和终生学习的能力，对知识的灵活运用能力。

3）能力素质。主要体现在工程师除了具有扎实的基础科学知识和广博的知识面等知识素质外，还应具备与社会相适应的能力素质：社会适应能力、创新能力、交流合作能力、组织管理能力、全局思维能力、独立解决问题的能力、自学能力、实践能力等。工程师能力素质与其知识素质具有同等重要的地位，甚至更为重要。

4）竞争素质。具有竞争力是作为一名工程师的必备核心素质。竞争力是知识、理解力、创造性、经验和完成任务能力的综合体现，是工程师对从未遇到过的问题进行判断的能力和利用各种技能解决这些问题的能力。工程师的知识越多，理解力和创造性越强，经验也越丰富，对企业的发展贡献越大。

(3）科学家和工程师的差异　科学家和工程师往往容易混淆，但两者的概念仍然存在很多差异。科学家努力探索大自然，以便发现一般性法则；工程师则遵照此既定原则，通过科学解决一些技术问题。两者存在一定的差异，见表2-2。

表2-2　科学家和工程师的差异分析

项　目	科　学　家	工　程　师
工作意向	研究和发现未知世界的本质及发展规律	开发新技术和新设计创建新事物
工作特征	探索世界以发现普遍法则	使用普遍法则以设计实际物品
才能要求	好奇心 恒心 自信心 探索求知	竞争力 能规划 能预见 能评价

2.1.2　工程的分类

随着人类文明的发展，我们可以创造出结构和功能都更加复杂的产品，工程也逐渐发展成为一门独立的学科和技艺。按照科学技术应用领域的不同可以将工程分为土木工程、市政工程、园林工程、交通工程、机械工程、生物工程等。

（1）土木工程　土木工程是建造各类工程设施的科学技术的统称。它既指所应用的材料、设备和所进行的勘测、设计、施工、保养维修等技术活动，也指工程建设的对象，即建造在地上或地下、陆上或水中，直接或间接为人类生产、生活、军事、科研服务的各种工程设施，例如房屋、道路、铁路、运输管道、隧道、桥梁、运河、堤坝、港口、电站、飞机场、海洋平台、给水排水以及防护工程等。

图 2-1　西安咸阳国际机场

例如，西安咸阳国际机场是中国西北地区最大的空中交通枢纽，它位于中国内陆中心，是中国第八大机场，如图 2-1 所示。目前机场飞行区等级为 4E 级，占地 564 公顷（1 公顷 = $10000m^2$），跑道 3000m，是一项比较复杂的土木工程。机场于 1984 年开工建设，1991 年 9 月 1 日一期工程完成，正式通航；二期工程于 2000 年 8 月开工建设，2003 年 9 月 16 日完工投入运营。二期扩建工程于 2009 年 3 月开工建设，预计 2012 年完工投入运营。

（2）市政工程　市政工程是指建造各类市政设施的科学技术的统称。市政设施是指在城市区、镇（乡）规划建设范围内设置、基于政府责任和义务为居民提供有偿或无偿公共产品和服务的各种建筑物、构筑物、设备等。市政工程一般是属于国家的基础建设，是城市建设中的各种公共交通设施、给水、排水、燃气、城市防洪、环境卫生及照明等基础设施建设。例如，深圳市大工业区行政中心作为一项市政公用工程，位于深圳大工业区出口加工区西部，是大工业区行政、金融、商贸、文化中心和区级体育中心，市政广场是大工业区行政中心不可或缺的一部分，如图 2-2 所示。

（3）园林工程　园林工程是指进行园林建设的科学技术的统称。园林工程包括地形改造的土方工程、置石工程、园林绿水工程和园林驳岸工程、喷泉工程、给水排水工程、园路工程和种植工程等。园林工程应该重点注意如何运用新材料、新设备、新技术，如何在综合发挥园林的生态效益、社会效益和经济效益功能的前提下，处理园林中的工程设施与风景园林景观间的矛盾。

图 2-2　深圳市大工业区行政中心市政广场

例如，2010 年上海世博会中国园“亩中山水”是一个典型的园林工程，如图 2-3 所示。它位于黄浦江滨水南岸、世博会演艺中心以东、浦明路北侧水门广场以西，其整体规划由两部分组成：静谧幽雅的竹林和深藏其中的具有中国传统韵味的“亩中山水”系列，包括：由叠翠亩、桥影亩、听雨轩和荷香馆组成的凝翠园与石笋园、叠石园、映月园、盆景园和环秀园。

图 2-3　上海世博会“亩中山水”园林工程

(4) 交通工程　交通工程是指把人、车、路、环境及能源等与交通综合成为一个统一体进行研究的科学技术的统称。交通工程主要目标是寻求道路通行能力最大、交通事故最少、运行速度最快、运输费用最省、环境影响最小、能源消耗最低的交通系统规划、建设与管理方案，从而实现交通的安全、迅速、经济、方便、舒适、节能及低公害的目标。

例如，武广客运专线铁路作为一项意义重大的交通工程，于 2005 年 6 月 23 日在长沙首先开始动工，2009 年 12 月 20 日试运行，在 2009 年 12 月 26 日正式运营，如图 2-4 所示。武广客运专线采用的是无砟轨道㊀这种当今世界先

㊀ 无砟轨道又作无碴轨道。在铁路上，“砟(zhǎ)”是小块的石头。无砟轨道的轨枕本身是混凝土浇灌而成，而路基也不用碎石，铁轨、轨枕直接铺在混凝土路上。

进的轨道技术，而且铁路采用的是超长钢轨，而非普通的 25m 规格钢轨，超长钢轨接缝处变化不超过 0.1cm。武广客运专线始于武汉的新武汉站，经过咸宁、赤壁、岳阳、长沙、株洲、衡阳、郴州、韶关、花都，到达新广州站，全长约 1068.6km。设计时速 350km/h，试车最高时速 394.2km/h，投资总额 1166 亿元。武广客运专线已入选为中国世界纪录协会里目前里程最长、技术标准最高、投资最大、票价最高的铁路客运专线，创造了多项世界之最、中国之最。

图 2-4　武广客运专线铁路

（5）机械工程　机械工程是与机械和动力生产有关的一门学科，是指结合生产实践中的技术经验，研究和解决在开发、设计、制造、安装、运用和修理各种机械中的全部理论和实际问题的科学技术的统称。机械是现代社会进行生产和服务的五大要素（人、资金、能源、材料和机械）之一，并参与能量和材料的生产。机械工程是为国民经济提供装备的基础工程，将随着科学技术的发展而发生变化，而且未来机械工程的发展必须向着机电一体化、减少能源消耗和环境污染以及专业化和综合化方向发展。在机械的制造过程中需要很多机械工程的相关科学技术，这样才有越来越先进的机械设备为国民经济建设服务。

例如，湖南汝城“山河智能”挖掘机械已经被列入“农田基本建设机械”，如图 2-5 所示。它广泛用于果园农业生产活动，而且适合土石方挖掘作业，结构简单，操作方便，其广泛推广和使用就是得益于机械工程的研究与发展。

（6）生物工程　生物工程是指以生命科学及工程学作为理论基础，借助生物体作为反应器或用生物的成分作为工具以提供产品来为社会服务的科学技术的统称。生物工程包括五大工程，即遗传工程（基因工程）、细胞工程、微生物工程（发酵工程）、酶工程（生化工程）和生物反应器工程。以基因工程为例，它作为生物工程的一个分支，是人类根据一定的目的和设计，对 DNA 分子进行体外加工操作，再引入受体生物，以改变后者的某些遗传性状，从而培育生物新类型或治疗遗传疾病的一种现代的、崭新的、分子水平的生物工程技术。发明基因工程的思想渊源，在于可以应用体外的 DNA 来改变生物的遗传性状。真正进行基因工程，需要有目的、有计划地对DNA进行体外加工，把某些DNA分子“剪”断，再与另外的DNA分子片段重新连接。

(7) 信息工程　信息工程是指以数学和信息科学作为理论基础，结合计算机技术处理社会、经济、工农业生产等各方面实际问题的科学技术的统称。信息工程以研究信息系统和控制系统的应用技术为核心，培养创新和实践能力，是国民经济各部门解决各种定量问题、制定决策和科学管理的重要工具和支柱，是各部门增加竞争力、获得经济和技术成功的关键性学科。

图2-5　湖南汝城“山河智能”挖掘机械

科学技术的应用范围非常广泛，并不仅局限于以上工程类型，在整个国民经济中，工程的分类除以上几种之外还有很多，这里就不一一赘述了。

2.1.3　工程相关的科学技术

工程不是单一存在的，它的产生与很多相关的科学技术密不可分。以土木工程中的建筑工程为例，它是研究如何综合运用已有的自然科学和工程技术理论和方法，总结工程建设各方面的经验，依据国家颁布实行的法律、法规和工程建设的有关规范和标准，进行有效的工程设计、施工、管理的一门综合性的工程学科。从建筑工程与实践的相互联系角度来看，与其相关的科学技术一般可以分为三个层次，如图2-6所示。第一个层次是理论科学，如数学、物理、计算机等；第二个层次是技术科学，如工程材料、工程结构(如钢结构、钢筋混凝土结构等)等；第三个层次是应用科学，如工程施工、工程计价等。

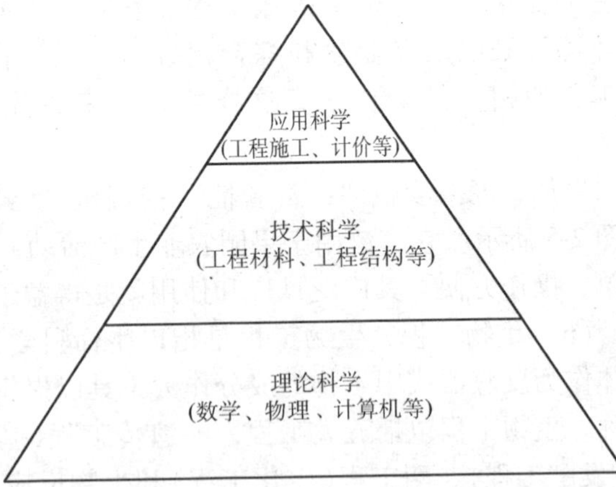

图2-6　建筑工程相关的科学技术图解

2.2 工程建设

2.2.1 工程建设概念

工程建设是指横贯于国民经济各部门、各单位之中，为其形成新的固定资产的综合性经济活动的过程，即包括了土木建筑工程、线路管道工程和设备安装工程、建筑装饰装修工程等工程项目的新建、扩建和改建、迁建以及技术改造等活动，是形成固定资产的基本生产过程及与之相关联的其他工程建设工作。工程建设是固定资产再生产的重要手段，也是国民经济发展的重要物质基础。

在工程建设的概念中，需要明确以下四个词语：

（1）固定资产 固定资产主要是指企业使用期限超过一年的建筑物、机器、机械、运输工具以及其他与生产、经营有关的设备、器具、工具等。另外，不属于生产经营主要设备的物品，单位价值在2000元以上，并且使用年限超过两年的，也应当作为固定资产。固定资产是企业的劳动手段，也是企业赖以生产经营的主要资产。

（2）土木建筑工程 土木建筑工程主要包括了矿山、铁路、公路、隧道、桥梁、堤坝、电站、码头、机场、运动场、房屋等工程。

（3）线路管道和设备安装工程 线路管道和设备安装工程主要包括了电力、通信线路、石油、燃气、供热、给水排水等管线系统和各种机械设备、装置的安装工程。

（4）其他工程建设活动工作 其他工程建设活动工作主要包括了建设单位及其主管部门的投资决策活动、征地、工程勘察设计、工程监理等活动。

2.2.2 工程建设项目分类

工程建设项目是指需要一定量投资，按照前期策划、设计、施工等一系列程序，在一定的资源约束条件下，在一定时间内完成，符合质量要求的，以形成固定资产为明确目标的一次性任务。工程建设项目就是一个固定资产投资项目，它是一种最典型、最常见的项目类型。从不同角度可以将工程建设项目进行以下分类：

（1）按工程建设项目的投资用途分

1）生产性建设项目。生产性建设项目是指用于物质生产或直接为物质生产服务的建设项目。它包括：工业建设项目、农林牧渔水利气象建设项目、交通运输邮电建设、建筑企业建设项目、商业饮食营销和物资供应建设项目、地质资源勘探建设项目以及与上述项目相关的工器具和设备的购置。

2）非生产性建设项目。非生产性建设项目是指用于人们生活、公用事业和文化福利卫生的建设项目。它包括：住宅建设项目、文教卫生建设项目、行政部门业务用房建设项目、公用和生活服务事业建设、科学研究和综合技术服务事业建设项目等。

（2）按工程建设项目的性质分

1）新建项目。新建项目是指从无到有，新开始建设的项目。另外，如果原有基础经扩大建设规模后，新增固定资产超过了原有固定资产价值3倍以上的建设项目也可称为新建项目。

例如，为了迎接2010年9月在天津举行的夏季达沃斯论坛会场——天津梅江会展中心于2010年5月竣工，如图2-7所示。作为主会场，它是一个新建项目，并为夏季达沃斯论坛开辟了一个新的对话平台。

2）扩建项目。扩建项目是指原有企事业单位，为了扩大原有产品的生产能力或增加新的产品生产能力，而新建的一些主要车间或工程的建设项目。

例如，集长途客运站、商场、住宅三大功能为一体的五爱深港客运站30层的双塔地标楼主体扩建工程，于2007年9月开始扩建，2008年11月27日封顶，如图2-8所示。它是沈阳市政府“十一五”规划中的重要城市交通基础设施项目，被列入该市的“市长工程”。

图2-7　新建项目——天津梅江会展中心

图2-8　扩建项目——沈阳五爱深港客运站

3）改建项目。改建项目是指原有企事业单位，为了提高生产效率，改善产品质量，或改变产品方向，而对原有固定资产进行整体性技术改造的项目。此外，增加的一些附属辅助车间或非生产性工程，也属于改建项目。

例如，滁州明亳路亳州段于1997年开工，1999年底建成通车。但是为了更好地发挥这条公路的重要作用，滁州S307明亳路改建主体工程于2010年3月31日开工，2010年7月10日胜利竣工，完成了总长为28.129km的道路主体工程，如图2-9所示。

4）迁建项目。迁建项目是指原有企事业单位，为了改变生产力布局或其他原因，经上级批准搬迁到另地建设的项目。迁建项目不包括留在原址的部分，而且在异地重建的项目，不论是维持原来规模还是扩大建设规模的都视为迁建项目。

图2-9　改建项目——滁州S307明亳路改建工程

例如，浙江桐乡八中，原来地处市区，占地只有20多亩（1亩＝666.7m²），地区、空间因素限制了学校的发展。学校迁建后，学校占地面积达到69.92亩，教学条件、办学规模等都将随之提升，同时还解决了学生的择校问题，如图2-10所示。新校区教学楼、实验楼、图书行政楼、操场等硬件设施更加优越，也能更好地满足学生的需求。

5）恢复项目。恢复项目是指原有企事业单位，因自然灾害、战争或人为灾害等，造成原有的固定资产全部或部分报废，按照原有规模重新建设或在重建的同时进行扩建的项目。

例如，由于“5.12”地震摧毁了甘肃国省干线公路，按照国家和甘肃省的地震灾后恢复重建规划，政府对甘肃国省干线公路进行灾后恢复重建，如图2-11所示。

图2-10　迁建项目——浙江桐乡八中

图2-11　恢复项目——甘肃国省干线灾后恢复重建

（3）按工程建设项目的建设过程划分

1）筹建项目。筹建项目是指尚未开工，只做准备，正在进行选址、规划、设施等施工前各项准备工作的建设项目。

例如，政府正在准备建设一条从南京主城到高淳的新快速通道，如图 2-12 所示。新高速借将军大道进主城，线路走向为：将军大道—横山水库—石臼湖—淳芜高速。这条通道 2011 年开始建设，目前，这条路的环境评价正在南京市交通局公示，建成时间为 2013 年底，届时南京到高淳的车程将缩短为 40min。此外，跟这条道路捆绑的还有一条规划中的轻轨线路，今后无论开车或者坐车进主城都会很方便。

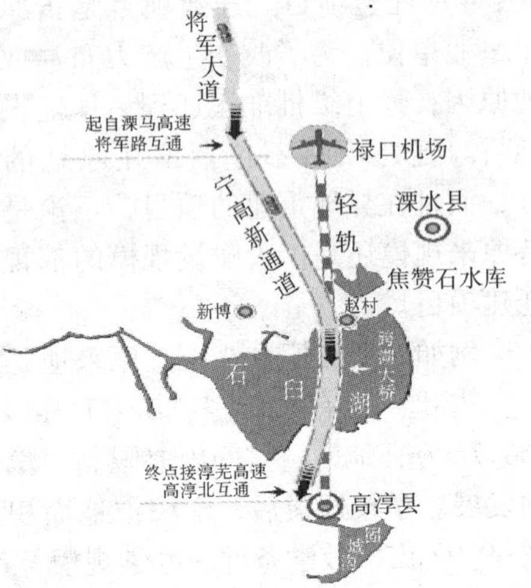

图 2-12　新快速通道示意图

2）在建项目。在建项目是指正在施工中的建设项目。

例如，2011 年西安世界园艺博览会园区以绿色发展为主导，将当今生态建筑的最新成果综合运用，旨在建设“低消耗、低排放”的生态建筑群。作为世园会标志性建筑——长安塔正在施工中，如图 2-13 所示。塔身 99m，大量采用钢结构技术，自重轻、强度高，抗震性能好，且建造时对环境污染较少，充分考虑利用再生能源，节约能源。

图 2-13　在建项目——西安世园会长安塔

3）投产项目。投产项目是指全部竣工并已投产或交付使用的建设项目。

例如，2009 年年底，郑西铁路客运专线竣工并开始运营，如图 2-14 所示。郑西铁路客运专线正线全长 484. 5km，途经陕西省咸阳、西安、渭南和河南省三门峡、洛阳、郑州，它不仅实现了交通的便捷性，而且整个区域经济和诸多相关产业将因此而获得机遇。

（4）按工程建设项目的投资规模划分　根据国家规定的标准，按工程建设项目的总投资规模可将基本建设项目划分为大型、中型、小型三类；更新改造项目划分为限额以上和限额以下两类。

（5）按工程建设项目的资金来源和投资渠道划分　按照建设项目资金来源和投资渠道，可分为国家预算内拨款和贷款、自筹资金、中外合资、国内合资建设项目。

2.2.3　工程建设程序

1. 工程建设程序定义

工程建设程序是指工程项目从策划、选择、评估、决策、设计、施工到竣工验收、投入生产和交付使用的整个建设过程中，各项工作必须遵循的先后工作次序。工程建设程序是工程建设过程客观规律的反映，是工程项目科学决策和顺利进行的重要保证，反映了建设项目内部联系和发展过程，是不可随意改变的。

图 2-14　投产项目——郑西高铁

2. 工程建设程序具体工作内容

一个工程建设项目的建成往往需要经过多个不同阶段，其具体的工作内容和程序可分为 7 个阶段，如图 2-15 所示。这 7 个阶段分别是：项目建议书阶段、可行性研究阶段、设计工作阶段、建设准备阶段、建设实施阶段、竣工验收阶段和项目后评价阶段。

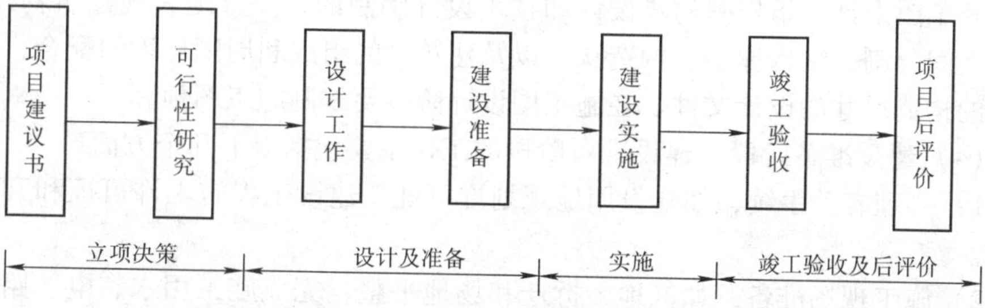

图 2-15　工程建设程序简图

（1）项目建议书阶段　项目建议书是指项目建设筹建单位或项目法人，根据国民经济的发展、国家和地方中长期规划、产业政策、生产力布局、国内外市场、所在地的内外部条件，提出的某一具体项目的建议文件，是对拟建项目提出的框架性的总体设想。

（2）可行性研究阶段　可行性研究是对建设项目在技术上和经济上是否可行进行的科学分析和论证，是确定项目是否进行投资决策的依据，是项目建设单位决策性的文件。可行性研究不仅要对项目进行系统分析和全面论证，判断项目是否可行、是否值得投资，还要进行多方案反复比较，提出评价意见，寻求最佳建设方案，避免项目方案的多变造成的人力、物力、财力的巨大浪费和时间的延误。可行性研究完成以后一般可以编制可行性研究报告。可行性研究报告被上级有关部门批准后，就作为初步设计的依据，不得随意修改和变更。如果在建设规模、建设地区、产品方案等方面有变动及突破投资控制数额时，应经过原批准机关的同意。

项目建议书阶段和可行性研究阶段可统称为立项决策阶段。

(3) 设计工作阶段 一般工程建设项目要经过两阶段设计，即初步设计和施工图设计。对于技术上比较复杂而又缺乏设计经验的项目，一般采用三阶段设计，即在初步设计后又要进行技术设计和施工图设计。

初步设计是指为了阐明在指定的地点、时间和投资控制数额内，拟建项目在技术上的可能性和经济上的合理性，根据可行性研究报告的要求所作的具体实施方案。一般而言，在没有最终定稿之前的设计都统称为初步设计。初步设计不得随意改变被批准的可行性研究报告所确定的建设规模、产品方案、工程标准、建设地址和总投资等控制指标。如果初步设计提出的总概算超过可行性研究报告确定的总投资估算 10% 以上或其他主要指标需要变更时，要重新报批可行性研究报告。

技术设计是指在初步设计和施工图设计之间的设计阶段，解决初步设计尚未完全解决的具体技术问题。如工艺流程、工程结构、设备选型及数量确定等，以使得建设项目的设计更具体、更完善，技术经济指标更好。对于一般的工程建设项目可以省略技术设计这个阶段。

施工图设计是指根据初步设计和技术设计编制的，完整地表现建筑物外形、内部空间分割、结构体系、构造状况以及建筑群的组成和周围环境的配合，具有详细的构造尺寸的设计文件。在施工图设计阶段要编制施工图预算。

(4) 建设准备阶段 建设准备阶段的工作主要包括以下几个方面：

1) 办理有关手续，如建设用地规划许可证、建设工程施工许可证和开工报告等。

2) 施工现场准备，如征地、拆迁和场地平整，完成施工用水、电、路等工程准备。

3) 资源准备，包括投入建设项目的资金落实，组织设备、材料订货，组织机构及管理人员的确定等。

4) 开工前的技术与资料准备，包括水文地质资料、规划与红线图㊀、总平面布置图、施工图及说明，组织图纸会审㊁，协调解决图样和技术资料的有关问题。

㊀ 红线图是指规划局确定的项目建筑总平面图，或城市规范管理部门正式确定的项目建筑的总用地面积的示意图，其中红线是用来表示建筑物的边界外沿界限，即实际可使用土地的边界图。

㊁ 图纸会审是指工程各参建单位(建设单位、监理单位、施工单位)在收到设计院施工图设计文件后，对图纸进行全面细致的熟悉，审查出施工图中存在的问题及不合理情况并提交设计院进行处理的一项重要活动。

5）组织施工招投标，择优选定建设监理、工程设计和工程施工单位。

设计工作阶段和建设准备阶段可统称为设计及准备阶段。

（5）建设实施阶段 工程建设项目一经批准开工，就进入了建设实施阶段，它是工程建设程序中建筑产品形成、项目决策实施的主要阶段。业主通过招标投标选定施工单位后，应立即办理建设许可证，签订承发包合同，施工前要做好图纸会审和设计交底㊀，明确“四控两管一协调”（投资控制、质量控制、进度控制、安全控制、信息管理、合同管理，协调各方面的关系），严格执行施工质量验收规范，做到计划、设计、施工三个环节相互衔接，投资、工程内容、施工图、设备材料和施工力量五个方面的落实，以保证建设计划的全面完成。

另外，在实施阶段还应该进行生产准备，它是衔接建设和生产的桥梁，是建设主要阶段转入生产经营的必要条件。生产准备主要包括生产组织机构、管理制度、人员、技术、原材料、工器具、备品、备件物资准备等。

（6）竣工验收阶段 工程竣工验收是由建设单位、施工单位和项目验收委员会，以项目批准的设计任务书和设计文件，以及国家颁发的施工验收规范和质量检验标准为依据，按照一定的程序和手续，在项目建成并试生产合格后，对工程项目的总体进行检查和认证的活动。通过竣工验收可以检验建设单位、设计单位和施工单位工程建设项目的生产能力、效益、质量、成本和收益等全面情况，它是投资成果转入生产的标志。

（7）项目后评价阶段 项目后评价是指在项目已经完成并运行一段时间后，对项目的目的、执行过程、效益、作用和影响进行系统的、客观的分析和总结的一种技术经济活动，是工程建设程序的最后一个阶段。通过工程建设项目后评价，确定投资预期的目标是否达到，项目或规划是否合理有效，项目的主要效益指标是否实现，并通过及时有效的信息反馈，为未来项目的决策和投资决策管理水平的提高提出建议，同时也为被评项目实施运营中出现的问题提出改进建议，从而达到提高投资效益的目的。

竣工阶段和项目后评价阶段可统称为竣工及后评价阶段。

2.2.4 工程建设在国民经济和社会生活中地位

工程建设在国民经济中占有举足轻重的地位，代表着一个地区在一定时期的社会、经济、文化、科学、技术的全貌，大力改善和提高了人们的生活水平和工作质量。工程建设与人们的“衣食住行”有着密切的关系，既有直接的一面，

㊀ 设计交底是指在施工图完成并经审查合格后，设计单位在设计文件交付施工时，按法律规定的义务就施工图设计文件向施工单位和监理单位做出详细的说明。

也有间接的一面，如图 2-16 所示。要解决“住”的问题必须建造各种类型的建筑物，这是最直接的关系。要“行”，必须建造铁路、道路、桥梁，这是直接关系；要“衣”，必须有修建相应的工厂和设施，才能进行纺纱、织布等，这是间接关系；要“食”，必须打井取水、兴修水利、进行农田灌溉、城市供水排水等，这是直接关系。

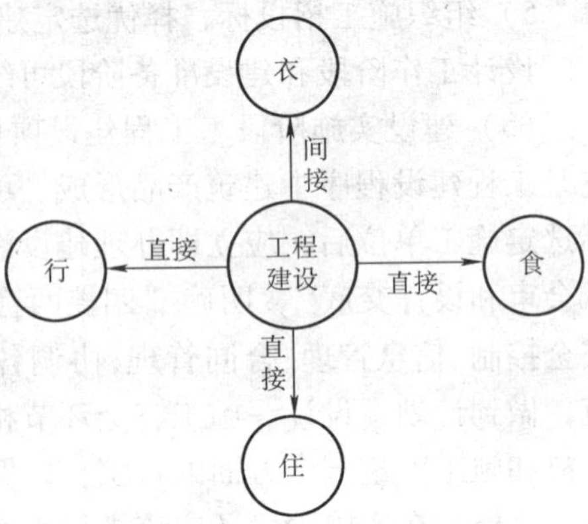

图 2-16　工程建设与衣食住行的关系

工程建设在国民经济体系中有十分重要的地位和作用，具体表现为以下几个方面。

(1) 工程建设投资额度大，是国民经济的支柱之一　我国的工程建设投资总额巨大，自改革开放以来，投资额度不断增大，如西气东输总投资达 3000 亿元。早在第九个五年计划期间，各地区、部门完成全社会固定资产投资就达到了 10.6 万亿元，其中建筑安装工程约占固定资产投资总额的 60%。工程建设已经成为我国国民经济的支柱之一，而且投资额度也会不断加大。

(2) 工程建设为社会创造财富，为国民经济其他部门再生产提供物质条件　工程建设为社会创造了四通八达的交通网络和公共交通基础设施，建设了更方便和优质的城市基础设施。举世瞩目的三峡工程、西电东送、西气东输、青藏铁路、南水北调等重大工程相继完成，深圳地王大厦、上海金茂大厦、北京南火车站、“鸟巢”、水立方等一大批规模宏伟、技术复杂的重点项目和城市大型工程的建成，都为社会创造了巨大的财富。

(3) 工程建设为社会提供了劳动就业场所　工程建设可以容纳很多的劳动力，能为社会提供劳动就业场所。自改革开放以后，工程建设的从业人员平均以每年 7% 的速度增长，形成社会从业人员中人数众多的产业大军。另外，工程建设的发展除了容纳劳动力之外，还能间接的影响工程建设地点周围的商业服务网点和工业企业，有效地缓解了就业压力，为劳动力的就业提供了更多的机会。

(4) 工程建设带动社会其他相关产业的发展　工程建设需要大量的、多种的物质资料，使得工程建设能够带动建筑材料、重工业材料、电气、电子设备等其他相关行业的发展。随着现代化水平的提高，与工程建设相关的产业发展空间将更大，也就必然会促进整个国民经济的发展。

(5) 工程建设为人们提供了优越的生活方式　工程建设为人们提供了更舒适的居住环境、更优越的工作环境、更多样化的文化技术交流环境和更活跃的社区环境。工程建设把工作、教育、购物、娱乐、体育等结合在一起，为人们提供更为和谐的环境和更为优越的生活方式。

2.3　工程建设法规与管理制度

2.3.1　我国工程建设法规

建设法规是指为了调整国家及其有关机构、企事业单位、社会团体、公民之间在建设活动中或建设行政管理活动中发生的各种社会关系，由具有立法权的国家机关制定的，规定国家管理机关、企事业单位、社会团体以及自然人之间在建设活动或建设行政管理活动中应当遵守的法律、法规的统称。

1. 建设法规调整的对象

建设法规的调整对象是在建设活动中所发生的各种社会关系，主要有以下三种。

（1）建设活动中的行政管理关系　如国家及其建设行政主管部门对建设项目的立项、计划、资金筹集、设计、施工、验收等实行的监督管理关系；对城镇规划与建设中的监督管理关系；对建筑业、房地产业、市政公用事业中发生的监督管理关系；对建筑市场的监督管理关系等。

（2）建设活动中的经济关系　如建设单位、勘察设计单位、施工单位、材料设备供应单位等之间所发生的经济关系，通常以经济合同方式加以确立。

（3）建设活动中的民事关系　如土地征用、拆迁安置，房地产交易中有关买卖、租赁等活动中发生的一系列民事关系。

2. 建设法规体系

根据《中华人民共和国立法法》的规定，我国现行的工程建设法规的体系可以分为以下五个层次。

（1）建设法律　建设法律是指由全国人民代表大会及其常委会制定和颁布的属于国务院建设行政主管部门业务范围的各项法律，其效力仅次于宪法，在全国范围内具有普遍的约束力。建设法律是建设法规体系的核心。

（2）建设行政法规　建设行政法规是指由国务院制定和颁布的属于建设行政主管部门业务范围的各项规范性文件，其效力低于宪法和法律，在全国范围内具有约束力。建设行政法规的名称可以是“条例”、“规定”、“办法”等，它们是建设法律的配套法规。

条例是对某一方面行政工作做比较全面系统的规定。如国务院颁发的《建设工程质量管理条例》、《建设工程勘察设计合同条例》等；规定是对某一方面行政工作做部分规定，如国务院批准的《中外合作设计工程项目暂行规定》；办法是对某一项行政工作做比较具体的规定，如国务院批准的《城镇个人建造住宅管理办法》。

（3）建设部门规章　建设部门规章是指由国务院建设行政主管部门或其与

国务院其他相关部门根据法律和行政法规联合制定和颁布的，在本部门权限范围内有效的规范性文件，其效力低于宪法和法律，在本部门范围内具有约束力。它的名称可以是“规定”、“办法”和“实施细则”等，但不能用“条例”。它是“法”和“条例”的具体补充和规定，如《建设工程质量管理办法》、《中华人民共和国注册建造师条例实施细则》等。

(4) 地方性建设法规　地方性建设法规是指由省、自治区、直辖市和较大的市(指省、自治区的人民政府所在地的市，经济特区所在地的市和经国务院批准的较大的市)的人民代表大会及其常务委员会根据本行政区域的具体情况，在不与宪法、建设法律、建设行政法规和建设部门规章相抵触的前提下制定和颁布的建设方面的法规，其效力低于法律、行政法规，仅在本区域内有效。它的名称可以是“条例”、“规定”、“办法”等，如《北京市建筑市场管理条例》等。

(5) 地方性建设规章　地方性建设规章是指由省、自治区、直辖市和较大的市的人民政府根据本行政区域的具体情况，在不与宪法、建设法律、建设行政法规和建设部门规章相抵触的前提下制定和颁布的建设方面的规范性文件，其效力低于法律、行政法规，仅在本区域内有效。它的名称可以是“规定”、“办法”、和“实施细则”等，但不能用“条例”。

建设法规体系中的五个层次必须和相关法规配合使用，建设法规层次之间存在一定的关系，如图 2-17 所示。

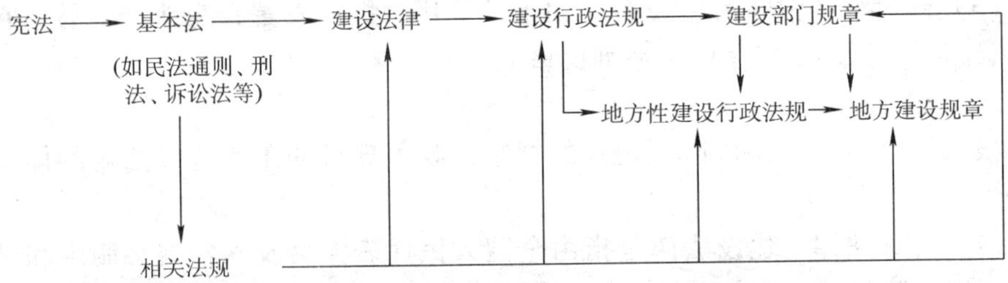

图 2-17　建设法规层次之间相互关系

3. 工程造价管理相关政策法规

工程造价管理必须与国家的政策法规保持一致，但又有其自身的独立性，覆盖建设活动的各个行业、领域以及工程建设的全过程。工程造价管理的相关政策法规可以分为以下四个层次。

(1) 相关法律法规

1) 建筑法。建筑法是指调整工程建设的进度管理、投资管理、质量管理和安全管理过程中发生的社会关系的法律规范的总称。其立法的目的在于加强建筑活动的监督管理，维护建筑市场秩序，保证建筑工程的质量和安全，促进建筑业健康发展。

2) 合同法。合同法是指调整平等主体的自然人、法人、其他组织之间的合同关系，即民事权利义务关系。合同法中对于建设工程合同有详细规定，其立法目的在于规范建设合同双方的权利和义务，规范建筑市场。

3）招标投标法。招标投标法是指调整在招标投标过程中产生的各种关系的法律规范的总称。它对招标、投标、开标、评标和中标整个过程都作出了相应的规定，其立法目的在于规范招标投标活动，使招标投标双方的行为更加规范化。

4）价格法。价格法是指调整我国价格关系、规范价格行为、发挥价格合理配制资源作用的法律制度。其立法目的在于规范价格行为，发挥价格合理配置资源的作用，稳定市场价格总水平，保护消费者和经营者的合法权益，促进社会主义市场经济健康发展。

（2）相关部门规章　政府采购代理机构资格认定办法，注册造价工程师管理办法，工程造价咨询企业管理办法，建设工程价款结算暂行办法等。

另外，中国建设工程造价管理协会（简称“中价协”），制定了多项与工程造价管理相关的办法和规程，例如，《全国建设工程造价员管理暂行办法》、CECA/GC 1—2007《建设项目投资估算编审规程》、CECA/GC 2—2007《建设项目设计概算编审规程》、CECA/GC 3—2007《建设项目工程结算编审规程》、CECA/GC 4—2009《建设项目全过程造价咨询规程》、《建筑工程建筑面积计算规范图解[2009-11-23]》、CECA/GC 5—2010《建设项目施工图预算编审规程》等。

（3）相关规范性文件　《公共机构节能条例》、《民用建筑节能条例》等。

（4）相关地方政策法规　《江苏省建设工程造价管理办法》、《海南省建设工程造价管理办法》、《四川省〈建设工程工程量清单计价规范〉实施办法》、《广西壮族自治区建设工程造价管理办法》、《陕西省建设工程造价管理办法》等。

2.3.2 我国工程建设管理制度

我国在工程建设管理方面实行“三方”管理制度，即在政府有关部门的监督管理之下，由建设项目业主、承包商、监理单位直接参加的管理制度，如图2-18所示。

在图2-18中，政府有关部门是指建设主管部门、规划管理部门、质量监督部门、劳动、消防、环保和卫生等部门；建设项目业主是指建设单位，即项目投资方；承包商不仅仅指施工单位，还包括勘察设计单位，施工安装单位，材料供应单位等；监理单位是指具有法人资格，并持有相应资质证书，由建设项目业主雇佣，从事工程监理业务的经济组织。在“三方”管理结构中，“三方”都需要对工程建设项目进行管理，实现“四控制两管理一协调”。

为了使工程建设活动更符合法律规定、社会利益和建设投资方的利益要求，我国的工程建设必须遵循以下六项管理制度。

（1）建设工程承包制　建设工程承包制是指建设项目业主与承包商签订合同，确定双方的权利和义务，由建筑企业承包工程建设项目的一种工程建设管理制度。这里所指的承包商也不仅仅指施工单位，仍然包括勘察设计单位、施工安装单位、材料供应单位等。建设工程承包制一定要明确承包的内容、指标以及承包方式。在承包过程中，为了更好地协作，可以出现总包制与分包制。

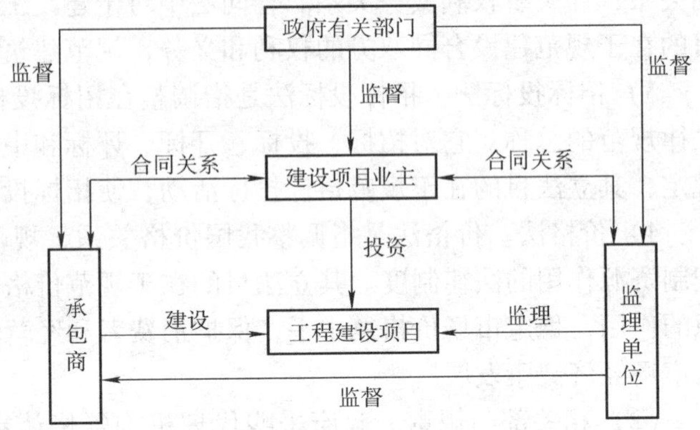

图 2-18 “三方”管理结构图

(2) 项目法人责任制

项目法人责任制是指由工程建设项目的项目法人对项目的策划、资金筹措、建设实施、生产经营、偿还债务和资产的保值增值实行全过程负责并同时享有相应权利的一种工程建设管理制度。这里的项目法人是指项目建设的责任主体，而不是指出资人，项目法人必须具有民事权利能力和民事行为能力，并独立享有民事权利和承担民事义务。

(3) 招标投标承包制　招标投标承包制是指建设项目业主和承包商以平等的法人地位，以各自的利益为基础，由业主发布招标[一]，承包商进行投标[二]，按招标提出的或商定的工程造价、工期、质量及报酬、责任签订合同，双方按合同承担权利和相应的义务，是一种有竞争的全面包干责任制。招标投标承包制是依据市场价值规律而出现的，是建筑市场运行的基本要求。它的目的是为了促进发包、承包双方的工程管理，实现工程建设项目的投资、质量、进度和安全四大目标控制。

(4) 工程合同管理制　工程合同管理制是指在市场交易下的发包方和承包方要签订工程建设合同，以规范双方的权利与义务关系。工程建设合同是指发包方和承包方根据有关规定，为了完成特定工程项目而签订的明确双方权利和义务关系的协议。近年来，合同管理已成为工程建设项目管理的一个重要的分支领域和研究的热点，在合同管理中要高度重视合同文本、合同条件，要严格、全面地履行合同条款的规定，明确自身的权利和义务，注意不要违反合同的责任。

㊀ 招标，是指发包方根据拟建工程项目的有关内容和要求，公开工程或服务采购的条件和要求，编制招标文件和招标控制价，邀请众多有承包能力的承包商参加投标，提出报价，并按照规定程序从中选择最优承包商的一种市场交易行为。

㊁ 投标，是与工程招标相对应的概念，它是指经过资格审查合格的承包商根据招标文件的要求，通过权衡各种物资条件、环境及风险因素，在规定的期限内填写标书，提出报价，争取获得工程承包权的一种市场交易行为。

（5）工程建设监理制　工程建设监理制是指具有法人资格的监理单位受建设单位的委托，依据有关工程建设的法律、法规、项目批准文件、监理合同及其他工程建设合同，对工程建设实施的投资、工程质量和建设工期进行控制和监督管理的一种工程建设管理制度。建设工程监理制旨在替代政府的微观工程管理职能以及为业主服务，促进各方密切合作，更有利于工程建设目标的实现。

（6）工程质量责任制　工程质量责任制是指勘察、设计、监理、试验检测等单位以项目建立责任制，明确质量责任人，报上级主管部门和质量监督机构存档，以备监督、考核及质量责任追究的一种工程建设管理制度。工程质量责任制的目的在于规范各单位各谋其职、各尽其责，明确自己的权利和义务，更加顺利地完成工程项目建设，达到预期目标。

本章小结

工程是指以科学技术为依托，结合自然资源的经济利用，以最短的时间和精而少的人力做出高效、可靠且对人类有用的东西。按照科学技术应用领域的不同可以将工程分为土木工程、市政工程、园林工程、交通工程、机械工程、生物工程等。

工程建设是指横贯于国民经济各部门、各单位之中，为了形成新的固定资产的综合性经济活动的过程。按照不同的分类标准，可以将工程建设项目进行不同的分类。工程建设程序一般指项目建议书阶段、可行性研究阶段、设计工作阶段、建设准备阶段、建设实施阶段、竣工验收阶段和项目后评价阶段这七个阶段。

目前，我国建设法规体系有以下五个层次：建设法律、建设行政法规、建设部门规章、地方性建设行政法规、地方性建设部门规章。与我国工程造价管理相关建设法规主要包括建筑法、合同法、招标投标法和价格法等。我国在工程建设管理方面实行“三方”管理制度，而且我国的工程建设必须遵循以下六项管理制度：建设工程承包制、项目法人责任制、招标投标承包制、工程合同管理制、工程建设监理制、工程质量责任制。

【关键名词】 科学、技术、工程、工程建设、工程建设程序、建设法规、管理制度。

复习思考题

2.1　试分析工程与科学、技术的异同点。

2.2　试划分工程建设项目的工作阶段，并明确每个阶段的具体工作内容。

2.3　请列举我国建设法规体系，并说明与工程造价管理相关的政策法规有哪些。

2.4　什么是“三方”管理制度？试简述我国工程建设遵循的管理制度。

第3章 土 木 工 程

学习要点

本章介绍了土木工程的概念及其发展，阐述了土木工程的各种类型及特点，讲述了工程施工准备与组织过程。通过本章的学习，要求初步了解土木工程的概念，熟悉土木工程的各种类型及特点，掌握工程施工程序，理解施工准备与施工组织设计的关系，熟悉施工组织设计的内容，了解土木工程施工的新发展。

3.1 土木工程概述

3.1.1 土木工程的概念

土木工程是建造各类工程设施的科学技术的总称。土木工程是工程的分科，指用砖、瓦、(石)灰、砂、石、水泥、钢材、木材、塑料、铝合金等建筑材料修建房屋、铁路、道路、桥梁、隧道、运河、堤坝、港口等工程的生产活动和工程技术，包括对上述各类工程的勘查、设计、建设准备与管理、施工安装、建筑装饰、维护保养等活动。

土木工程也是一种学科，它是运用各种基础科学知识，材料、力学等技术科学知识，土木工程规划、设计、施工、管理知识以及法律法规知识来研究、设计、建造各种建筑物和构筑物的一门学科。建筑物(简称建筑)是指提供人们进行生产、办公、生活或其他活动的场所，如工业建筑、民用建筑等；构筑物是指人们不直接在内进行生产、办公、生活或其他活动而是为其提供某种功能的实体，如水塔、烟囱、水池等。

土木工程与人们的衣食住行联系密切，尤其与住的关系最直接。要行，必须建造铁路、道路、桥梁；要食就必须打井取水、兴修水利、进行农田灌溉、城市供水排水系统建设。另外，无论生产钢铁、加工产品、纺纱、织布，还是制造汽车、火车、轮船，乃至发射卫星、进行教学科学研究活动都离不开各类建筑物、构筑物和各种工程设施。

3.1.2 土木工程的发展

土木工程的发展历史源远流长，土木工程活动早就出现在人类的实践活动之中。从土木工程的定义也可看出，只要人类存在，土木工程就存在，只要人类社会向前发展，土木工程就会继续向前发展。

按照时间界限划分，土木工程经历了古代、近代和现代三个历史阶段。

1. 古代土木工程

这一阶段的时间跨度是比较长的，大致是从公元前5000年的新石器时代到17世纪中叶，前后发展共经历约7000年。在这一阶段，受限于科学技术发展状况，当时的建造过程既无建造设计又无完整的理论指导，全凭经验积累。尽管古代土木工程十分原始和初级，但是无论是国内还是国外，仍然取得了光辉灿烂的成就，为人类的文明史添写了浓重一笔。

(1) 西方古代建筑成就简述　欧洲古典建筑是以石材为建筑材料的。代表有：

1) 雅典卫城。雅典卫城位于今雅典城西南，建于公元前4世纪。卫城建在一陡峭的山岗上，建筑物分布在山顶天然平台上。建筑群布局自由、高低错落、主次分明，无论是身处其间或是从城下仰望，都可看到较为完整与丰富的建筑艺术形象。卫城在西方建筑史中被誉为建筑群体组合艺术中的一个极为成功的实例，特别是在巧妙利用地形方面更为杰出。

2) 大角斗场。大角斗场建于公元70~82年，是用天然混凝土建造的大型建筑。平面呈长圆形，长轴188m，短轴156m。立面高48.5m，分为4层，下3层为连续的券柱式，第4层为实墙。在立面上运用了叠柱式的水平划分，各层采用不同的柱式构图，因而使宏大的体量显得开朗明快、富于节奏感。大角斗场是结构、功能与形式和谐统一的范例，代表了古罗马的建筑成就。

3) 维琴察圆厅别墅(见图3-1)。它是意大利文艺复兴后期帕拉第奥的代表作之一。平面正方形，四面有完全对称的门廊，正中是上有穹隆的圆形大厅，这是一种把集中式构图应用到居住建筑中的尝试。

4) 凡尔赛宫花园(见图3-2)。该花园面积6.7km^2，纵轴长3km。园内道路、树木、水池、亭台、喷泉等均呈几何形，有统一的主轴、次轴、对景等，是法国古典主义园林的杰出代表。凡尔赛宫前的三条放射形大道使宫殿成为巴黎城的集中点，并对后世的城市规划产生深远影响。

5) 水晶宫。1851年为伦敦世博会建造的展览馆，开辟了建筑形式的新纪元。其玻璃铁架结构，单一阶梯形的长方体外形，完全表现了工业生产的机械本能，采用装配式施工，仅用9个月即全部完成。“水晶宫”被喻为是第一座现代建筑。

(2) 我国古代建筑成就　我国古代的建筑成就有以下代表：

1) 商朝后期的都城遗址(见图3-3)。位于河南安阳小屯村一带的殷墟。占地面积约24km^2，东西6km，南北4km。大致分为宫殿区、王陵区、一般墓葬区、手工业作坊区、平民居住区和奴隶居住区，城市布局严谨合理。

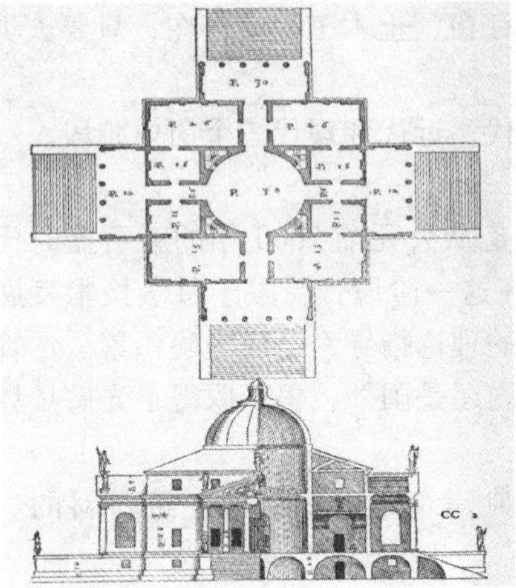

图 3-1 维琴察圆厅别墅

图 3-2 凡尔赛宫花园

2）赵州桥(见图 3-4)。又称安济桥，位于河北赵县洨河上，由隋朝李春设计建造，距今已有1500多年。千百年来，安济桥虽饱经风霜，但至今仍十分坚固，在桥梁建筑史上有重要的意义。赵州桥长 50.8m，宽 9.6m，桥在大拱的拱肩上各建造了两个小拱，显得空灵秀丽，远远望去如“初月出云，长虹饮涧”。

图 3-3 殷墟遗址

图 3-4 赵州桥

3）滕王阁(见图 3-5)。它位于江西南昌赣江岸边，以王勃《滕王阁序》闻名，后经历代重修重建达 28 次，全阁共有 28 个内外转角，结构精巧，造型华美。

图 3-5 滕王阁

4）北岳庙德宁殿(见图 3-6)。它是我国现存元代木结构建筑中最大的一座。也是庙内的主体建筑。大殿建在高大的台基之上，高 30 余米，重檐庑殿式，琉璃瓦脊，青瓦顶。檐下高悬元世祖忽必烈亲笔题书的“德宁之殿”匾额。殿内绘有巨幅壁画《天宫图》，高约7m，长约18m。

5）观星台(见图3-7)。它是我国现存最古老的天文建筑，也是世界上一座著名的天文科学古迹，它反映了我国古代天文学发展的卓越成就。

图3-6 北岳庙德宁殿

图3-7 观星台

6）钟楼(见图3-8)。它坐落在西安市中心，东西南北四条大街交汇处。楼上曾有大铁钟一口，每晨击钟报时，故名钟楼。钟楼从下向上由基座、楼身和楼顶三部分组成，基座呈正方形，四面开券洞门，由地平至楼顶通高36m。

7）客家土楼(见图3-9)。它是世界上独一无二的神话般的山村民居建筑，分方形土楼和圆形土楼两种。土楼始终是客家人自卫防御的坚固的楼堡，这为它赋予了丰富的客家传统色彩。

图3-8 钟楼

图3-9 客家土楼

2. 近代土木工程

近代土木工程发生了以下具有历史意义的重大事件：

1）意大利学者伽利略于1638年出版著作《关于两门新科学的谈话和数学证明》，书中论述了建筑材料的力学性质和梁的强度，并首次用公式表达了梁的设计理论。

2）英国科学家牛顿在1687年总结了力学三大定律，它们是土木工程设计理论的基础。

3）1824年英国人阿斯普丁取得了波特兰水泥的专利权，1850年开始生产。这是形成混凝土的主要材料之一，使得混凝土在土木工程中得到广泛应用。后来，在20世纪初，有人发表了水灰比等学说，才初步奠定了混凝土强度的理论基础。

4）1859年发明了贝赛麦转炉炼钢法，使得钢材得以大量生产，并越来越多的应用于土木工程。

5）1867年法国人莫尼埃用钢丝加固混凝土制成花盆，并把这种方法推广到工程，建造了一座蓄水池，这是应用钢筋混凝土的开端。1875年，他主持建造了第一座长16m的钢筋混凝土桥。

6）1883年美国在芝加哥建造的11层保险公司大楼，是世界上最先用铁框架(部分钢梁)承受全部大楼的重力，外墙仅为自承重墙的高层建筑。1889年法国在巴黎建成的高300m的埃菲尔铁塔，用钢量约8000t，它是近代钢结构高层建筑的萌芽。

7）1886年美国人杰克逊首先应用预应力混凝土制作建筑配件，之后又用它制作楼板。1930年法国工程师弗涅希内将高强度钢丝用于预应力混凝土，克服了因混凝土徐变造成所施加的预应力完全丧失的问题。随后，预应力混凝土在土木工程中得到广泛应用。

8）1906年美国旧金山大地震，1923年日本关东大地震，这些自然灾害推动了结构动力学和工程抗震技术的发展。

9）1931~1942年，德国率先修筑了长达3860km的高速公路网。

3. 现代土木工程

现代土木工程建筑的时间起点可定为20世纪中叶。这一阶段，随着科学技术的发展，人类文明的进步，土木工程开始和高新技术相结合，并取得了长足发展。这一时期相继出现了高层、超高层摩天大楼，大跨度桥梁，海底隧道，高速公路，大型堤坝等。现代土木工程呈现出设计理论科学化、工程样式多样化、融合元素多元化、建筑群体立体化、交通工程快速化、施工设施大型化等特点。发展至今，建筑房屋已向着绿色化、节能化、智能化的方向发展。

取得的建筑成就有：

1）房屋方面。台北的101大厦、芝加哥西尔斯大厦、香港中环广场、亚特兰大国家银行广场大厦。

2）高速公路建设方面。日本于1964年建成时速高达210km的新干线高速公路。1988年，上海至嘉定全长15.9km的高速公路，是我国内地最早建成的一条高速公路。

3）大高坝方面。世界著名的胡佛大坝(见图3-10)，坝型为重力拱坝，坝高131m，世界第一，装机200万kW，拉斯维加斯和美国西部的供电主要来自这里。

4）大跨度空间结构方面。北京奥运会国家体育馆“鸟巢”（见图3-11），2003年开工，是世界最大跨度的钢结构建筑之一。

图3-10　胡佛大坝

图3-11　北京“鸟巢”

5）桥梁方面。厄尔松海峡桥，连接瑞典和丹麦，总长16km，是世界最长的公路铁路两用斜拉桥，2000年通车；奥克兰港湾大桥，全长1079m，有8条平行车道，是新西兰唯一的港口桥。

6）海底隧道方面。英法海底隧道，于1987年开工，横穿英吉利海峡最窄处，使英伦三岛与欧洲大陆连为一体。隧道全长50.5km，其中海底部分为37km。

3.2　土木工程类型

土木工程的类型众多，主要包括建筑工程、桥梁工程、公路与城市道路工程、铁路工程、隧道工程、水利工程、港口工程、海洋工程、给水和排水工程以及环境工程。

3.2.1　建筑工程

1. 概述

建筑工程的对象一般是指建筑物和构筑物。建筑物又简称建筑，例如，工业建筑、民用建筑、农业建筑和园林建筑等。而构筑物是指房屋以外的工程建筑，如围墙、道路、水坝、水井、隧道、水塔、桥梁和烟囱等。建筑工程一般是指兴建建筑物和构筑物的勘察、规划、设计、施工和设备调试等工作的总称。建筑工程的最终目的是为人类生产与生活提供适宜的场所及功能。

建筑按照使用功能可分为工业建筑、民用建筑、农业建筑和其他建筑；按照结构承重材料分为砖木结构、砌体结构、钢筋混凝土结构、钢结构和组合结构等；按照高度与层数分为低层建筑、多层建筑、高层建筑和超高层建筑等。

建筑工程按耐久性和耐火性有不同等级划分。建筑物的耐久等级主要依据建筑物的重要性和规模大小划分，作为基建投资和建筑设计的重要依据。耐火等级是衡量建筑物耐火程度的标准，一般是按组成建筑物的构件的燃烧性能和耐火极限的最低值来确定的。

建筑物的安全性也是非常重要的一个功能性要求。在一切以人的生命安全为最高标准的要求下，必须尽力做到保障建筑物使用者的安全，因此要求建筑物的结构设计必须科学合理，在本着节省资源的原则下达到最安全的标准。

2. 常用的结构材料

1）砖。它是一种常用的砌筑材料。标准砖的规格为240mm × 115mm × 53mm，包括10mm厚灰缝，其长宽厚之比为4:2:1。标准砖砌筑墙体时以砖宽度的倍数(115mm + 10mm = 125mm)为模数，与我国现行《建筑模数协调统一标准》中的基本模数 M = 100mm 不协调，这是由于砖尺寸的确定时间要早于模数协调的确定时间。砖的原料容易得到，且价格低，生产工艺简单，便于大规模生产。但是砖的取土量大，消耗能量多，自重也大，现在已基本被新型的砌体材料所替代。

2）砌块。它是利用混凝土，工业废料(炉渣、粉煤灰等)或地方材料制成的人造块材，外形尺寸比砖大，具有设备简单，砌筑速度快的优点，符合建筑工业化发展中墙体改革的要求。砌块按尺寸和质量的大小不同分为小型砌块、中型砌块和大型砌块。砌块系列中主规格的高度大于115mm而小于380mm的称作小型砌块、高度为380～980mm称为中型砌块、高度大于980mm的称为大型砌块。实际使用以中小型砌块居多。

3）混凝土。它是以水泥作为胶凝材料，以砂子石子作为粗细骨料和水按照适当的比例配合、搅拌成的拌和物。混凝土有很多优点，凝结前具有很好的塑性，凝结后抗压强度高，耐久性良好。而且材料符合就地取材和经济的原则，在国家经济建设中占有很重要的位置。

4）钢材。它是铁和碳的合金。铁是最主要的元素，而碳和其他元素的比例虽然很少，但是它们却影响着钢材的物理和化学性能。钢材的种类繁多，性能差别很大。一般情况下，钢材是在严格的技术控制条件下生产的，品质均匀密致，在常温下能经受较大的冲击力和振动荷载，而且还具有良好的塑性和韧性。图3-12所示为常见的各种钢材。

5）木材(见图3-13)。它是最早用于建造房屋的材料，是古老的工程材料之

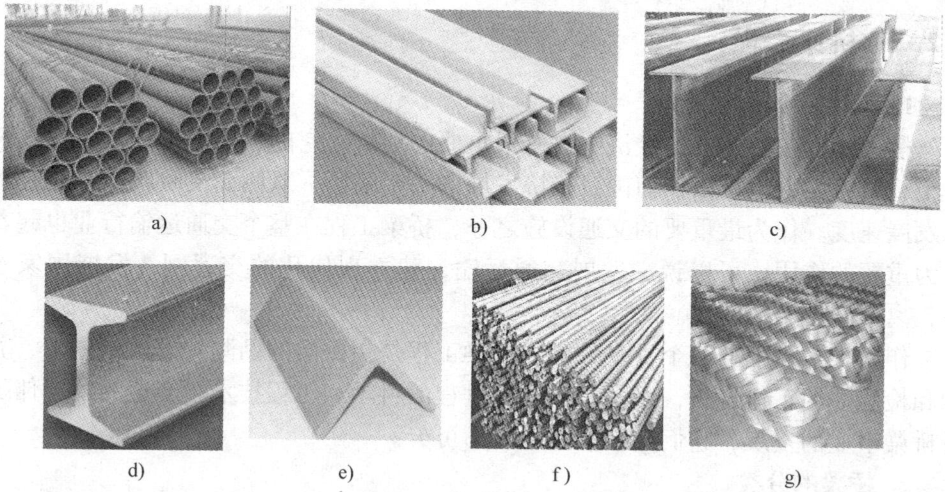

图3-12 各种钢材

a）管钢 b）槽钢 c）工字钢 d）H型钢 e）角钢 f）螺纹钢 g）钢丝

一。我国传统的亭台楼阁塔榭等建筑都是以木材作为主要的建筑材料。在现代建筑中木材仍然占据着重要的位置。

图3-13 木材

木材一般来源于树木的主干部分，一般按照树叶的外观形状将树木分为针叶树木和阔叶树木。常用的树种是松木、杉木等，其优点是轻质高强、弹性好、韧性好，能承受冲击和振动的作用，容易制作，架设简便，工期快等；缺点是受材料自身尺寸的制约，构造不均匀，易燃、易腐蚀等。

3. 主要构件类型

1）梁。主要用来支撑板并承受板传来的各种竖向荷载和自重。梁所受荷载的主要作用效应是受弯和受剪。

2）板。主要用来承受垂直于板面的荷载，厚度远小于平面尺度的平面构件。板的荷载作用效应主要是受弯。

3）柱。用于支撑梁、桁架、楼板等，是主要承受压力的竖向构件。根据其受力情况，可分为轴心受压和偏心受压。

4）墙。承受梁板传来的压力及墙的自重。有时还需要承担水平荷载引起的剪力和弯矩。

5）基础。把建筑物、机械设备等的荷载扩散到地基，是建筑物的重要组成部分。

3.2.2 桥梁工程

1. 概述

桥梁工程在整个国民经济中占有很重要的地位，它的发展是推动社会发展的一个重要方面，也可以作为国民经济发展的一个缩影，从侧面反映我国社会经济的发展速度。作为最重要的交通设施之一，桥梁工程在整个交通运输行业也起着极为重要的作用。可以说，发展交通运输，建立现代化的交通网，发展国家经济，离不开桥梁的建设。

作为土木工程的一个重要分支，桥梁工程是指桥梁的勘测、设计、施工、养护和检验等的工作过程，以及研究这一过程的科学和工程技术。交通的发展伴随着桥梁事业的发展，它们相互促进、密不可分。

2. 桥梁的分类

1）按照用途可分为城市桥、人行桥、公路桥、铁路桥、公铁路两用桥、农桥、管线和渡槽桥等。

2）按照结构体系可分为拱式桥、悬索桥、斜拉桥、刚架桥、梁式桥和组合桥等。

3）按照建造材料可分为木桥、钢桥、石桥、钢筋混凝土桥和预应力钢筋混凝土桥。

4）按照跨越障碍的方式可分为跨河桥、跨谷桥和高架线路桥等。

5）按照施工方法可分为装配式施工桥梁和节点式施工桥梁。

6）按照桥面的开启可分为固定式桥梁和活动式桥梁等。大部分的桥梁在建造完毕后是不可移动的，是固定的。但是，在少部分情况下是可以移动的，这主要是受河流通航的要求和通航船舶高度的影响。

3. 桥梁的形式

桥梁是由上部结构、下部结构和桥梁的防护建筑物组成的。上部结构一般包括桥面构造(行车道、人行道和栏杆等)、桥跨结构和桥梁支座；下部结构一般包括桥台和桥墩；防护建筑物一般包括桥台和墩台。以下介绍一些常见的上部桥梁结构形式及它们各自取得的成就。

(1) 梁式桥　梁式桥(见图3-14)是以受弯为主的主梁作为主要的承重构件的桥梁。梁式桥又可分为简支梁桥、连续梁桥和悬臂梁桥。

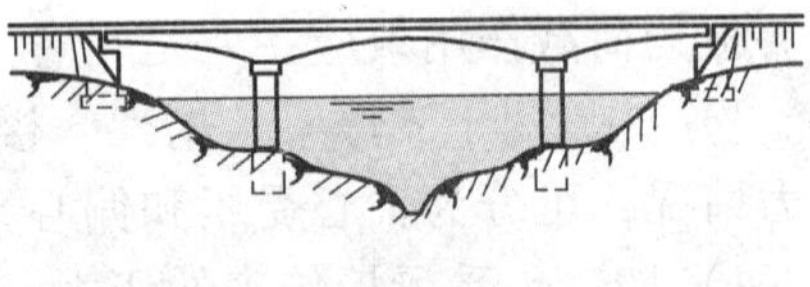

图3-14　梁式桥示意图

平潭海峡大桥(见图3-15)西起福清小山东，经北青屿，跨越海坛海峡，东至平潭娘宫。大桥全长3510m，其中主桥长560m，引桥长2950m，桥位所处自然条件比较恶劣，历年最大风速39m/s，桥位处海面宽约3480m。该桥使中国第五大岛平潭岛成功靠泊内陆腹地，40万平潭岛民告别轮渡史。

（2）拱式桥　拱式桥（见图3-16）为桥梁的基本形式之一，是以拱圈和拱肋为主的承重结构。这种形式在古今中外的桥梁建筑史中都占有很大的比例和重要的地位。它不仅适用范围广，尤其是在跨越峡谷方面占有优势，且形式优美，还可用于城市和风景区的桥梁建筑。但是，拱式桥对地基的要求比较高。目前，钢拱桥的最大跨径已达到518m，石拱桥的跨径已经达到了155m，钢筋混凝土箱型拱桥的跨径达到了420m。拱形桥拱可分为上承式拱、中承式拱和下承式拱。

图3-15　平潭海峡大桥

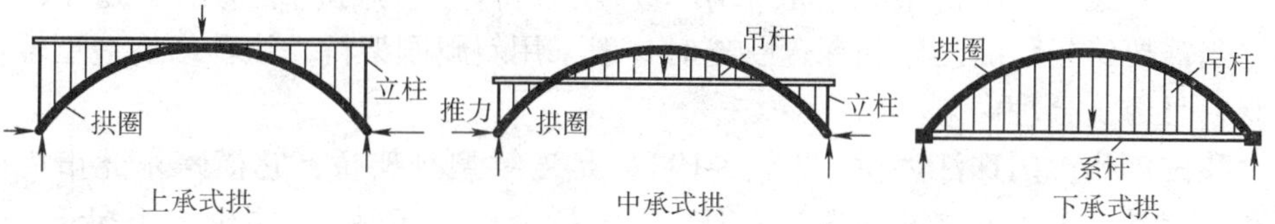

图3-16　拱式桥

（3）悬索桥　悬索桥示意图如图3-17所示，又名吊桥，指的是以通过索塔悬挂并锚固于两岸（或桥两端）的缆索（或钢链）作为上部结构主要承重构件的桥梁。该种构造方式于19世纪初发明，现在已被广泛采用。它的适用范围较广，多用于大跨度及特大跨度的桥梁。

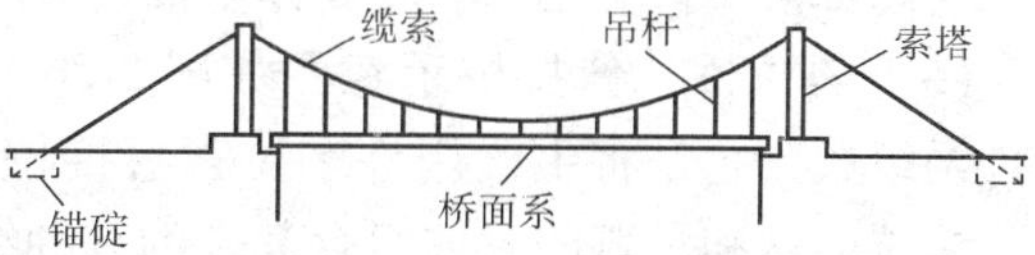

图3-17　悬索桥示意图

这种形式的桥可用比较少的物质跨越比较长的距离。并可以造得比较高，允许船在下面通过，在造桥时没有必要在桥中心建立暂时的桥墩，因此悬索桥可以在比较深或比较急的水流上建造。悬索桥形式比较灵活，适合大风和地震区的需要，比较稳定的桥在这些地区必须更加坚固和沉重。但是，悬索桥的坚固性不强，在大风情况下交通必须暂时被中断，且不宜作为重型铁路桥梁。

（4）刚架桥　刚架桥（见图3-18）是板和立柱或者板与竖墙整体结合的桥梁结构。梁与柱的两节点具有较大的刚性。因此，在结点处一般采用钢、钢筋混凝土或者预应力混凝土制造。梁面所受荷载主要为竖向移动荷载，这种荷载作用下梁部主要受弯。

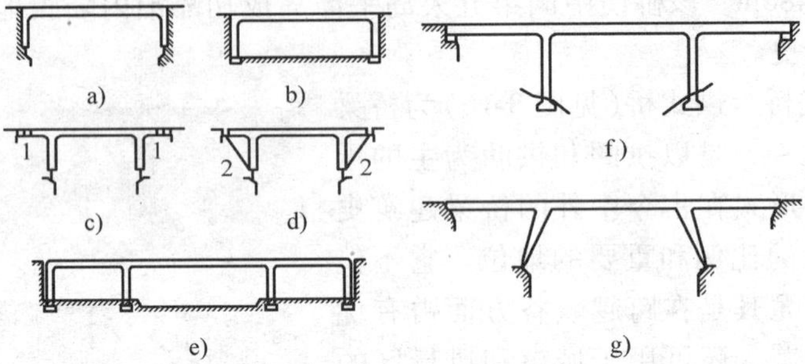

图 3-18 刚架桥

a）两铰门架 b）单跨门架 c）双悬臂单跨门架 d）双悬臂单跨门架

e）多跨门架 f）三跨两腿门架 g）斜腿刚架

1—平衡重 2—拉杆

刚架桥一般有三种类型：T 形刚架桥、连续刚架桥和斜腿刚架桥。在跨越深水、深谷时建造大跨桥梁时一般采用 T 形刚架桥，因为这种结构便于施加预应力。当需要跨越陡峭河岸和深邃峡谷时一般采用斜腿刚架桥，该种结构造型轻巧美观，且经济合理。

我国广州虎门珠江大桥(见图 3-19)，是连续型刚架桥，它横跨东莞市虎门镇和广州番禺市南沙之间的珠江入海口。大桥全长 15. 76km，主桥长 4. 6km，引道长 11. 16km，桥面双向六车道，设计昼夜通车量为 12 万车次。大桥主跨为 888m 的钢箱梁悬索桥，跨径居国内目前第二位；大桥辅航道为 270m 连续刚结构，居同种桥型世界第一；主跨净空高度 60m，桥下可通行 10 万 t 级海轮。

（5）斜拉桥 斜拉桥示意图如图 3-20 所示，又称斜张桥，由索塔、主梁、斜拉索组成。它是将主梁用许多拉索直接拉在桥塔上的一种桥梁，是由承压的塔，受拉的索和承弯的梁体组合起来的一种结构体系。本质是用拉索代替支墩的多跨弹性支承连续梁。斜拉桥可使梁体内弯矩减小，减轻结构重量，降低建筑高度，节省材料。

图 3-19 广州虎门珠江大桥

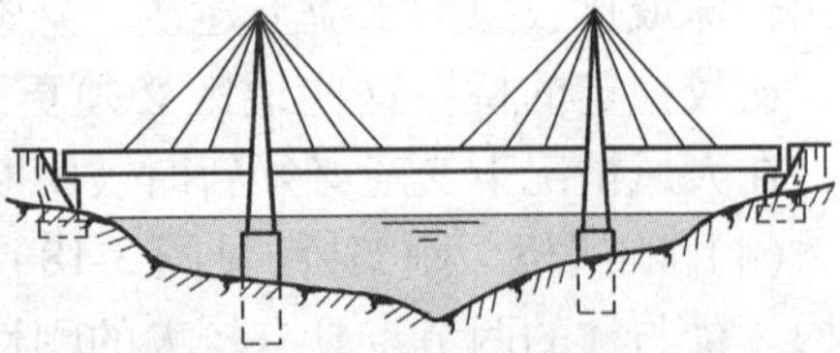

图 3-20 斜拉桥示意图

武汉天兴洲长江大桥(见图3-21)，是世界上第一座按四线铁路修建的双塔三索面三主桁公路铁路两用斜拉桥，在当今世界同类型大桥中拥有“跨度、速度、荷载、宽度”四项第一。斜拉桥主跨504m为世界公路铁路两用桥梁跨度之首，北起汉口平安铺，南止武昌武青主干道，主桥长4657m，主跨504m，公路引线全长8043m，铁路引线全长60.3km，全桥共91个桥墩，总投资约110亿余元。

（6）无背斜拉桥　无背斜拉桥是斜拉桥的另外一种形式，是对常规斜拉桥造型的突破。它基于无背索后倾的塔身形状所表现出对相对纤细的桥面强大稳固支撑的力量感，总是给人以醒目深刻的感受。而与常规斜拉桥不同，无背索斜拉桥桥塔仅有单侧索，桥塔的受力表现为在斜拉索索力及自身重力作用下的悬臂梁。

无背索斜拉桥的塔身一般都设计成倾斜的，依靠塔身的自重力矩来平衡斜拉索的倾覆力矩，因此组成了梁塔结构的平衡体系。最著名的无背索斜拉桥当首推西班牙的阿拉米罗大桥(见图3-22)，也是最早的无背索斜拉桥。

图3-21　武汉天兴洲长江大桥

图3-22　阿拉米罗大桥

3.2.3　公路与城市道路工程

交通运输是国民经济的命脉，是经济发展的产业支柱，交通的发展伴随着人类社会的发展，在某种程度上是人类社会文明发展的缩影。到了近现代，交通的发展已经成为经济发展的重要因素。

现代的交通体系随着科技的发展也越来越完备，铁路、公路、水运、航道和管道等运输方式组成了现代社会的交通体系。铁路运输在我国运输体系已占有相当大的比重。随着经济和社会的发展，公路运输所占的比重也越来越大。

1. 道路的基本组成及分类

道路的基本结构组成包括三部分：线路、路基和路面。

道路是为人们及各种车辆提供通行的设施。按其使用特点可分为城市道路、公路、厂矿道路、林区道路及乡村道路等。

1）公路。它指连接乡村、城市，主要供汽车行驶的具备一定技术条件和设施的道路。

2）城市道路。它指在城市范围内，供行人及车辆通行的具备一定技术条件和设施的道路。

3）厂矿道路。它指主要供矿山及工厂运输车辆通行的道路。

4）林区道路。它指建在林区，主要供各种林业运输工具通行的道路。

5）乡村道路。它指建在乡村、农场，主要供行人及各种农业运输工具通行的道路。

2. 公路的分类

公路按照各自在公路网中的地位与作用分为以下几类：

1）国家干线公路。在国家公路网中，具有全国性政治、经济、国防意义，并且确定为国家干线的公路，简称国道。

2）省干线公路。在省公路网中，具有全省性政治、经济、国防意义，并且确定为省级干线的公路，简称省道。

3）县公路。具有全县性政治、经济意义，并且确定为县级的公路，也称县道。

4）乡公路。主要为乡村生产、生活服务，并且确定为乡级的公路，也称乡道。

5）专业公路。为企业或其他单位提供运输服务的道路，比如专门为旅游区、军事要地与外界连接的道路。

3. 公路的分级

（1）公路等级的划分　根据现行交通部 JTG B01—2003《公路工程技术标准》的规定，公路根据功能、任务和适应的交通量可分为以下五级：

1）高速公路。它具有特别重要的政治、经济意义，为专门供汽车分向分车道行驶并全部控制出入的干线公路。分为四车道、六车道、八车道高速公路。一般能适应按各种汽车折合成小客车的年平均昼夜交通量 25000 辆以上。

2）一级公路。它为连接重要政治、经济中心，通往重点工矿区、港口、机场，专供汽车分道行驶并部分控制出入的公路。一般能适应按各种汽车折合成小客车的年平均昼夜交通量为 15000 ~ 30000 辆。

3）二级公路。它为连接政治、经济中心或大矿区、港口、机场等地的公路。一般能适应按各种车辆折合成中型载重汽车的年平均昼夜交通量为 3000 ~ 7500 辆。

4）三级公路。它为沟通县以上城市的公路。一般能适应按各种车辆折合成中型载重汽车的年平均昼夜交通量为 1000 ~ 4000 辆。

5）四级公路。它为沟通县、乡(镇)、村的公路。一般能适应按各种车辆折合成中型载重汽车的年平均昼夜交通量为双车道 1500 辆以下，单车道 200 辆以下。

（2）路面等级的划分　按面层类型分高级、次高级、中级和低级。

1）高级。沥青混凝土路面或水泥混凝土路面。

2）次高级。沥青贯入或路面式沥青碎石路面。

3）中级。沙石路面。

4）低级。泥结碎石或土路。

（3）道路级别划分标准

1）一级道路划分条件：①商业网点集中，道路旁商业店铺占道路长度不小于70%的繁华闹市地段；②主要旅游点和进出机场、车站、港口的主干路及其所在地路段；③大型文化娱乐、展览等主要公共场所所在路段；④平均人流量为100人次/min以上和公共交通线路较多的路段；⑤主要领导机关、外事机构所在地；⑥本市确定的重点道路、景观道路、快速路。

2）二级道路划分条件：①城市主、次干路及其附近路段；②城市网点较集中、占道路长度60%~70%的路段；③公共文化娱乐活动场所所在路段；④平均人流量为50~100人次/min的路段；⑤有固定公共交通线路的路段。

3）三级道路划分条件：①商业网点较少的路段；②居民区和单位相间的路段；③城郊结合部的主要交通路段；④人流量、车流量一般的路段。

4）四级道路划分条件：①城郊结合部的支路；②居住区街巷道路；③人流量、车流量较少的路段。

3.2.4 铁路工程

1. 铁路的发展史

世界上的首条公共铁路首先在伦敦开通，但是该铁轨上的有轨车是由马牵拉的，仅用于运输货物。第一条商业载客的铁路出现在南威尔士的奥伊斯特茅斯，但仍然是用马牵拉的。世界上第一条客货混匀的铁路干线建于1830年，从利物浦到曼彻斯特总长64km，拉开了现代铁路建设的序幕。

1952年建成的成渝铁路是新中国成立后修建的第一条铁路，也是第一条全部采用国产器材修筑的铁路。1985年修建的成昆铁路获得了“国家科技进步特别奖”。

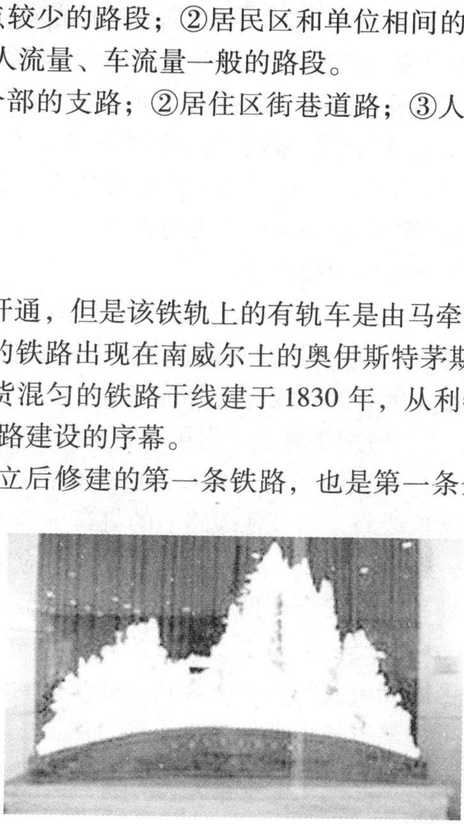

图3-23　成渝铁路雕塑

中国赠送给联合国的第一件礼物是一座关于铁路的雕塑（见图3-23），这是一座象牙雕成的成渝铁路。它与美国登月带回的岩石、苏联的第一颗人造卫星并列为赠送给联合国象征人类征服大自然的三件特别礼物。雕塑高1.1m，宽1.95m，雕塑中有140个人，用了8颗象牙。

青藏铁路，是实施西部大开发战略的标志性工程。该路东起青海西宁，西至拉萨，全长1956km。其中，西宁至格尔木段814km已于1979年铺通，1984年投入运营。青藏铁路格尔木至拉萨段，北起青海省格尔木市，经纳赤台、五道梁、沱沱河、雁石坪，翻越唐古拉山，再经西藏自治区安多、那曲、当雄、羊八井，至拉萨，全长1142km。其中新建线路1110km，于2001年6月29日正式开工，于2006年7月1日全线通车。青藏铁路是世界海拔最高、线路最长的高原铁路。

2. 铁路的基本组成

铁路由线路、路基和轨道组成。为了完成铁路运输的客货运任务和进行行车作业，并保证各项作业安全，应修建和设置不同的线路。

(1) 线路　铁路线路分为正线、站线、段管线、岔线及特别用途线。

1) 正线。连接车站并贯穿或直股伸入车站的线路为正线。正线可分为正线及站内正线。

2) 站线。站线是指在铁路车站范围内，除正线以外的其他铁路线路的统称。如机车走行线、机待线、驼峰迂回线、禁止溜放车辆停留线、救援列车停留线、倒装货物线、加冰线、轨道衡线、车辆洗刷线、车辆站修线等。

3) 段管线。段管线是指由机务、车辆、工务、电务、供电等段专用并由其管理的线路。如机务段的机车准备线、机车转头用的三角线、转盘线、卸油线；车辆段内车辆检修作业用的线路和工务、电务、供电段内停留轨道车、作业车及其他车辆用的线路等。

4) 岔线。岔线是指在区间或站内与铁路接轨，通往路内外单位(厂矿企业、砂石场、港口、码头、货物仓库)专用线路。岔线直接为厂矿企业服务，一般不设车站，但有的岔线为了取送车的方便，也设了车站。

5) 特别用途线。它包括安全线和避难线。

a. 安全线。它是为防止机车车辆在未开通进路的情况下，越过警冲标而进入其他线路，与其他线路上的机车车辆发生冲突而设的尽头式线路。安全线有效长一般应不少于50m，向车档方向不应采用下坡道。机车车辆进入安全线并不能保证其本身安全，只起隔开作用，保证其他机车车辆的安全。

b. 避难线。它是为防止在陡长坡道上运行的列车，因制动失效而失去控制，在区间颠覆或闯入站内与其他机车车辆发生冲突而设置的。避难线在区间设于列车可能颠覆的小半径曲线前方，在陡长下坡道车站避难线可设在进站一端或接车方向末端。避难线的长度应能容纳一个列车，同时还应有一个反坡，以缓和列车的前冲力。

(2) 路基　铁路路基是为了满足铁路正常运营、承受轨道和列车荷载的地面结构物。路基可分为路堤、路堑和填挖结合路基三部分，是轨道的基础，直接承受轨道和机车传来的荷载。

（3）轨道　轨道(见图3-24)是一个整体结构，它由钢轨、轨枕、连接零件、道床、防爬设备和道岔等组成。它的作用是直接承受车轮传来的巨大压力并正确的引导车轮的运行方向。轨道的重要组成部分是钢轨，钢轨的截面一般是“工”字形。

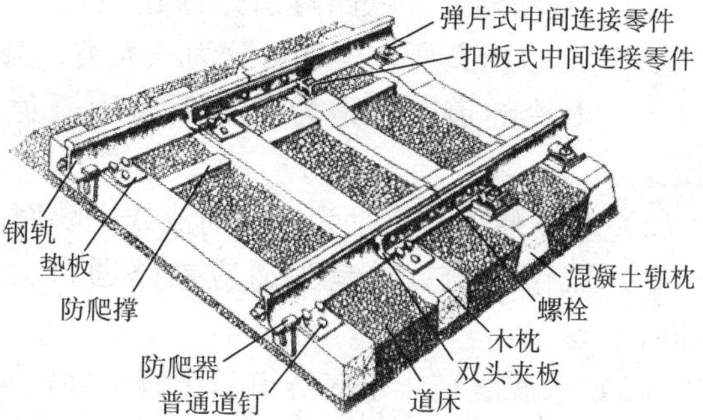

图3-24　轨道的基本组成

3. 高速铁路

高速铁路是指使列车营运速度达到200km/h以上，或专门修建新的“高速新线”，使列车营运速度达到250km/h以上的铁路系统。广义的高速铁路包含使用磁悬浮技术的高速轨道运输系统。日本东海道新干线是世界上第一条高速铁路，全长达515.4km，最高时速可达210km。1983年法国建成并开通了TGV东南干线，运营时速达270km。

高速铁路的发展不仅需要科学技术的支持，而且它还能推动科学技术的进步和经济的发展。目前我国的铁路的运输量和提速水平已处于世界的先进行列。

3.2.5　隧道工程

1. 发展概况

隧道是一种修建在岩体、土体或者水底的地下工程建筑物。在人类漫长的历史中，地下空间为人类提供了防御自然和外敌入侵的保护场所。随着人类文明的发展，逐渐出现了各种问题，比如大城市的膨胀使得交通日益拥挤，为保护历史文物和城市环境，并鉴于地下空间特有的优势，人类开始大力发展地下隧道工程。

1994年通车的英吉利海峡海底隧道，又名“欧洲隧道”，它横穿英吉利海峡最窄处，西起英国东南部港口城市多佛尔附近的福克斯通，东至法国北部港口城市加来，全长50.5km，其中海底部分长37km。整个隧道由两条直径为7.6m的火车隧道和一条直径为4.8m的服务隧道组成。目前它不仅是欧洲的最大建筑工程，也是世界上耗资最多的工程之一。

2. 各类隧道的简介

（1）公路隧道　按照隧道所处的位置可分为越岭隧道、傍山隧道和城市隧道。建设公路隧道前，应把地形、地质、气象、环境、施工条件及工厂有关的法规、法令调查清楚。公路隧道应尽量设计成直线且应遵照顺应地形、对附近环境影响小、安全性好、用地建设投资少等原则，设计和建造时还应该考虑隧道的整个通风的良好性。

(2) 铁路隧道　铁路隧道是修建在地下或水下并铺设铁路供机车车辆通行的建筑物。根据其所在位置可分为三大类，其中修建最多的是山岭隧道。

1) 山岭隧道。它是为缩短距离和避免大坡道而从山岭或丘陵下穿越的隧道。

2) 水下隧道。它是为穿越河流或海峡而从河下或海底通过的隧道。

3) 城市隧道。它是为适应铁路通过大城市的需要而在城市地下穿越的隧道。

(3) 水底隧道　水底隧道是指修建在江河、湖泊、海港或海峡底下的隧道。它为铁路、城市道路、公路、地下铁道以及各种市政公用或专用管线提供穿越水域的通道，有的水底道路隧道还设有自行车道和人行通道。

水底隧道应尽量选在具有良好的地质和水文地质条件的位置，尽量选在河流顺直，水深较浅的地方。而且应尽量远离水库，更不允许穿越水库。

3. 隧道的施工方法

隧道的主要施工方法有以下几种：

1) 矿山法(Mine tunnelling method)。它是指用开挖地下坑道的作业方式修建隧道的施工方法。这是一种传统的施工方法。

2) 盾构法(Shield method)。它是将盾构机械在地中推进，通过盾构外壳和管片支承四周围岩防止发生往隧道内的坍塌，同时在开挖面前方用切削装置进行土体开挖，通过出土机械运出洞外，靠千斤顶在后部加压顶进，并拼装预制混凝土管片，形成隧道结构的一种机械化施工方法。

3) 沉管法(Immersed tube method)。它是将若干个预制段分别浮运到海面(河面)现场，并一个接一个地沉放安装在已疏浚好的基槽内的施工方法，多用于修建水下隧道。

4) 顶管法(Pipe jacking method)。它是用千斤顶将管子逐渐顶入土层中，将土从管内挖出修建涵管的施工方法。

5) 明挖法(Open cut method)。它是指先将隧道部位的岩(土)体全部挖除，然后修建洞身、洞门，再进行回填的施工方法。

3.2.6　水利工程

1. 概述

我国水资源比较丰富，河流纵横，可开发的水利资源还是很多的。但是水资源的地域分布极不均匀。为了更好地利用水资源，就需要兴建水利工程。水利工程包括排水灌溉工程、防洪工程、水力发电工程、港口航道工程及跨流域调水工程等。

水利工程的发展历史悠久。水利工程结构与其相应的河流是一个不可分割的综合体。水利工程工作条件复杂，施工技术难度大，工程规模大，而且对社会和经济的影响都很大。

2. 水利工程的分类

水利工程按目的或服务对象可分为防洪工程(防止洪水灾害)，农田水利工程(防止旱、涝、渍灾为农业生产服务)，水力发电工程(将水能转化为电能)，航道和港口工程(改善和创建航运条件)，城镇供水和排水工程(为工业和生活用水服务,并处理和排除污水和雨水)，水土保持工程和环境水利工程(防止水土流失和水质污染,维护生态平衡)，渔业水利工程(保护和增进渔业生产)，海涂围垦工程(围海造田,满足工农业生产或交通运输需要)等。一项水利工程同时为防洪、灌溉、发电、航运等多种目标服务的，称为综合利用水利工程。

水利工程的基本组成是各种水工建筑物，包括挡水建筑物、泄水建筑物、进水建筑物和输水建筑物等。此外，还有专门为某一目的服务的水工建筑物，如专为河道整治、通航、过鱼、过木、水力发电、污水处理等服务的具有特殊功能的水工建筑物。水工建筑物以多种形式组合成不同类型的水利工程。

3. 水利工程的发展趋势

当前世界多数国家出现人口增长过快，可利用水资源不足，城镇供水紧张，能源短缺，生态环境恶化等重大问题，都与水有密切联系。水灾防治、水资源的充分开发利用成为当代社会经济发展的重大课题。水利工程的发展趋势主要是：①防治水灾的工程措施与非工程措施进一步结合，非工程措施占越来越重要的地位；②水资源的开发利用进一步向综合性、多目标发展；③水利工程的作用，不仅是要满足日益增长的人民生活和工农业生产发展的需要，而且是要更多地为保护和改善环境服务；④大区域、大范围的水资源调配工程，如跨流域引水工程，将进一步发展；⑤由于新的勘探技术，新的分析计算和监测试验手段以及新材料、新工艺的发展，复杂地基和高水头水工建筑物将随之得到发展，当地材料将得到更广泛的应用，水工建筑物的造价将会进一步降低；⑥水资源和水利工程的统一管理、统一调度将逐步加强。

3.2.7 港口工程

港口工程是土木工程的重要分支之一，是兴建、扩建或改建港口所需工程设施的工程技术活动。

1. 概述

港口是具有水陆联运设备和条件，供船舶安全进出和停泊的运输枢纽。港口工程是兴建港口所需的各项工程设施的工程技术，包括港址选择、工程规划设计及各项设施(如各种建筑物、装卸设备、系船浮筒、航标等)的修建。港口工程也指港口的各项设施。港口工程原是土木工程的一个分支，随着港口工程科学技术的发展，已逐渐成为相对独立的学科，但仍和水利工程、道路工程、给水排水工程等保持密切的联系。

最原始的港口是天然港口，有天然掩护的海湾、水湾、河口等场所供船舶停泊。随着商业和航运业的发展，天然港口已不能满足经济发展的需要，须兴建具有码头、防波堤和装卸机具设备的人工港口(见图3-25)，这是港口工程建设的开端。19世纪初出现了以蒸汽机为动力的船舶，于是船舶的吨位、尺度和吃水日益增大，为建造人工深水港池和进港航道需要采用挖泥机具以后，现代港口工程建设才发展起来。陆上交通尤其是铁路运输将大量货物运抵和运离港口，大大促进了港口建设的发展。

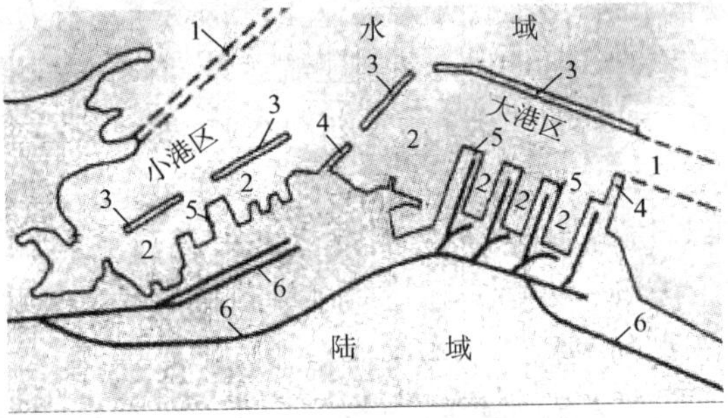

图3-25 港口总平面图

1—进港航道 2—港池 3—岛堤 4—突堤 5—码头 6—铁路

2. 港口分类

港口按用途划分，有商港、军港、渔港、避风港等；按所处位置划分，有河口港、海港和河港等。

3. 港口组成

港口由水域和陆域组成。

(1) 水域 它通常包括进港航道、锚泊地和港池。

1) 进港航道。要保证船舶安全方便地进出港口，必须有足够的深度和宽度、适当的位置、方向和弯道曲率半径，避免强烈的横风、横流和严重淤积，尽量降低航道的开辟和维护费用。

2) 锚泊地。它指有天然掩护或人工掩护条件能抵御强风浪的水域，船舶可在此锚泊、等待靠泊码头或离开港口。

3) 港池。它指直接和港口陆域毗连，供船舶靠离码头、临时停舶和调头的水域。

(2) 陆域 它指港口供货物装卸、堆存、转运和旅客集散之用的陆地面积。陆域上有进港陆上通道(铁路、道路、运输管道等)、码头前方装卸作业区和港口后方区。前方装卸作业区供分配货物，布置码头前沿铁路、道路、装卸机械设备和快速周转货物的仓库或堆场(前方库场)及候船大厅等之用。港口后方区供布置港内铁路、道路、较长时间堆存货物的仓库或堆场(后方库场)、港口附属设施(车库、停车场、机具修理车间、工具房、变电站、消防站等)以及行政、服务房屋等。为减少港口陆域面积，港内可不设后方库场。

4. 港口设备

陆上设备包括间歇作业的装卸机械设备(门座式、轮胎式、汽车式、桥式及集装箱起重机、卸车机等)、连续作业的装卸机械设备(带式输送机、斗式提升机、压缩空气和水力输送式装置及泵站等)、供电照明设备、通信设备、给水排水设备、防火设备等。港内陆上运输机械设备包括火车、载重汽车、自行式搬运车及管道输送设备等。水上装卸运输机械设备包括起重船、拖轮、驳船及其他港口作业船、水下输送管道等。

5. 港址选择

港址选择要经过广泛调查研究，分析论证。港口经济腹地范围、交通、工农业生产和矿藏情况及货种、货流和货运量情况是确定港址的重要依据；自然条件是决定港址的技术基础，故对有条件建港的地区应进行港口工程测量、滨海水文、气象、地质、地貌等方面的深入调查研究，辅以必要的科学实验，然后对港址进行比较选择，务求做到技术上可行，经济上合理。

6. 港口施工

港口工程施工有许多地方与其他土木工程相同，但有自身的特点。港口工程往往在水深、浪大的海上或水位变幅大的河流上施工，水上工程量大，质量要求高，施工周期短，一些海港还受台风或其他风暴的袭击。因此，要求尽可能采取装配化程度高，施工速度快的工程施工方案，尽量缩短水上作业时间。并采取切实可行的措施保证建筑物在施工期间的稳定性，防止滑坡或其他形式的破坏。由于施工方法不当或对风暴的生成机理和破坏性认识不足，措施不力，造成施工期间建筑物的破坏事例时有发生，应引以为鉴。

3.2.8 海洋工程

1. 概述

海洋工程是指以开发、利用、保护、恢复海洋资源为目的，新建或扩改建的与海洋有关的设施的总称。

海洋工程始于为海岸带开发服务的海岸工程。长期以来，随着航海事业的发展和生产建设需要的增长，海岸工程得到了很大的发展，其内容主要包括海岸防护工程、围海工程、海港工程、河口治理工程、海上疏浚工程、沿海渔业工程、环境保护工程等。但“海岸工程”这个术语到20世纪50年代才首次出现，随着海洋工程水文学、海岸动力学和海岸动力地貌学以及其他有关学科的形成和发展，海岸工程学也逐步形成一门系统的技术学科。

2. 分类

海洋工程可分为海岸工程、近海工程和深海工程三类。

1）海岸工程。主要包括海岸防护工程、围海工程、海港工程、河口治理工程、海上疏浚工程、沿海渔业设施工程、环境保护设施工程等。

2）近海工程。又称离岸工程。主要是在大陆架较浅水域的海上平台、人工岛等的建设工程，以及在大陆架较深水域的建设工程，如浮船式平台、半潜式平台、自升式平台、石油和天然气勘探开采平台、浮式储油库、浮式炼油厂、浮式飞机场等项建设工程。

3）深海工程。包括无人深潜的潜水器和遥控的海底采矿设施等建设工程。

3. 结构型式

海洋工程的结构型式很多，常用的有重力式建筑物、透空式建筑物和浮式结构物。重力式建筑物适用于海岸带及近岸浅海水域，如海堤、护岸、码头、防波堤、人工岛等，以土、石、混凝土等材料筑成斜坡式、直墙式或混成式的结构；透空式建筑物适用于软土地基的浅海，也可用于水深较大的水域，如高桩码头、岛式码头、浅海海上平台等。其中海上平台以钢材、钢筋混凝土等建成，可以是固定式的，也可以是活动式的；浮式结构物主要适用于水深较大的大陆架海域，如钻井船、浮船式平台、半潜式平台等，可以用作石油和天然气勘探开采平台、浮式储油库和炼油厂、浮式电站、浮式飞机场、浮式海水淡化装置等。除上述三种类型外，近 10 多年来还在发展无人深潜水器，用于遥控海底采矿的生产系统。

我国是一个约有 18000 余千米大陆海岸线的国家，拥有众多适合建设大型海港的天然海湾，同时在港口设计、施工和海岸工程领域也具有许多世界级难题亟待解决，需要大批杰出的港口航道与海岸工程设计大师。

3.2.9 给水排水工程

给水排水工程是一门应用很广泛的学科，它是以与城市水的输送、净化及水资源保护与利用有关的理论与技术为主要研究内容，与城市、城镇建设事业、工业生产、环保和人民生活密切相关的重要学科。

给水排水工程以水的社会循环为研究内容，担负着解决我国水危机的重担，主要覆盖以下专业领域：水资源可持续利用和保护、水的社会循环、水的生态功能、节水工作、水质及其相关的高新技术等。

建筑给水排水工程是水工业总循环线路中的环节，在水工业中有其自身特有的地位，其发展的快慢直接影响到整个水工业的发展。建筑给水工程的任务，主要是解决建筑内部生活、生产、消防用水等问题，以满足日常生活、生产、保障人身和财产的安全的需要。建筑排水工程的任务，主要是把建筑内部生活和生产过程中所产生的污水(废水)及时地排到室外排水系统中去，同时解决屋面雨水的排除问题。建筑室内热水工程的任务，主要是将冷水在加热设备内集中加热，用管道输送到室内各用水点，以满足生产和生活使用热水的需要。此外，还有建筑配套设施给水排水工程，其任务主要是汽车库、人防的给水排水；为改善生活环境，同时还应考虑室内外的水景给水排水工程设计。总之，建筑中给水排水工程的中心任务是为建筑提供方便、卫生、舒适和安全的生产、生活环境。

3.2.10 环境工程

人类社会发展至今，改造自然的能力已经日益增强，但是人类在改造自然的同时也破坏了自然。现在人类的生存环境已是千疮百孔，包括水体污染、大气污染、固体废物污染和噪声污染等，保护和改善人类的生存环境已是社会发展的必然趋势。

环境工程是研究和从事防治环境污染和提高环境质量的科学技术。环境工程同生物学中的生态学、医学中的环境卫生学和环境医学，以及环境物理学和环境化学有关。它的核心是环境污染源的治理。

环境自身有一定的自净能力，但是这个能力是非常有限的，一旦超过了它自身的净化能力，自然环境所维持的平衡状态就被打破。因此，人类在发展经济的同时，应全面协调与社会和环境的关系。

3.3 土木工程施工

土木工程施工就是按照工程设计、合同、规范、规程和招标文件的有关要求，通过合理有效的技术途径和组织方法，建造成业主满意的土木建筑实体的过程。土木工程施工包括施工技术和施工组织管理两部分内容。

3.3.1 施工程序

施工程序，是指拟建工程项目在整个施工阶段必须遵守的先后工作顺序，它是工程项目整个建设程序中的一部分。按照施工单位工作内容和重点的不同，施工程序分为承接施工任务、施工准备、组织施工和竣工验收四个阶段。

1. 承接施工任务阶段

在该阶段，施工单位的主要工作内容包括参加招标并投标、中标后签订施工合同。对于某些特殊施工任务，则通过建设单位委托承包或上级主管部门直接下达给施工单位的方式承接。但无论采取何种方式承包，均应按照有关法律法规的要求，并结合工程的实际情况签订施工合同。

2. 施工准备阶段

施工准备是保证工程施工按计划顺利完成的前提和关键，其基本任务是为拟建工程的施工创造必要的组织、技术和物质、现场及外部环境等条件，统筹安排施工力量和部署施工现场，并提前做好应对施工中各种变化的准备。施工准备必须有计划、有步骤、分期分阶段进行，必须贯穿于整个建设过程的始终。如成立施工项目部、编制施工组织设计和搞好“三通一平[1]”等。

3. 组织施工阶段

此阶段是施工管理的重点，是完成施工任务的实践过程，应按照施工组织设计精心安排施工。其目的是把投入施工过程中的各项资源，如人力、材料、机械、资金等有机地组织起来，有计划、有组织、有节奏地均衡施工，以期达到工期短、质量高、成本低、能耗小、绿色环保的最佳效果。

4. 竣工验收阶段

竣工验收是项目向生产、使用转移的必要环节，也是全面考核工程建设是否符合设计要求和施工质量标准的重要环节。竣工验收之前，施工单位应先进行预验收。合格后，提交验收申请报告，经监理工程师审定后，由建设单位组织竣工验收。验收时，施工单位应向建设单位提交竣工图[2]、隐蔽工程[3]记录以及其他技术经济文件。验收合格后，施工单位与建设单位办理竣工验收证书，并将工程交付使用。竣工验收应以建设单位为主，组织使用、施工、设计、勘察、监理和政府质检部门等共同参加，最终评出质量等级。质量等级一般有合格和不合格之分。

3.3.2 土木工程施工技术

1. 土方工程

土方工程包括一切土的挖掘、填筑及降水、土壁支撑等工程，主要分为两大类：一是场地平整，二是基坑、基槽等的开挖与填筑。

土方工程具有面广量大、劳动繁重、施工条件复杂等特点。随着科技的进步，大中型土方工程一般均采用机械化施工，大大提高了施工效率。土方工程所使用的施工机械种类繁多，其中尤以推土机(见图 3-26)、铲运机(见图 3-27)和单斗挖土机(见图 3-28)应用最广。

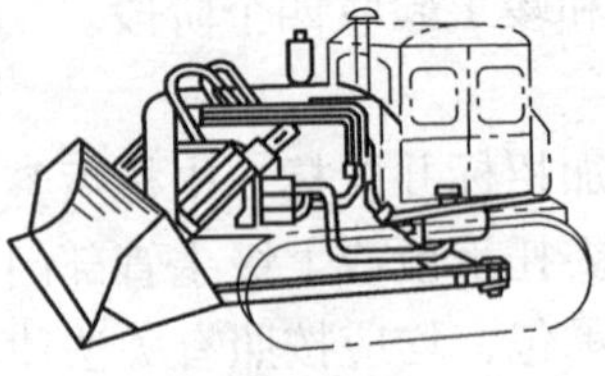

图 3-26 推土机

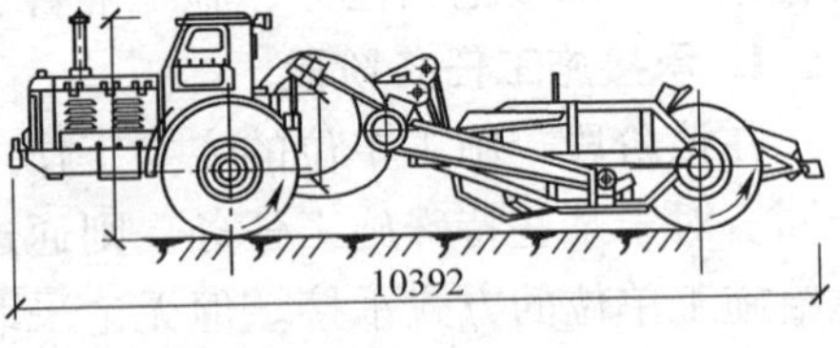

图 3-27 自行式铲运机

[1] 三通一平是指水通、电通、路通和场地平整。

[2] 竣工图是指按实际做法修改后的施工图。

[3] 隐蔽工程是指施工完成后在外观上看不见的工程，如钢筋工程。

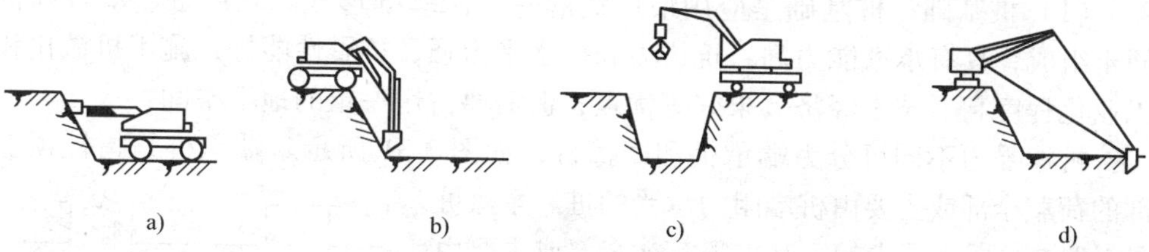

图 3-28 单斗挖土机工作装置的类型

a）正铲 b）反铲 c）抓铲 d）拉铲

挖土时，为了保证土体稳定，防止塌方，一般可选择放足边坡(见图 3-29)和设置支撑(见图 3-30)两种方案。边坡既要保证土体稳定和施工安全，又要节省土方。当建筑基础埋置较深，或为了减少土方，或条件不允许时，可设置土壁支撑，在基坑四周设支护结构以挡土。

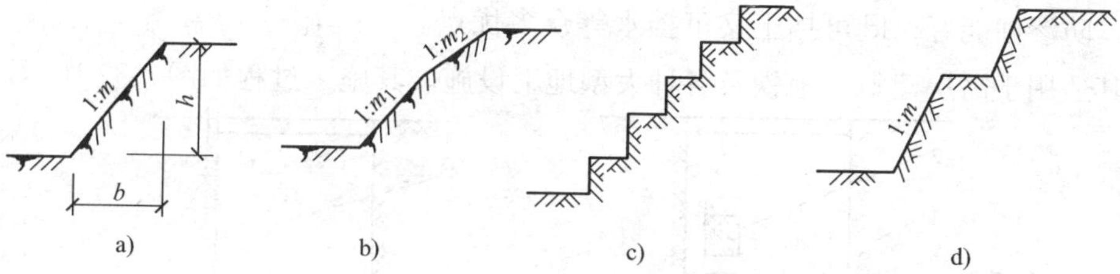

图 3-29 土方边坡(其中，$m=b/h$，为坡度系数)

a）直线形边坡 b）折线形边坡 c）阶梯型边坡 d）阶梯型边坡

基坑开挖时，如不及时排除流入坑内的地下水和地表水，会造成土壁塌方，恶化施工环境，并影响地基承载力。施工排水可采用明沟排水(如在坑底设集水井，并用水泵抽水)或人工降低地下水位(如在基坑开挖前在坑周围设滤水管，利用抽水设备抽水)等方法。

图 3-30 基坑支护现场

2. 深基础工程

地基是指受建筑物荷载影响的那部分土层，而基础则是指将建筑物荷载传递给地基的下部结构。由于浅层天然地基施工简便、工期短、造价低，一般建筑物、构筑物应首选浅层天然基础。当浅层地基无法满足上部结构对地基的要求时，则应采用深基础。

(1) 桩基础　桩基础是应用最广泛的一种深基础形式。它由桩、承台和桩间土组成，具有承载能力高，抗拔力和抗水平力强，抗震性能好，施工机械化和工业化程度高，技术经济效果好等优点，但需要占用一定的地下空间。

桩按受力不同可分为端承桩和摩擦桩，如图 3-31 所示。端承桩是指桩顶上部的荷载全部或主要由桩端阻力承受的桩。摩擦桩是设置在软弱土层中的，其桩顶荷载全部或主要由桩侧阻力承受的桩。按施工方法不同，可分为预制桩和灌注桩两类。预制桩是在工厂或施工现场预先制成各种形式和材料的桩，而后用沉桩设备将桩沉入土中。灌注桩是在施工现场的桩位上用机械或人工成孔，然后在孔内灌注成桩材料而成的桩。

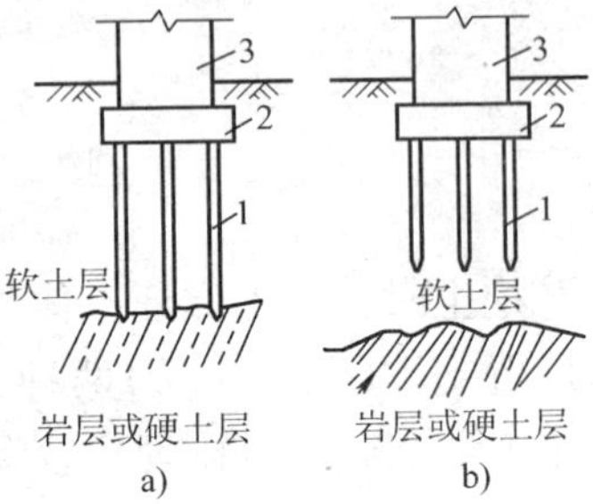

图 3-31　桩基

a) 端承桩　b) 摩擦桩

1—桩　2—承台　3—上部结构

(2) 地下连续墙　地下连续墙具有结构刚度大，对地质条件适应范围广，施工噪声低、振动小、防渗性能好，既可挡土又可挡水等众多优点。尤其适用于高层建筑、地铁及各种大型地下设施。其施工过程如图 3-32 所示。

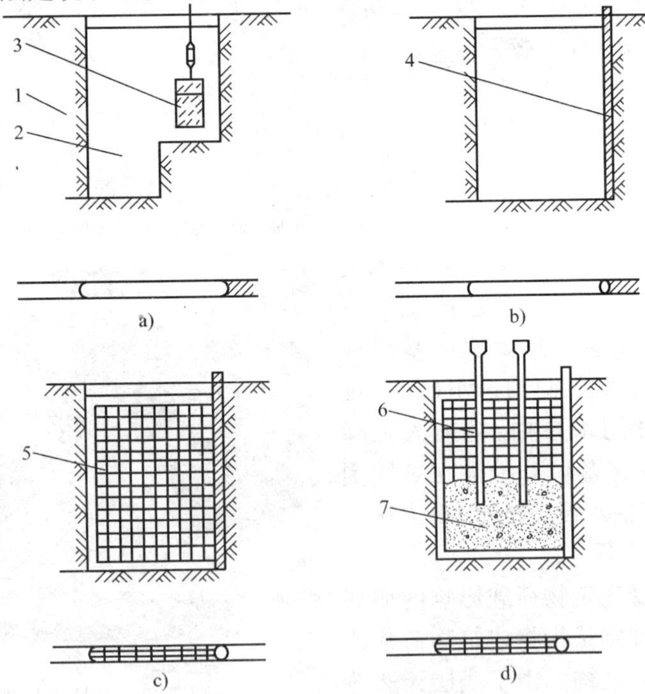

图 3-32　地下连续墙施工过程示意图

a) 成槽　b) 插入接头管　c) 放入钢筋笼　d) 浇筑混凝土

1—已完成的单元槽段　2—泥浆　3—成槽机　4—接头管

5—钢筋笼　6—导管　7—浇筑的混凝土

3. 砌筑工程

砌筑工程是指在建筑工程中，使用普通粘土砖、硅酸盐类砖、石块和各种砌块等材料进行砌筑的工程，包括砂浆制备、材料运输、脚手架搭设和墙体砌筑等活动。

（1）砌筑材料与脚手架　砌筑材料主要有砖、石或砌块及砌筑砂浆。砌筑砂浆有水泥砂浆、石灰砂浆和混合砂浆。砌筑用脚手架是指在砌筑过程中堆放材料和工人进行操作的临时性设施，按搭设位置分外脚手架和里脚手架。外脚手架(见图3-33)中，使用较多的是扣件式钢管外脚手架(见图3-34)；里脚手架用于室内装修等工程，其通常做成工具式的，以解决装拆频繁的问题。

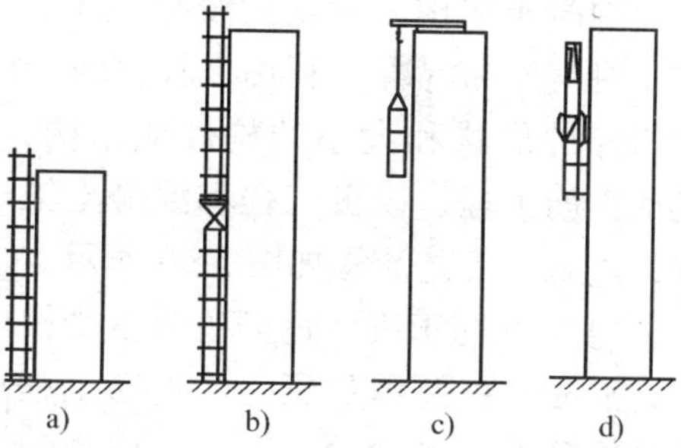

图3-33　外脚手架的四种基本形式

a）落地式外脚手架　b）悬挑式外脚手架

c）吊挂式外脚手架　d）附着升降脚手架

（2）材料运输和砌体施工　砌筑工程中有垂直运输、地面和楼面的水平运输，其中垂直运输是影响施工速度的重要因素。常用的垂直运输设备有塔式起重机、井架、龙门架和施工电梯。塔式起重机生产效率高，并可兼作水平运输，在允许条件下宜优先选用。

以清水砖墙为例，其施工工艺为：抄平→放线→摆砖样→立皮数杆→盘脚、挂线→砌筑→勾缝。其质量要求为：横平竖直、砂浆饱满、灰缝均匀、组砌得当(上下错缝、内外搭砌)、接槎可靠。

实心墙体组砌时，一般采用一顺一丁、三顺一丁和梅花丁的砌筑形式，如图3-35所示。

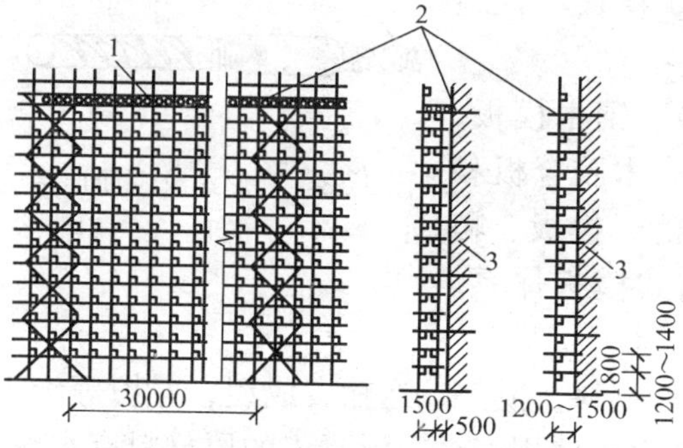

图3-34　扣件式钢管外脚手架

a）多立杆式外脚手架　b）双排式　c）单排式

1—脚手板　2—连墙杆　3—墙身

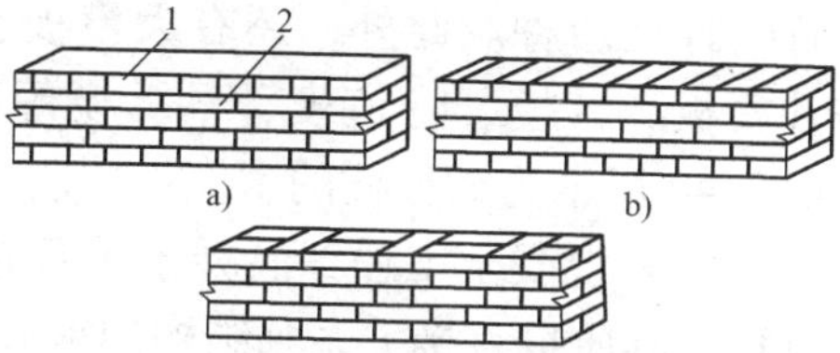

图3-35　砖的组砌方法

a）一顺一丁　b）三顺一丁　c）梅花丁

1—丁砌砖块　2—顺砌砖块

4. 混凝土结构工程

混凝土结构工程是指按照设计要求，将钢筋和混凝土利用模板浇筑而成的各种形状和大小的构件或结构，包括钢筋工程、模板工程和混凝土工程，其施工工艺流程如图3-36所示。

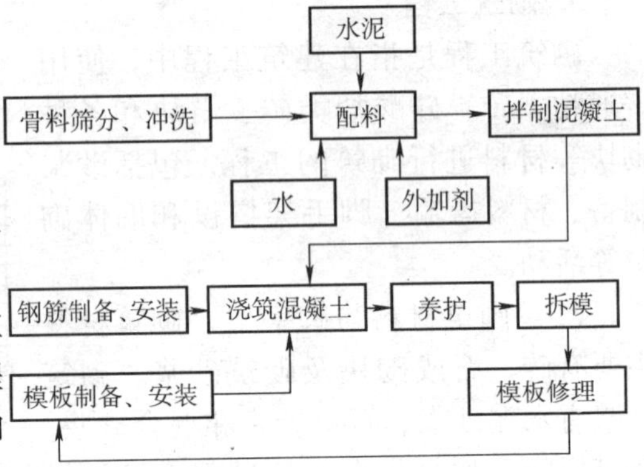

图3-36　混凝土结构工程施工工艺流程图

(1) 钢筋工程　钢筋主要承受拉力，混凝土主要承受压力。钢筋工程涉及钢筋的进场检验、加工、成型和连接安装等。钢筋验收包括外观检查和力学性能检验等，合格后方可使用。

常见的钢筋连接方式有绑扎连接、焊接连接和机械连接。绑扎连接采用镀锌铁丝，按规定的搭接长度将钢筋绑扎在一起。焊接连接的方法有闪光对焊、电弧焊、电渣压力焊、电阻点焊和埋弧压力焊等，其成本较低，质量可靠，宜优先选用。机械连接包括冷挤压连接(见图3-37)、锥形螺纹连接(见图3-38)和套筒灌浆连接等。其无明火作业，设备简单，节约能源，连接可靠，技术易掌握，适用范围广，尤其适用于现场焊接有困难的场合。

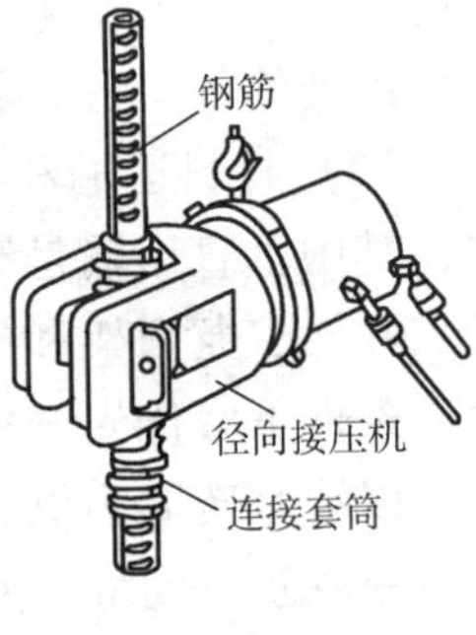

图3-37　钢筋径向套管冷挤压连接

此外，钢筋工程还包括钢筋的下料、代换、调直、除锈、切断和弯曲成形等工序。

(2) 模板工程　模板是成型新浇筑混凝土的模型工具。模板系统由模板和支撑系统构成。模板工程施工工艺如图3-39所示。

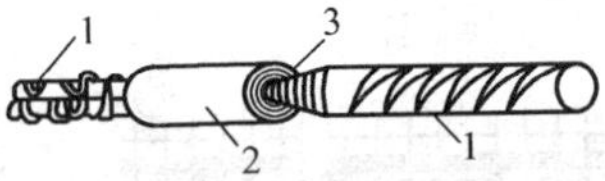

图3-38　锥形螺纹钢筋连接
1—钢筋　2—套筒　3—锥螺纹

模板按材料的不同可分为木模板、钢木模板、胶合板模板和钢模板等。胶合板模板有木胶合板和竹胶合板两种。此外，还有大模板、滑升模板、爬升模板、台模、隧道模、早拆模等新式模板体系。图3-40所示为矩形柱的木模板构造。

(3) 混凝土工程　混凝土工程包括配料、搅拌、运输、成型、养护等施工过程，其质量直接关系到结构的承载能力和使用寿命。混凝土的原材料有水泥、砂、石、水和外加剂。

混凝土的搅拌应保证混凝土拌和物的均匀性；运输过程应防止产生分层离析现象。运输分水平和垂直运输两种。常用的水平运输机具主要有搅拌运输车、自

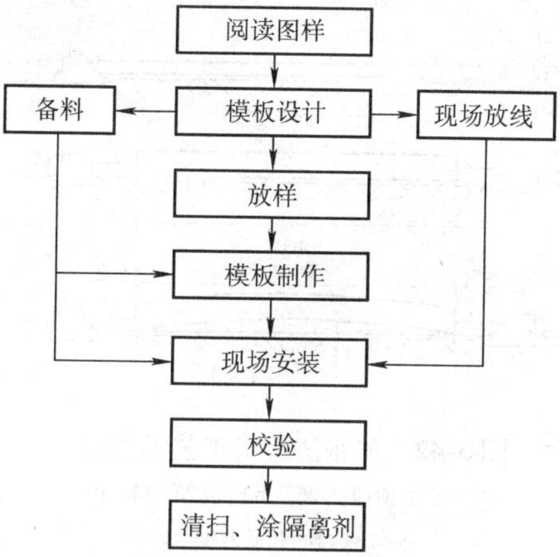

图3-39 模板工程施工工艺图

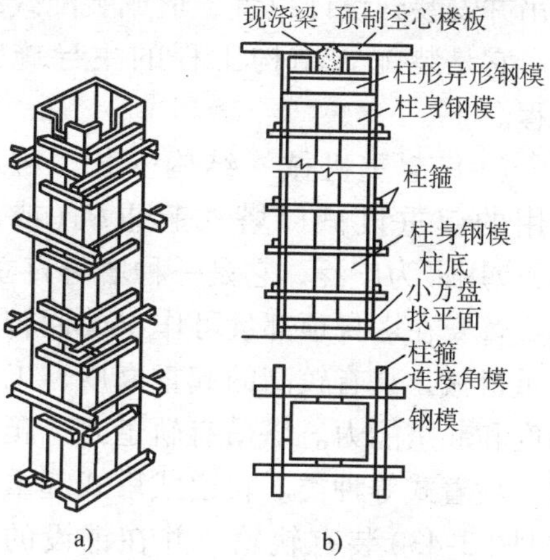

图3-40 矩形柱木模板构造
a）木模板 b）钢模

卸汽车等。垂直运输机具有塔式起重机、井架和混凝土泵。混凝土的成型包括浇筑和振捣两个过程。混凝土的振捣有人工振捣和机械振捣两种方式。人工振捣是利用捣锤、插钎等来使混凝土密实成型。机械振捣有如图3-41所示的四类振捣方式。混凝土浇筑成型后应及时进行养护，以确保质量。

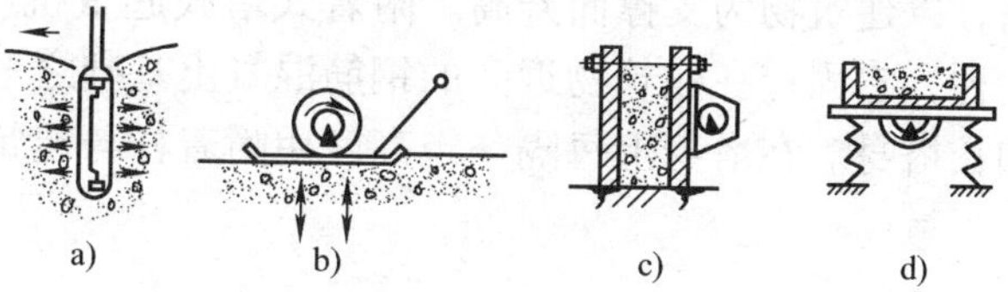

图3-41 混凝土振捣机械图
a）内部振动器 b）表面振动器
c）外部振动器 d）振动台

5. 预应力混凝土工程

预应力混凝土是指在混凝土构件承受荷载之前，预先对受拉区混凝土施加压力的混凝土，当构件产生拉应力时，首先必须抵消预先施加的压应力，从而充分发挥了钢筋和混凝土各自的性能，提高了混凝土构件的刚度、抗裂性和耐久性。

预应力施工分为先张法和后张法两大类。先张法是指在浇筑混凝土之前铺设、张拉预应力筋，并将张拉后的预应力筋临时锚固在台座上，然后浇筑混凝土，待混凝土养护达到必要强度后，放松预应力筋，借助混凝土与预应力筋之间的粘接，对混凝土施加预应力的施工工艺，如图3-42所示。后张法是先制作构件或结构，待混凝土达到一定强度后，再张拉预应力筋的方法。后张法施工不需要台座设备，灵活性大，广泛用于施工现场生产大型预制预应力混凝土构件和现浇预应力混凝土结构。

6. 结构安装工程

结构安装工程是指用起重机械将结构构件或构件组合单元，在施工现场将其

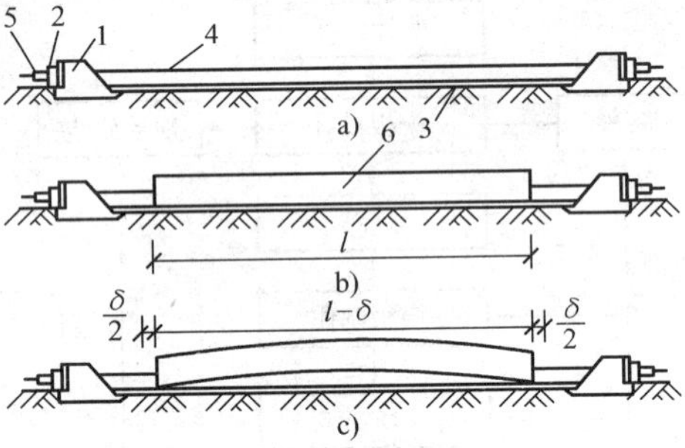

图 3-42　先张法施工工艺示意图

a）张拉预应力筋　b）浇筑混凝土

c）放松预应力筋

1—台座　2—横梁　3—台面

4—预应力筋　5—夹具　6—混凝土构件

起吊并安装到设计位置，形成装配式结构。它是装配式结构工程的主导施工工程。

（1）起重机械　结构安装工程中常用的起重机械以塔式起重机(或塔吊)应用最为广泛，它是一种塔身直立、起重臂安在塔身顶部且可作360°回转的起重机械，具有较高的起重高度、工作幅度和起重能力。塔吊有轨道式、爬升式、附着式等种类。轨道式塔式起重机(见图 3-43)装有轨轮，并在铺设的钢轨上移动。爬升式塔式起重机(见图 3-44)置于建筑物内部，随着建筑物的升高，以建筑物为支撑而升高。附着式塔式起重机(见图 3-45)是固定式起重机的一种，它固定在建筑物近旁的钢筋混凝土基础之上，也随着建筑物的升高而不断加长塔身。在塔身上每隔一定高度用附着杆与建筑物相连，以保证其稳定。

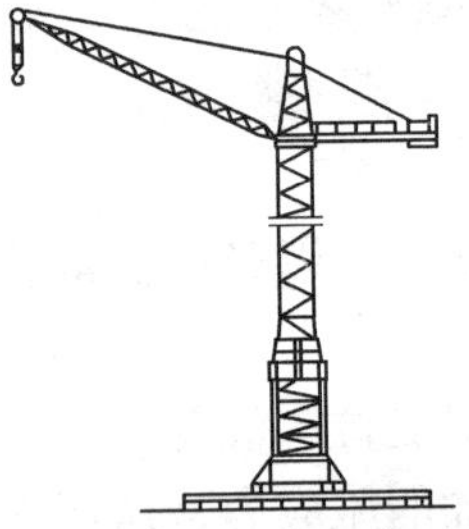

图 3-43　轨道式塔式起重机

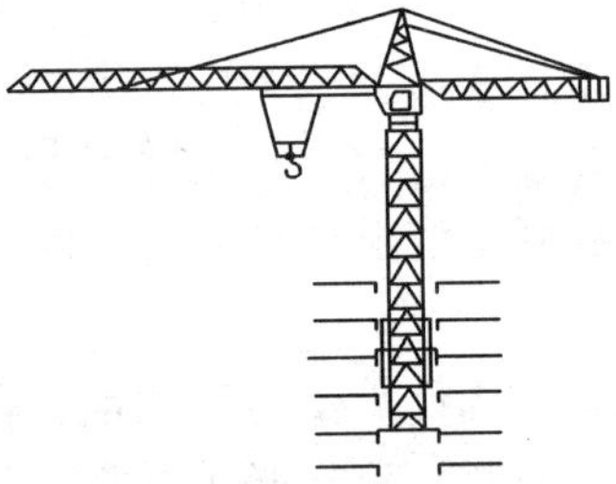

图 3-44　爬升式塔式起重机

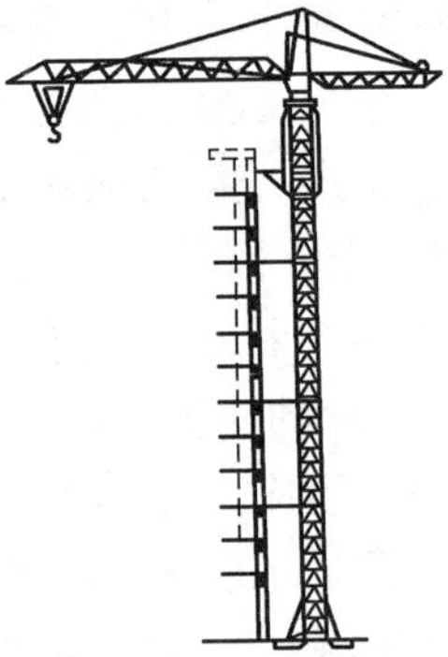

图 3-45　附着式塔式起重机

（2）结构安装

1）单件吊装。有分件流水吊装和综合吊装两种方法。分件流水法是指起重机每开行一次仅吊装一种或两种构件。综合吊装法是起重机在节间内的一次开行中，分节间吊装完所有各种类型的构件。两者各有优缺点，应根据实际情况合理选用。

2）整体吊装。整体吊装是先将构件在地面上拼装成整体，然后利用起重设备吊到设计标高并进行固定。

3）特殊安装法。对于某些工程，由于其所处的场地十分狭窄，大型起重机械无法进入施工现场；或由于结构构件重量和体积都特别大，用一般安装方法难以解决；或对于大跨度结构不便用常规方法吊装时，则可采用特殊安装法。常用的方法有高空滑移法、整体提升(升板)法和整体顶升法等。

7. 钢结构工程

钢结构施工包括钢结构连接和钢结构安装。钢结构连接是通过一定的方式将型钢组合成钢构件，或将若干钢构件组合成整体结构，以保证其能共同受力、统一工作。钢结构的连接形式有焊缝连接、螺栓连接和铆钉连接等，如图3-46所示。钢结构安装可参见上述结构安装工程施工。

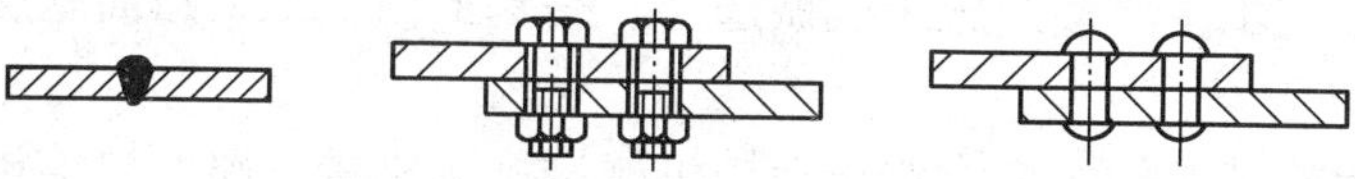

a) b) c)

图3-46 钢结构的连接形式

a）焊缝连接 b）螺栓连接 c）铆钉连接

8. 防水工程

防水工程按所使用材料的不同可分为刚性防水和柔性防水两类。按照防水部位可分为屋面防水工程、地下防水工程和用水房间防水工程三类。

屋面防水主要有卷材防水、涂膜防水和刚性防水等三种方法。卷材防水屋面(见图3-47)，由于其质量轻、防水性能好，尤其是防水层具有良好的柔韧性，能适应一定程度的结构振动和胀缩变形，因此应用较为广泛。

地下工程防水方案有三种：一是采用防水混凝土结构；二是利用排水方案；三是在地下结构表面设防水层，如抹水泥砂浆防水层或贴卷材防水层等。为加强防水效果，必要时可采取“防”、“排”结合的多道防水方案。

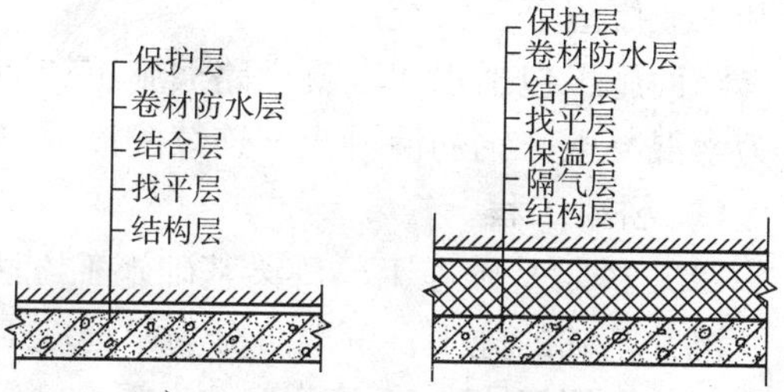

a) b)

图3-47 卷材防水屋面构造示意图

a）不保温卷材屋面 b）保温卷材屋面

用水房间通常有卫生间、浴室、某些实验室和工业建筑中的各种用水房间。用水房间的防水施工工艺程序一般为：管件安装→用水器具安装→找平层施工→防水层施工→蓄水试验→保护层施工→面层施工。

9. 装饰工程

装饰工程包括抹灰、饰面、裱糊、油漆、涂饰、刷浆、隔断、吊顶、门窗、幕墙、罩面板和花饰安装等内容。装饰工程能增加建筑物的美观和艺术形象，改善卫生条件，可隔热、隔声、防潮，还可减少外界有害物质对建筑物的侵蚀，延长维护结构的使用寿命。装饰工程项目繁多、涉及面广、工程量大、工期长、用工量大，它与装饰材料和施工工艺密切相关。

常用的抹灰工程按装饰效果分为一般抹灰和装饰抹灰。一般抹灰按使用要求、质量标准和操作工序的不同，分为普通抹灰、中级抹灰和高级抹灰三级。装饰抹灰的种类很多，按面层分有水刷石、水磨石、剁斧石、干粘石、拉毛灰、洒毛灰、喷涂饰面、滚涂饰面、弹涂饰面等。

10. 道路工程

道路工程施工主要涉及施工机械选择、路基工程施工、路面基层施工和路面施工等内容。

道路工程施工机械主要有铲土运输机械、挖掘机械、路面摊铺机械、拌和机械和碾压机械等。其中，路面施工机械有平地机、拌和机两大类。

路基是道路的主体和路面的基础，主要是用土、石修建的一种线形结构物，工艺较为简单，但土方工程量很大，往往是控制道路施工进度的关键。路基施工包括路堤填筑、路堑开挖和路基压实等三个步骤，其中路基压实是保证路基质量的关键环节。

基层是指直接位于沥青面层下用高质量材料铺筑的主要承重层，或直接位于水泥混凝土面板下用高质量材料铺筑的一层结构层，按材料可分为碎砾石、稳定土和工业废渣等三大类。

路面施工包括水泥混凝土路面施工和沥青路面施工两类。水泥混凝土路面又分为素混凝土、钢筋混凝土、连续配筋混凝土和预应力混凝土等路面。

11. 桥梁工程

（1）桥梁基础施工　桥梁基础施工方法有沉井施工、围堰施工两种类型。

沉井基础的施工，一般可分为旱地施工、水中浇捣施工和浮运施工三种。浇捣施工法适用于水流速不大，且水深在 3～4m 以内的情况。当水深较大，用浇捣施工法施工沉井不经济且施工困难时，可改为浮运施工法施工沉井。

围堰施工中的围堰属于临时性结构，其主要作用是确保主体结构工程及附属设施在施工过程中不受流水的侵袭，以创造正常的施工条件。围堰按构造和材料可分为土围堰、土袋围堰、单行板桩围堰、双行板桩围堰、木桩土围堰、竹笼围堰和钢板桩围堰等几种形式。

（2）桥梁主体施工　桥梁主体施工方法有现场浇筑法和预制安装法。现场浇筑法是在桥位处搭设支架，在支架上浇筑桥体混凝土，待其强度达到设计要求后拆除模板和支架。预制安装法是指钢筋混凝土或预应力混凝土简支梁的预制安装，分为预制、运输和安装三部分。

3.3.3　土木工程施工组织

1. 施工组织概述

施工组织是指结合施工的特点，研究整个土木工程施工过程，寻求最合理、最科学、最经济的统筹安排与系统管理的一门科学。其任务是根据国家的建设法规和政策土木工程施工的技术经济特点，业主的计划与要求，对施工中需大量消耗的人力、资金、材料、机械和施工方法等进行合理安排与有效组织，使之在一定的时间和空间内，实现有组织、有计划、有秩序的施工，以期在整个施工上达到最优效果。

2. 流水施工原理

（1）流水施工的概念　流水施工是将拟建工程项目的整个建造过程在工艺上分为若干个施工过程，在空间上划分为若干个施工段和施工层，各专业施工队按照一定的施工顺序投入施工，依次、连续地完成每个施工层上的每个施工面上的施工任务，以保证拟建工程项目在时间和空间上有节奏、有组织、连续均衡地进行施工。采用流水施工方式能够缩短工期，避免窝工现象，且有利于提高劳动效率和实现现场文明施工和科学管理。流水施工的表达方式有横道图法和网络图法两种。

（2）横道图法　在横道图中，横坐标表示施工的持续时间，即施工进度；纵坐标表示开展流水施工的施工过程，各专业队的名称、编号及数目；水平线表示某施工过程在某施工段上作业的起止时间，水平线的长度表示持续时间的长短；水平线上的编号表示投入施工的顺序，即施工段编号，如图 3-48 所示。

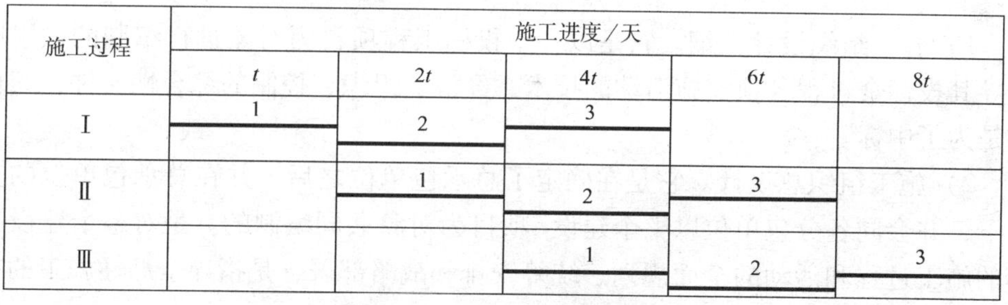

图 3-48　流水施工的横道图

（3）网络图法　网络图是一种表达一项计划中各项工作先后顺序、逻辑关系和所需时间的网状图。它相比横道图最具优势的是可以通过计算机实现电算化，节省了人力，提高了效率，促进其在施工管理中的普及。但它没有横道图直观、简单、易懂。

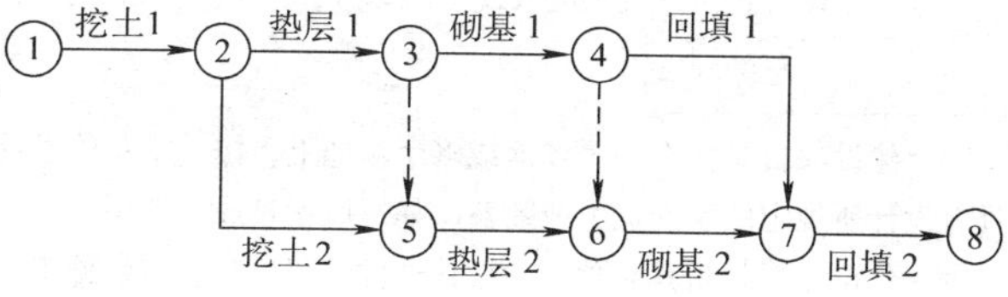

图 3-49　双代号网络图

网络图分为双代号和单代号两种。图 3-49 所示为常用的双代号网络图，它由工作、节点和线路三要素组成。在网络图中，用一条箭线表示一项工作(如工序)，以一个圆圈作为节点表示联系，用箭线首尾连接节点的编号表示该工作的开始和结束。

3. 施工组织设计

施工组织设计是根据施工的预期目标和施工条件，选择最合理的施工方案，并以此为核心编制的，用以指导施工组织与管理、施工准备与实施、施工控制与协调、资源的配置与使用等施工全过程中的各项活动的技术、经济和组织的综合性文件，从而达到提高工程质量、加快工程进度、降低工程成本、预防安全事故的目的。它是对整个施工活动实施科学管理和有效控制的有效手段。

(1) 施工组织设计的分类　根据编制对象和范围的不同，可将其分为施工组织设计大纲、施工组织总设计、单位工程施工组织设计和分部分项工程施工组织设计等。按中标前后的不同可分为投标施工组织设计(简称“标前设计”)和中标后施工组织设计(简称“标后设计”)。详见图3-50所示。

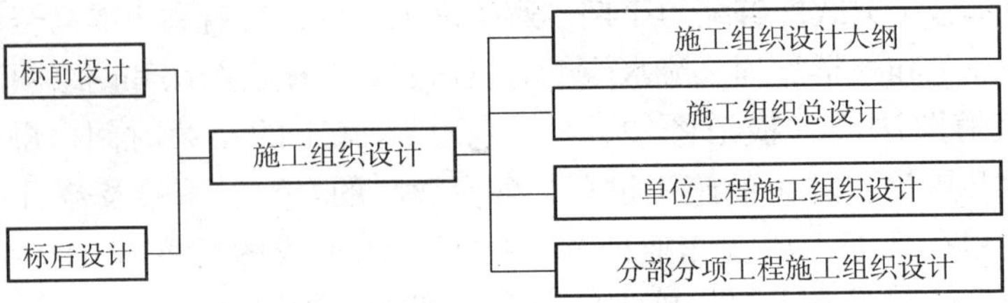

图3-50　施工组织设计分类图

1) 施工组织设计大纲。它是以一个投标工程项目为对象进行编制的，用以指导其投标全过程各项实施活动的技术、经济、组织、控制的综合性文件，其目的是为了中标。

2) 施工组织总设计。它是在确定了总承包单位之后，并在总承包单位的支持下，并会同各分包单位以整个建设[一]项目为对象共同编制的。是对整个建设工程的施工过程和活动的全面规划、统筹安排和战略部署，是指导全局性施工的技术、经济纲要文件。

3) 单位工程施工组织设计。它是以一个单位工程[二]为对象编制的，用以直接指导单位工程施工全过程中各项施工活动的技术、经济、组织的综合性文件。

4) 分部分项工程施工组织设计。它是针对某些特别重要、技术复杂、施工

[一] 建设项目是指在一个场地或多个场地上，按一个总体设计进行施工的各个工程项目的总和，建成后具有设计所规定的生产能力或效益，如一所学校或一个工厂。

[二] 单位工程是指具有独立的设计文件，可以独立组织施工，但建成后一般不能独立发挥生产能力或效益的工程，如一栋教学楼的土建工程。

难度大的，或采用新工艺、新技术、新方法施工的分部分项工程，如深基础、大型结构安装等编制的，其内容具体、详细，可操作性强，是直接指导分部分项工程施工的依据。

5）标前设计。它是在投标之前编制的施工项目管理规划和实现各项预定目标的技术组织保证，是对招标的响应与承诺，是投标文件的组成部分，也是评标和签订合同的依据。

6）标后设计。它是在中标后依据标前设计和施工合同等编制的详细的具有实施性的施工组织设计，以保证要约和承诺的落实。

（2）施工组织设计的内容　一般情况下，无论何种施工组织设计都应包括以下基本内容，可以简单概括为“一案一图一表”。

1）工程概况。它应说明工程的名称、性质、建设地点、建设规模、建设期限、结构特点、建筑面积、合同要求、施工条件、施工力量、施工环境和建设单位的要求等内容。

2）施工部署及施工方案。施工部署是对整个建设项目全局作出的统筹规划和全面安排，包括施工任务的组织与分工、工期规划、施工段的划分、施工场地的划分和安排等。施工方案是施工组织设计的核心，它包括施工机械选择，确定施工展开程序和施工起点流向，主要分部工程施工方案选择，施工段划分等内容。

3）施工进度计划。它反映了最佳施工方案在时间上的安排。采用横道图或网络图的形式，应使工期、成本、资源等方面符合目标要求；使工程有序进行，做到连续施工和均衡施工。

4）施工平面图。它是施工方案和进度计划在空间上的体现。它把投入的各种材料、机械、道路、水电网络和临时设施等合理地布置在施工现场，使整个现场能进行有组织、有计划地安全和文明施工。图3-51所示为一建设项目的施工总平面布置图。

5）各项技术措施和主要技术经济指标。技术经济指标包括工期、劳动生产率、质量、成本、安全及机械化程度等，用以衡量、评价施工组织的技术水平和综合经济效益。

3.3.4　土木工程施工与工程造价的关系

要学好工程造价，土木工程施工是基础，也是关键。主要有以下两点原因：

一是因为报价是在明确施工过程的前提下进行的，而不是仅看图纸就能确定的。比如说，挖基槽（坑）土方时，按图纸计算的工程量仅是理论值，而实际上，为了防止土壁坍塌，在实际施工中要进行放坡处理。显然，按放坡计算的土方量要大于按图纸计算的理论值。而放坡过程中发生的人工费、机械费等也要计入工

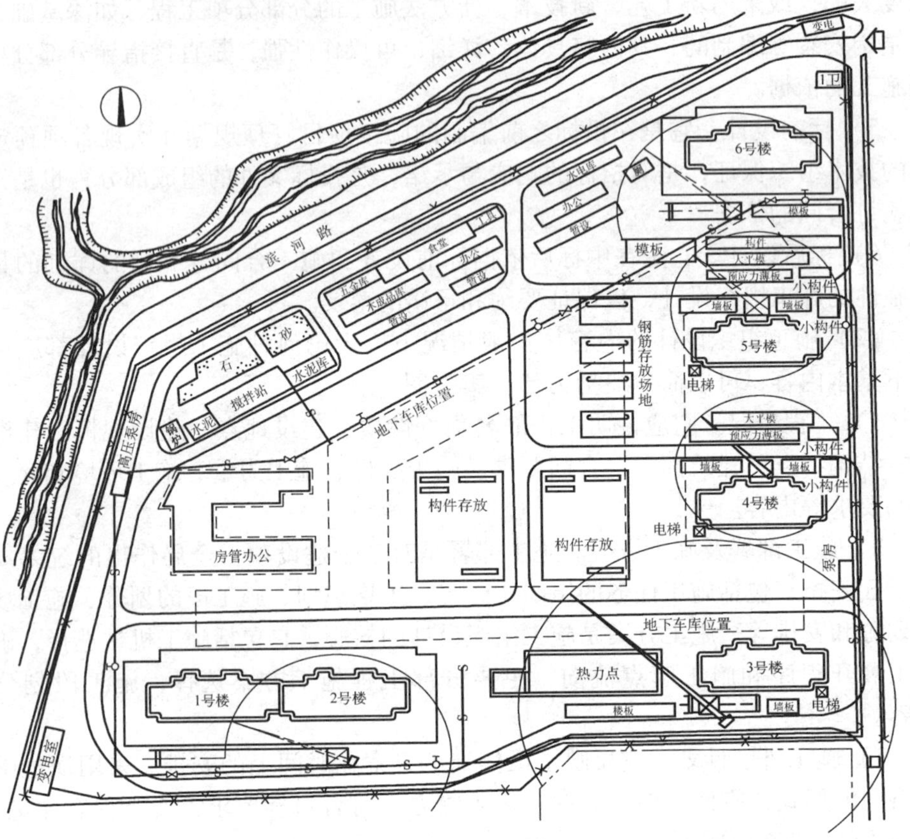

图 3-51 施工总平面布置图

程造价之中。因此，要做到准确报价，必须熟悉每项施工工艺和流程。

二是因为不同的施工方案和不同的施工组织水平会导致工程造价的不同。比如说，同样是深基坑支护，采用地下连续墙和采用钢板桩支护所发生的费用是不同的；同样是高层建筑施工，采用先进的爬架和采用悬挑式脚手架施工所发生的费用肯定也是不同的。而且，如果施工组织水平高，可以加快施工进度，提高生产效率，这样也能有效降低施工费用，并最终影响整个工程造价。因此，在进行投标报价时，一定要结合本企业自身的技术水平和管理水平进行报价。这也是之前讲的为什么要编制投标前施工组织设计的原因。

目前我国实行工程量清单计价方法，就是指由招标人提供拟建工程的工程量清单，并承担由此导致的“量”的风险；投标人则根据招标人提供的工程量清单，结合企业自身的技术水平和管理水平进行报价，并承担“价”的风险。可以想象，技术水平和管理水平高的企业的在报价上肯定占有优势。如此，既实现了工程造价领域“量”与“价”的分离和风险的合理分担，又提高了企业自主报价的能力，促使企业不断发展壮大。因此，建筑施工企业要不断采用并研发新的施工技术，努力提高企业的管理水平，只有这样，才能在激烈的市场竞争中立于不败之地。

本章小结

土木工程是建造各类工程设施的科学技术的总称。土木工程的发展经历了古代土木工程、近代土木工程和现代土木工程三个阶段，它包括众多类型，如建筑工程、桥梁工程、水利工程和铁路工程等。

土木工程施工包括两大部分，即施工技术和施工组织。

施工程序是指拟建工程项目在整个施工阶段必须遵守的先后工作顺序，主要包括承接施工任务、施工准备、组织施工、竣工验收等四个阶段。

土木工程施工技术是以各工种工程施工为对象，选择最合理的施工方案和最有效的技术措施，采用先进施工工艺，保证工程质量与安全，经济、合理地完成各工种工程的施工。

施工组织设计是规划和指导拟建工程从施工准备到竣工验收的全面性的技术、经济和组织文件。施工准备与施工组织设计是相互交织、相互渗透和相互融合的关系。

【关键概念】 土木工程、施工程序、施工准备、施工组织设计、施工技术、施工特点、施工组织

复习思考题

3.1 哪些工程属于土木工程的范畴，它们有何共同特点？

3.2 简述土木工程施工的研究对象和基本内容。

3.3 简述网络图和横道图如何表示施工进度，有何异同？

3.4 简述施工组织设计的内容。

第4章　工程造价与工程管理

学习要点

本章主要介绍工程造价的概念、工程造价的分类、工程造价的职能及形成过程，工程管理的概念、工程管理的内容和具体任务等。通过本章的学习，要求掌握工程造价的基础知识，工程管理的基础知识，熟悉工程造价和工程管理的区别和联系，了解工程造价专业和工程管理专业的联系和区别。

4.1　工程造价概述

4.1.1　工程造价基本概念

1. 工程造价的含义

（1）工程造价的两种含义　工程造价常指工程的建造价格。在工程建设中，广泛地存在着工程造价两种不同的含义，具体含义如1.1节所述。

工程造价的两种含义实际上是从不同角度把握同一事物的本质。对建设工程投资者而言，面对市场经济条件下的工程造价就是项目投资，是“购买”项目要付出的价格，同时也是投资者在作为市场供给主体“出售”项目时定价的基础。对施工单位、材料设备供应单位和勘察设计等单位来说，工程造价是作为市场供给主体出售商品和劳务价格的总和。随着建筑市场上承包范围的不断扩大，工程承发包方式的不断演变，工程造价的两种含义的区别越来越小。

（2）工程造价的含义辨析　无论是建设项目的建设成本，还是工程承包的价格，工程造价的两种含义之间存在着明显的区别和密切的联系。

1）建设成本是对应于投资的建设单位而言的；承包价格是对应于承发包双方而言的。

2）建设成本的外延是全方位的，即工程建设项目所有的费用支出；承包价格的涵盖范围即使对“交钥匙”工程而言也不是全方位的。如建设期贷款利息、建设单位对项目的管理费等都是不可能纳入的。在总体数额及内容组成等方面，建设成本总是大于承包价格的总和。

3）与两种含义相对应，有两种造价管理：建设成本的管理和承包价格的管理。这是两个性质不同的主题，前者属投资管理范畴，后者属价格管理范畴。国家通过宏观调控、市场管理来求得价格的总体合理，建设单位则需对具体项目的承包价做好微观管理。

在发展和完善市场经济体制的过程中，区别工程造价两种含义的理论意义，在于为以建设单位为代表的投资者和以施工单位为代表的供应商的市场行为提供理论依据。当政府提出降低工程造价时，政府是站在投资者的角度充当着市场需求主体的角色；当施工单位提出提高工程造价、提高利润率，并获得更多的实际利润时，是要实现一个市场供给主体的管理目标。不同的利益主体绝不能混为一谈。区别工程造价两种含义的现实意义在于，为实现不同的管理目标，不断充实工程造价的管理内容，完善管理方法，为更好地实现各自的目标服务，从而有利于推动全面的经济增长。

2. 工程造价的特点

由工程建设的特点所决定，工程造价有以下特点。

（1）大额性　能够发挥投资效用的任何一项工程，不仅实物形体庞大，而且造价高昂。动辄数百万、数千万、数亿、十几亿，特大型工程项目的造价可达百亿、千亿元人民币。工程造价的大额性使其关系到有关各方面的重大经济利益，同时也会对宏观经济产生重大影响。这就决定了工程造价的特殊地位，也说明了造价管理的重要意义。

（2）个别性、差异性　任何一项工程都有特定的用途、功能、规模。因此，对每一项工程的结构、造型、空间分割、设备配置和内外装饰都有具体的要求，从而使工程内容和实物形态都具有个别性、差异性。产品的差异性决定了工程造价的个别性差异。同时，每项工程所处地区、地段都不相同，使这一特点得到强化。

（3）层次性　造价的层次性取决于工程的层次性。一个建设项目往往含有多个能够独立发挥设计效能的单项工程（车间、写字楼、住宅楼等）。一个单项工程又是由能够各自发挥专业效能的多个单位工程（土建工程、电气安装工程等）组成。与此相适应，工程造价有三个层次：建设项目总造价、单项工程造价和单位工程造价。单位工程又可以分为分部分项工程，如土建工程分为土方工程、基础工程、装饰工程等。从造价的计算和工程管理的角度看，工程造价的层次性都是非常突出的。

（4）动态性　任何一项工程从决策到竣工交付使用，都有一个较长的建设期间，而且由于不可控因素的影响，在预计工期内，许多影响工程造价的动态因素，如工程变更，设备材料价格，工资标准以及费率、利率、汇率等会发生变化。这种变化必然会影响到造价的变动。所以，工程造价在整个建设期内处于不确定状态，直到竣工决算后才能最终确定工程的实际造价。

（5）工程造价的兼容性　工程造价的兼容性首先表现在它具有两种含义，其次表现在工程造价构成因素的广泛性和复杂性。

4.1.2 工程造价分类

建筑项目工程造价可根据不同的建设阶段、编制对象(或范围)，承发包结算方式等进行分类。

1. 根据工程建设阶段分类

在基本建设程序的每个阶段都有相应的工程造价程序，如图 4-1 所示。

(1) 投资估算 投资估算是指建设项目在项目建议书和可行性研究阶段，根据建设规模结合估算指标、类似工程造价资料、现行的设备材料价格，对拟建设项目未来发生的全部费用进行预测和估算。投资估算是判断项目可行性、进行项目决策的主要依据之一，又是建设项目筹资和控制造价的主要依据。

(2) 设计概算 设计概算是指设计单位在初步设计阶段或扩大初步设计阶段编制的计价文件，是在投资估算的控制下由设计单位根据初步设计图纸及说明，概算定额(或概算指标)，各项费用定额或取费标准，设备、材料预算价格和建设地点的自然、技术经济条件等资料，用科学的方法计算、编制和确定的建设项目从筹建至竣工交付使用所需全部费用的文件。采用两阶段设计的建设项目，初步设计阶段必须编制设计概算。

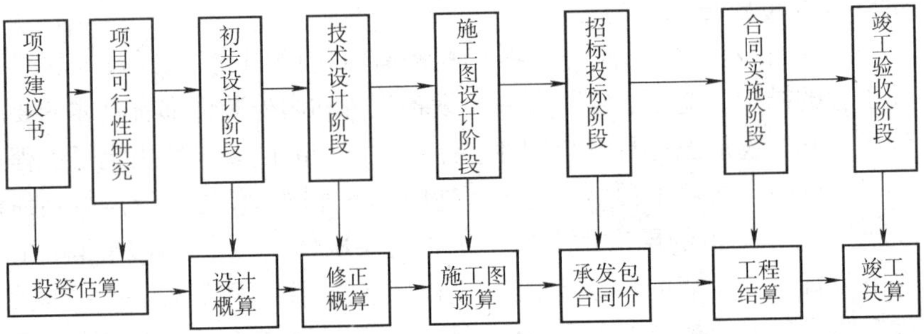

图 4-1 项目建设程序与工程造价程序对照示意图

(3) 修正概算 修正概算是当采用三阶段设计时，在技术设计阶段，随着对初步设计内容的深化，对建设规模、结构性质、设备类型等方面可能进行必要的修改和变动，由设计单位对初步设计总概算作出相应的调整和变动，即形成修正设计概算。一般修正设计概算不能超过原已批准的概算投资额。

(4) 施工图预算 施工图预算是在设计工作完成并经过图纸会审之后，根据施工图，图纸会审记录，施工方案，预算定额，费用定额，各项取费标准，建设地区设备、人工、材料、施工机械台班等预算价格编制和确定的单位工程全部建设费用的建筑安装工程造价文件。

(5) 承发包合同价 建设项目在招标投标阶段，建筑工程的价格是通过标价来确定的。标价常分为招标控制价、投标报价、合同价等。合同价是在工程招标投标阶段通过签订总承包合同、设备材料采购合同以及技术和咨询服务合同确定的价格。合同价属于市场价格的性质，它是由承发包双方，即商品和劳务买卖双方根据市场行情共同议定和认可的成交价格，但它并不等同于最终决算的实际工程造价。按计价方法不同，建设工程合同有许多类型，不同类型合同的合同价的内涵也有所不同。

（6）工程结算价　工程结算价是指在合同实施阶段，建筑安装工程的单项工程或单位工程完工并办理验收后，由施工单位编制的反映竣工（或已完）工程全部造价的经济文件。它是在工程结算时按合同调价范围和调价方法，对实际发生的工程量增减、设备和材料价格等进行调整后计算和确定的价格。已完工程结算价是建设项目竣工决算的基础资料之一。

（7）竣工决算　建设项目的竣工决算是在项目建设竣工验收阶段，当所建设项目全部完工并经过验收后，由建设单位编制的从项目筹建到竣工验收、交付使用全过程中实际支付的全部建设费用的经济文件。它是反映建设项目实际造价和投资效果的文件。

上述不同造价文件之间存在着差异，见表 4-1。

表 4-1　不同阶段工程造价文件的对比

类　别	编制阶段	编制单位	编制依据	用　途
投资估算	项目建议书、可行性研究	建设单位、工程咨询机构	投资估算指标	投资决策
设计概算、修正概算	初步设计、扩大初步设计	设计单位	概算指标	控制投资及造价
施工图预算	施工图设计	施工单位或设计单位、工程咨询机构	预算指标	编制招标控制价、投标报价等
合同价	招标投标	承发包双方	概（预）算定额、工程量清单计价规范	确定工程承发包价格
结算价	施工	施工单位	预算定额、工程量清单、设计及施工变更资料	确定工程实际建造价格
竣工决算	竣工验收	建设单位	预算定额、工程量清单、工程建设其他费用定额、竣工决算资料	确定工程项目实际投资

2. 按造价的编制对象分类

（1）单位工程造价　单位工程造价是以单位工程为编制对象编制的工程建设费用的技术经济文件，是编制单项工程综合造价的依据，是单项工程综合造价的组成成分。按工程性质不同，单位工程造价分为建筑工程造价、设备及安装工程造价。

(2) 单项工程综合造价　单项工程综合造价是以单项工程为对象的确定其所需建设费用的综合性经济文件。它是由单项工程内各单位工程造价汇总而成的。

(3) 建设项目总造价　建设项目总造价是以建设项目为对象编制的反映建设项目从筹建到竣工验收交付使用全过程建设费用的文件，它是由组成该建设项目的各个单项工程综合造价以及工程建设其他费用、预备费和投资方向调节税等汇总而成的。

3. 按工程的专业性质分类

按专业性质不同分有建筑工程造价、安装工程造价、装饰工程造价、市政工程造价和园林绿化工程造价等。

4.1.3 工程造价职能和作用

1. 工程造价的职能

工程造价的职能既是价格职能的反映，也是价格职能在这一领域的特殊表现。工程造价的职能除一般商品价格职能外，还有自己特殊的职能。

(1) 预测职能　工程造价的大额性和多变性，无论是投资者还是承包商都要对拟建工程进行预先测算。投资者预先测算工程造价不仅作为项目决策的依据，同时也是筹集资金、控制造价的依据。承包商对工程造价的测算，既为投标决策提供依据，也为投标报价和成本管理提供依据。

(2) 控制职能　工程造价的控制职能表现在两方面：一方面是它对投资的控制，即在投资的各个阶段，根据对造价的多次预估，对造价进行全过程、多层次的控制；另一方面，是对以承包商为代表的商品和劳务供应企业的成本控制。在价格一定的条件下，企业实际成本开支决定企业的盈利水平。成本越高，盈利越低。成本高于价格，就会危及企业的生存。所以，企业要以工程造价来控制成本，利用工程造价提供的信息资料作为控制成本的依据。

(3) 评价职能　工程造价是评价总投资和分项投资合理性和投资效益的主要依据之一。评价土地价格、建筑安装产品和设备价格的合理性时，就必须利用工程造价资料；在评价建设项目偿贷能力、获利能力和宏观效益时，也要依据工程造价。工程造价也是评价建筑安装企业管理水平和经营成果的重要依据。

(4) 调节职能　工程建设直接关系到经济增长，关系到国家重要资源的分配和资金流向，也对国家民生产生重大影响。所以，国家对建设规模、结构进行宏观调节是在任何条件下都不可缺少的，对政府投资项目进行直接调控和管理也是非常必要的。这些都要通过工程造价来对工程建设中的物质消耗水平、建设规模、投资方向进行调节。

工程造价职能得以实现的最主要的条件是市场竞争机制的形成。在现代市场经济中，要求市场主体要有自身独立的经济利益，并能根据市场信息(特别是价格信息）和利益取向来决定其经济行为。无论是购买者还是出售者，在市场上都处于平等竞争的地位，他们都不可能单独地影响市场价格，更没有能力单方面决定价格。作为买方的投资者和作为卖方的工程施工企业，以及其他商品和劳务的提供者，是在市场竞争中根据价格变动，根据自己对市场走向的判断来调节自己的经济活动。也只有在这种条件下，价格才能实现它的基本职能和其他各项职能。因此，建立和完善市场机制，创造平等竞争的环境是十分迫切而重要的任务。具体来说，投资者和工程施工企业等商品和劳务的提供者首先要使自己真正成为具有独立经济利益的市场主体，能够了解并适应市场信息的变化，能够做出正确的判断和决策；其次，要给工程施工企业创造出平等竞争的条件，使不同类型、不同所有制、不同规模、不同地区的企业，在同一项工程的投标竞争中处于同样平等的地位。为此，就要规范工程建设市场和规范市场主体的经济行为；再次，要建立完善的、灵敏的价格信息系统。

2. 工程造价的作用

（1）工程造价是合理分配利益和调节产业结构的手段　工程造价的高低，涉及国民经济各部门和企业间的利益分配的多少。在计划经济体制下，政府为了用有限的财政资金建成更多的工程项目，总是趋向于压低建设工程造价，使建设中的劳动消耗得不到完全补偿，价值不能得到完全实现。而未被实现的部分价值则被重新分配到各个投资部门，为项目投资者所占有。这种利益的再分配有利于各产业部门按照政府的投资导向加速发展，也有利于按宏观经济的要求调整产业结构。但也会严重损害工程施工企业的利益，从而使工程建设行业的发展长期处于落后状态，与整个国民经济的发展不相适应。在市场经济中，工程造价无例外地受供求状况的影响，并在围绕价值的波动中实现对建设规模、产业结构和利益分配的调节。加上政府正确的宏观调控和价格政策导向，工程造价在这方面的作用会充分发挥出来。

（2）工程造价是项目决策的依据　建设工程投资大、生产和使用周期长等特点决定了项目决策的重要性。工程造价决定着项目的一次投资费用。投资者是否有足够的财务能力支付这笔费用，是否认为值得支付这项费用，是项目决策中要考虑的主要问题。财务能力是一个独立的投资主体必须首先解决的问题。如果建设工程的价格超过投资者的支付能力，就会迫使他放弃拟建的项目；如果项目投资的效果达不到预期目标，他也会自动放弃拟建的工程。因此，在项目决策阶段，建设工程造价就成为项目财务分析和经济评价的重要依据。

（3）工程造价是筹集建设资金的依据　投资体制的改革和市场经济的建立，要求项目的投资者必须有很强的筹资能力，以保证工程建设有充足的资金供应。工程造价基本决定了建设资金的需求量，从而为筹集资金提供了比较准确的依据。当建设资金来源于金融机构的贷款时，金融机构在对项目的偿贷能力进行评估的基础上，也需要依据工程造价来确定给予投资者的贷款数额。

(4) 工程造价是制定投资计划和控制投资的依据 工程造价在控制投资方面的作用非常明显。工程造价是通过多次预估，最终通过竣工决算确定下来的。每一次预估的过程就是对造价的控制过程，且每一次估算都不能超过前一次估算的一定幅度，即限额控制。这种控制可以使投资者在其财务能力的限度内取得既定的投资效益。建设工程造价对投资的控制也表现在利用制定各类定额、标准和参数，对建设工程造价的计算依据进行控制。在市场经济利益风险机制的作用下，造价对投资的控制作用成为投资的内部约束机制。

(5) 工程造价是评价投资效果的重要指标 工程造价是一个包含着多层次工程造价的体系，就一个工程项目来说，它既是建设项目的总造价，又包含单项工程的造价和单位工程的造价，同时也包含单位生产能力的造价，或每 $1m^2$ 建筑面积的造价等。所有这些，使工程造价自身形成了一个指标体系。它能够为评价投资效果提供多种评价指标，并能够形成新的价格信息，为今后类似项目的投资提供参考。

4.1.4 工程造价形成过程

建设项目价格的形成过程，是建立在正确划分分项工程的基础上，用基价乘以工程量得出分项工程费用，将某一分部工程的所有分项工程费用相加求出该分部工程的费用，同理，将属于本单位工程的所有分部工程费用相加，再加上措施项目费、规费、税金，可算出该单位工程的造价或承发包价格，再加上工程建设其他费用可依次计算出单项工程、建设项目的概预算价格，如图 4-2 所示。正确

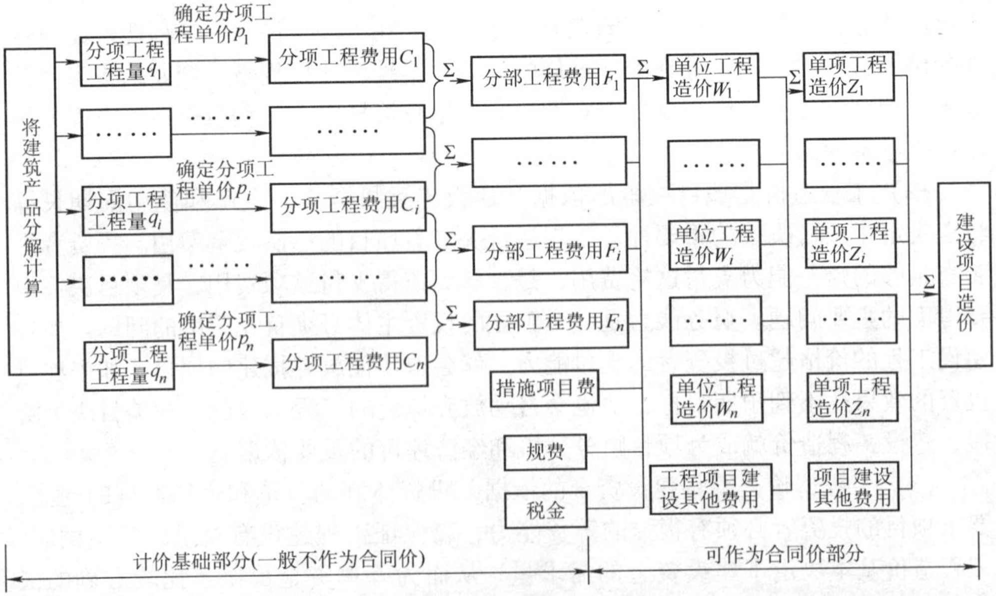

图 4-2 工程建设项目的分解及价格形成过程

地分解编制对象的各分项工程，是有效地计算每个分项工程的工程量、正确编制和套用相应定额、计算每个分项工程单位基价、准确确定工程造价和承发包价格的前提。理解工程价格的形成过程，不仅有利于编制工程造价和招投标文件，同时有利于项目的组织与管理。

4.2　工程管理概述

4.2.1　工程管理基本概念

1. 管理

管理是人类共同劳动的产物。管理同人类社会息息相关，凡是人类社会活动皆需要管理。从原始部落、氏族部落到现代文明社会，从企业、军队、学校到政府机关、科研单位，都需要开展计划、组织、协调、控制工作，因而都离不开管理。随着人类社会活动向广度和深度发展，管理的含义、内容、理论、方法等也都在逐渐变化和发展，管理的重要性越来越突出。管理的核心和实质是促进社会系统发挥科学技术的社会功能，取得社会效益和经济效益。科学技术通过管理物化为生产力的各要素，推动社会经济的发展，离开了管理的中介作用，科学技术将成为空中楼阁。要把科学技术转换为生产力，必须运用科学知识系统（如系统论、信息论、控制论、经济学等）、科学方法（如数理统计、物理实验、系统分析、信息技术等）和科学技术工具（如计算机等），必须遵循社会系统的固有规律。因此，管理应当具有科学精神、科学态度、科学手段和科学方法。管理是人类的一项社会活动，人在管理过程中起着核心作用。人既是管理手段的主要成分，又是管理对象的重点内容。

管理成为一门学科是与社会生产力的发展紧密相关的。管理工作者在长期、大量的工作实践中总结并提出各种不同的观点和方法，不断深化管理学的理论和技术方法，拓展了管理学的应用范围，推动社会生产力的不断发展，管理科学也在生产发展中得到了迅速的进步。

2. 工程管理

工程管理（Engineer Management）是指通过决策、计划、组织、指挥、协调和控制以实现工程预期目标的过程。显然，“工程”和“管理”构成工程管理的核心。尽管工程管理最早起源于土木工程领域，然而，经过若干时代的演变，工程管理的内涵和范畴已显著扩大，逐渐渗透到国防、航空、交通、石油化工、采矿冶金、信息等各行各业。如今，工程管理领域既包括工程建设实施中的管理，如规划、论证、勘察、设计、施工、运行等管理；也包括重要和复杂的新型产品的开发管理、制造管理和生产管理；还包括技术创新、技术改造的管理、企业转型发展的管理；产业、工程和科技的重大布局和战略发展的研究和管理等。

从“明物理，知事理”的古代智者，到现代各门自然学科、社会学科的建立，再到当代知识大爆炸，各种交叉学科和边缘学科大量涌现，学科发展遵循着“从模糊到精细再到融合”的客观规律。当今世界，科学前沿的重大突破、重大原创性科研成果的产生，大多是多学科交叉融合取得的。学科交叉融合也是当今世界一流大学的共识和特征。麻省理工学院的跨学科研究中心和实验室已超过64个，斯坦福大学实施了“交叉学科”研究计划，哈佛大学、密歇根大学等设立了“交叉学科”研究基金，建立了学科交叉专家委员会等机构。

工程管理作为适应社会发展所需，由多学科知识交叉融合而成的行业和学科，具有强劲的发展态势和广阔的发展空间。工程管理是当代社会技术与管理协同发展、有机结合的产物，体现了学科融合的时代特征。技术、经济、管理、法律四者在工程管理内部的交叉组合，可以产生新的交叉学科和专业。工程经济学、管理经济学、工程造价就是其中的代表。

4.2.2 工程管理的内容

尽管建设项目的类型众多，特点各异，建设项目管理的主要内容，就是对一个建设项目在可行性研究、投资决策的基础上，对建设准备工作、勘察设计、施工至竣工验收等全过程的一系列活动进行规划、协调、监督、控制和总结评价，通过目标控制、合同管理、风险管理、信息管理和组织协调等措施，保证项目质量、投资、进度目标的最优实现。

1. 目标控制

目标控制是工程管理的重要职能，它是项目管理人员在不断变化的动态环境中为保证既定的计划目标的实现而采取的一系列检查和调整的过程。

建设项目目标控制的主要任务是采用规划、组织、协调等手段，从多方面采取措施，包括组织措施、技术措施、经济措施、合同措施等，确保项目总目标的最优实现。

项目目标控制的任务贯穿在项目前期策划、勘察设计、施工、竣工交付等各个阶段。建设项目必须根据各自的工程性质、任务和特点，制订详细的目标规划，明确控制要求。

2. 合同管理

工程建设合同，包括勘察设计合同、施工合同、物资采购合同、建设监理合同以及建设项目实施过程所必需的其他经济合同，都是项目法人和参与项目实施各主体之间明确责任权利关系的具有法律效力的协议文件，也是运用市场经济体制、组织项目实施的基本手段，从某种意义上说，项目的实施过程，也就是工程建设合同订立和履行的过程，一切合同所赋予的责任权利履行到位之日，也就是建设工程项目实施完成之时。

建设工程合同管理，主要是指对各类合同的依法订立过程和履行过程的管理，包括合同文本的选择，合同条件的协商、谈判，合同书的签署；合同履行、检查、变更和违约、纠纷的处理；总结评价等活动。

工程建设合同管理不仅需要具备系统的合同法律知识，而且需要熟悉工程建设领域生产经营、交易活动和经济管理的基本特点及基础业务知识。因此，通常要由专业合同管理人员或委托工程建设咨询机构来承担。因此，承担工程管理工作的人员必须学习和掌握合同法律基本知识，学会应用法律和合同手段，指导项目管理工作，正确处理好相关的经济合同关系。

3. 风险管理

风险是一种客观存在的发生不确定性损失的状态。它具有客观性、损失性和不确定性的特征。由于分类基础不同，风险有许多分类。按风险的损害对象划分，有人身风险、财产风险和责任风险；按风险性质划分，有主观风险、客观风险；按项目环境划分，有外部风险、内部机制风险。

风险因素是指促使和增加损失发生概率或严重程度的任何事件。构成风险因素的条件越多，发生损失的可能性就越大，损失就会越严重。建设项目的风险因素按风险来源划分，有自然风险、技术风险、设计风险、施工风险、市场风险、政策法律风险和环境风险。

随着建设项目规模的不断扩大和技术复杂化，业主和建设者所面临的风险越来越多。工程建设客观事实告诉我们，要保证建设项目的投资效益，就必须对项目风险进行定量分析和系统评价，以提出风险对策，形成一套有效的项目风险管理程序。

4. 信息管理

信息管理是指对有关建设项目的各类信息的收集、储存、加工整理、传递与使用等一系列工作的总称。

信息管理是项目目标控制的基础，其主要任务就是及时、准确地向项目各级领导、各参加单位及各类人员提供所需的综合程度不同的信息，以便在项目进展的全过程中，动态地进行项目规划，迅速、正确地进行各种决策，并及时检查决策的执行结果，反映工程实施中暴露出来的各类问题，为项目目标控制服务。

为了达到信息管理的目的，需要把握以下几个环节：①信息收集，并建立一套完善的信息采集制度；②信息的检索和传递，做好编目分类和流程设计工作，拟定科学查找方法和手段；③信息的采用，充分利用现有信息资源。

5. 组织协调

建设项目组织协调是项目管理的职能，是管理技能和艺术，也是实现项目目标必不可少的方法和手段，在项目实施过程中，各种项目参与单位需要处理和调整众多复杂的业务组织关系，主要内容包括：

（1）外部环境协调　与政府管理部门之间的协调，如规划、城建、市政、消防、人防、环保、城管等部门的协调；资源供应方面的协调，如供水、供电、供热、电信、通信、运输和排水等方面的协调；生产要素方面的协调，如图纸、材料、设备、劳动力和资金方面的协调；社区环境方面的协调等。

（2）项目参与单位之间的协调　业主、监理单位、设计单位、施工单位、供货单位、加工单位等项目参与单位之间的协调。

（3）项目参与单位内部的协调　项目参与单位内部各部门、各层次之间及个人之间的协调。围绕着建设项目的总目标，建设项目各参与单位及各级管理人员，都要积极参与并主动承担各级工作范围内的组织协调工作，注意采用科学有效的方法：①设立专门的协调机构和专职人员；②建立协调工作制度，对经常性事项制定专门程序，事先确定协调时间、内容方式和具体负责人；③明确工作职责范围，处理好集中调度与分散处理的关系，充分发挥各级各类管理人员的作用；④根据不同对象，采用不同的协调方法。如宣传、指令、监督、交流、会议等多种形式；⑤考虑建设项目系统的整体利益，分清各要素之间的联系和制约，实现综合协调和总体优化。

6. 环境保护

强化环境保护意识，防止损害自然环境、破坏生态平衡、污染空气和水质、扰动周围建筑物和地下管网等现象的发生，是工程管理的重要任务之一。工程管理必须充分研究和掌握国家和地方的有关环保法规和规定，对于涉及环保方面有要求的工程项目在项目可行性研究和决策阶段，必须提出环境保护报告及其对策措施，并评估其措施的可行性和有效性，严格按照建设程序向环保部门报批。在项目实施阶段做到主体工程与环保措施工程同步设计、同步施工、同步投入运行。在工程施工承发包中，必须把依法做好环保工作列为重要的合同条件加以落实，并在施工方案的审查和施工过程检查中，始终要把落实环保措施、克服建设公害作为重要的内容并予以密切关注。

4.2.3　工程管理任务

在建设项目的不同阶段，工程管理都有其相应的任务。下面，按照设计准备阶段、设计阶段、施工招投标阶段、施工阶段、使用前准备五个阶段，从投资控制、进度控制、质量控制、合同管理、信息管理、组织与协调六个方面来了解工程管理的具体任务。

1. 设计准备阶段的工程管理任务

设计准备阶段工程管理的任务见表4-2。

表 4-2　设计准备阶段工程管理任务

设计准备阶段	工程管理任务
投资控制	在可行性研究的基础上，进行项目总投资目标的分析和论证；分析总投资目标实现的风险，编制投资风险管理的初步方案；编写设计任务书有关投资控制的内容；对设计方案提出投资评价建议；根据选定的设计方案审核项目总投资估算
进度控制	分析和论证总进度目标；分析总进度目标实现的风险，编制进度风险管理的初步方案；审核设计进度计划，并控制其执行；编写设计任务书有关进度计划的内容
质量控制	理解业主要求，分析和论证项目的功能；确定项目质量要求和标准；分析质量目标实现的风险，编制质量风险管理的初步方案；编写设计任务书(各专业)；比较设计方案是否符合设计竞选文件的要求；编制设计竞选总结报告
合同管理	分析和论证项目实施的特点及环境，分析项目实施的风险，编制项目风险管理的初步方案(工程投资、进度等)；从合同管理的角度为设计文件的编制提出建议；根据设计竞选的结果，提出委托设计的合同结构；协助业主起草设计合同，参与设计合同的谈判和签订工作；从目标控制的角度分析设计合同的风险，制订设计合同管理方案
信息管理	建立项目的信息编码体系及信息项目管理制度；收集、整理和分类归档各种项目管理信息；建立各种报表和报告制度，确保信息流畅、及时和准确
组织与协调	分析项目实施的特点及环境，提出项目实施的组织方案；编制设计工作的组织方案，并控制其实施；协助业主组织设计竞选；组织设计方案的评审，协助业主办理设计审批方案；根据设计竞选及评审结果，提出委托设计单位的建议；协调设计准备过程中的各种关系，协助业主解决有关纠纷事宜

2. 设计阶段的工程管理任务

（1）设计阶段投资控制的主要任务　设计阶段投资控制的主要任务有：根据方案设计，审核项目总估算；编制总投资分解规划，并在设计过程中控制其执行；审核项目总概算，在设计深化过程中严格控制在总概算所确定的投资计划值内；根据工程概算和工程进度表，编制设计阶段资金使用计划；从设计、施工、材料和设备等多方面作必要的市场调查分析和技术经济比较论证，并提出咨询报告，如发现设计可能突破投资目标，则协助设计人员提出解决办法，供业主参考；审核施工图预算，必要时调整总投资计划；采用价值工程方法，在充分满足项目功能的条件下考虑进一步挖掘节约投资的潜力。

（2）设计阶段进度控制的主要任务　设计阶段进度控制的主要任务有：编制项目总进度计划；审核设计方提出详细的设计进度计划和出图计划；协助起草主要甲供材料和设备的采购计划，审核甲供进口材料设备清单；协助业主确定施工分包合同结构及招投标方式；协调室内外装修设计、专业设备设计与主体设计的关系，使专业设计进度能满足施工的要求。

（3）设计阶段质量控制的主要任务　设计阶段质量控制的主要任务有：协

助业主确定项目质量要求和标准，并作为质量控制目标值；研究图样、技术说明和计算说明等设计文件是否符合国家有关设计规范、有关设计质量要求和标准，并根据需要提出修改意见，确保设计质量获得有关部门审查通过；在设计进展过程中，协助审核设计是否符合业主对设计质量的要求，并根据需要提出修改意见；审核有关水、电、气等系统涉及的有关市政工程规范和实际市政条件是否相符合，确保获得有关部门审查通过；审核施工图设计是否有足够的深度，是否满足可施工性的要求，以确保施工进度计划的顺利实施；充分了解项目所采用的主要材料和设备的用途，并作出市场调查分析；对材料和设备的选用提出咨询报告，在满足功能要求的条件下，尽可能降低工程成本；会同有关部门对设计文件进行审核，必要时组织会议或进行专家论证。

(4) 设计阶段合同管理的主要任务　设计阶段合同管理的主要任务有：协助业主确定合同结构；协助业主选择标准合同文本，起草设计合同及特殊条款；从投资、进度和质量控制的角度分析合同条款，分析合同执行过程中可能出现的风险及如何进行风险转移；分析可能发生索赔的原因，制定索赔防范性条款，减少业主索赔事件的发生，协助业主处理有关设计合同的索赔事宜，并处理合同纠纷事宜；向业主递交有关合同管理的报表和报告。

(5) 设计阶段信息管理的主要任务　设计阶段信息管理的主要任务有：建立设计阶段信息管理制度，并控制其执行；进行设计阶段各类工程信息的收集、整理和分类归档；协助业主建立会议制度，管理各种会议记录；督促设计单位整理工程技术和经济资料及档案。

(6) 设计阶段组织与协调的主要任务　设计阶段组织与协调的主要任务有：协调业主和设计单位的关系，及时处理有关问题，使设计工作顺利；协助业主处理与政府主管部门的关系；协助业主做好方案设计及初步设计审批的准备工作，协助处理有关问题。

3. 施工招标投标阶段的工程管理任务

施工招标投标阶段的工程管理任务见表4-3。

4. 施工阶段工程管理任务

施工阶段工程管理任务见表4-4。

5. 使用前准备阶段工程管理的任务

使用前准备阶段项目管理的任务见表4-5。

表4-3　施工招标投标阶段的工程管理任务

招投标阶段	工程管理任务
投资控制	审核概算和施工图预算；审核招标文件和合同文件中有关投资的条款；审核和分析各投标单位的投标报价；参加评标及合同谈判

（续）

招投标阶段	工程管理任务
进度控制	编制施工总进度规划，并在招标文件中明确总工期；审核招标文件和合同文件中有关进度的条款；审核和分析各投标单位的进度计划
合同管理	合理划分子项目，明确各子项目的范围；确定项目的合同结构；确定项目的发包方式；起草、修改施工承包合同以及甲供材料和设备采购合同；参与合同谈判工作
信息管理	起草和修改各类招标文件；在投资控制软件、进度控制软件内建立项目的结构和项目的编码，为计算机辅助进度控制和投资控制奠定基础；招标投标过程中进行各种信息的收集、分类与归档
组织与协调	组织对投标单位的资格预审；组织发放招标文件，组织投标答疑；组织对投标文件的预审和评标；组织和协调参与招标投标各单位之间的关系；组织各种评标会议；协助业主向政府主管部门办理各项审批事宜；组织合同谈判
风险控制	制定风险管理策略；在合同中采取有利的反索赔方案；制定合理的工程保险投保方案

表 4-4 施工阶段工程管理任务

施工阶段	工程管理任务
投资控制	编制施工阶段各年、季度和月度资金使用计划，并控制其执行；每月利用投资控制软件进行投资计划值与实际值比较，并提供各种报表；工程付款审核；审核其他付款申请单；对施工方案进行技术、经济比较论证；审核及处理各项施工索赔中与资金有关的事宜
进度控制	审核施工总进度规划，并在项目施工过程中控制其执行；审核项目施工各阶段、年、季和月度的进度计划，并控制其执行；审核设计方、施工方和材料、设备供货方提出的进度计划和供货计划，并检查、督促和控制其执行；在项目实施过程中，进行计划值与实际值的比较，每月、季和年提交各种进度控制报告
合同管理	协助业主起草甲供材料和设备的合同，参与各类合同的谈判；进行各类合同的跟踪管理，并定期提供合同管理的各种报告；协助业主处理有关索赔事宜，并处理合同纠纷
信息管理	进行各种信息的收集、分类与归档；定期提供各类工程项目管理报表；建立工程会议制度；督促各施工单位整理工程技术资料
组织与协调	参与组织设计交底；组织和协调参与工程建设各单位之间的关系；协助业主向各政府主管部门办理各项审批事项
风险控制	工程变更管理；协助处理索赔和反索赔事宜；协助处理和保险有关的事宜
现场管理	组织工地安全检查；组织工地卫生及文明施工检查，协调处理工地的各种纠纷；组织落实工地的保卫及产品保卫工作

表 4-5　使用前准备阶段工程管理任务

使用前准备阶段	工程管理任务
投资控制	编制本阶段资金使用计划，并控制其执行；进行投资计划值与实际值比较，并提供各种投资控制报表；审核本阶段各类付款；审核与处理施工综合索赔事宜；参与讨论工程决算中的一些问题；编制投资控制总结报告
进度控制	编制本阶段的进度计划，并控制其执行，必要时作调整；提交各种进度总结报告
合同管理	进行各类合同的跟踪管理，并提供合同管理的各种报告；协助业主处理有关索赔事宜，并处理合同纠纷；协助处理合同中未完的事项
信息管理	进行各种信息的收集、分类与归档；提供各类工程项目管理报表；督促项目实施单位整理工程技术资料；组织提交竣工资料；组织编制重要设施的使用及维护手册
组织与协调	组织和协调参与工程建设各单位之间的关系；协助业主向各政府主管部门办理各项竣工入住事项
其他	协助业主进行物业人员培训；配合进行剩余甲供材料物资的处理；参与组织各种仪式活动

4.3　工程造价与工程管理

4.3.1　工程造价管理与工程管理的关系与区别

1. 工程造价与工程管理的关系

工程管理是从宏观方面为实现项目目标而从质量、进度、成本等方面对工程实施的全过程进行管理。具体工作包括：投资机会研究、可行性研究、勘察设计、招标、采购、施工、试运行、竣工验收、投产使用等的管理。工程管理主要工作可以概括为：质量控制、成本控制、进度控制、信息管理、合同管理、安全文明施工管理和组织协调。而成本控制是要通过工程造价来实现。工程造价是属于工程管理工作的一部分，比工程管理更具体，更专业，两者又有相通的地方。从以下几个方面来看工程造价和工程管理的关系。

（1）工程造价与质量控制　造价决定质量。我们知道，工程的质量取决于要素投入，人、材、机等质量要素均达到质量控制标准，最终的产品质量才有可能达到满意的程度。而各要素的质量水平，在开放的市场中总是与该要素的价格相一致。故此，工程项目的质量与其价格息息相关。价格与质量成正相关关系，从 $W=C+V+M$ 的公式来看，假定项目各参与方所获得的利润趋近于社会平均利润水平，则为保证一定的质量而增大的活劳动和物化劳动投入，必然引起价格的上升。

（2）工程造价与工期　造价制约工期。一般认为，在造价工期曲线中，有一个合理的匹配区域。在这个区域中，价格比较低，工期能被接受。通常，称此区域为“合理工期”。在这种描述下，工期是主动因素，价格是因变量，由于工期不合理，导致了直接费用或间接费用的上升，从而引起价格上升，这种描述在理论上是正确的。但是，在实际建筑市场上，很多现象是理论曲线无法解释的，甚至完全相反，即造价制约工期的现象。

我国目前的建筑市场是供大于求，在此情形下，建设单位不以项目管理的根本目标、质量安全为出发点来确定发包价格，而错误理解和利用甲方市场，热衷于算小账，招标时压低价格，开工前要求承包方垫资，在工程价款结算时手执利刃，“一砍二拖”（即该给的不给或拖延付款）。这样，承包商为保护自身的利益，往往为承揽到工程，什么条件都答应，工程到手后则是给多少钱干多少活，不给钱不干活，“一拖二停”（即钱少时拖,无钱时停），造成工期大大拖后。

（3）工程造价与合同管理　价格条款是合同执行的核心，我国《经济合同法》规定经济合同必备的五类主要条款之一就是价格。《建筑法》第十八条也明确规定：“建筑工程造价应当按照国家有关规定，由发包单位与承包单位在合同中约定”。“发包单位应当按照合同约定，及时拨付工程价款”。可见造价管理对工程合同管理的重要性，造价管好了，计价方式得当，款额合理，拨付及时，就会少一些合同纠纷，少一些合同索赔，合同管理就会更有效。

（4）工程造价与组织协调　控制造价是项目管理中做好组织协调工作的目的，同时也是手段。组织协调是项目管理的手段，而造价控制是项目管理的目标之一。因此，有序、合理的造价管理是组织协调工作的目的之一。同时，项目参与各方靠合同联结在一起，其最终目的，都是为了实现各自的经济利益。因此，调动各方的积极性，组织各方共同围绕同一项目尽职尽责。协调各方关系的准绳是合同，而联系各参与方的纽带则是经济利益。经济利益最终靠价格的确定、调整和支付来实现，所以，有效的造价管理，包括合理计价、合理调整、公正地处理索赔、依约支付，成为组织协调工作的最为有效的手段。

2. 工程造价与工程管理的相同点

（1）实施阶段相同　工程造价和工程管理均是伴随着工程的整个寿命周期。从项目可行性研究到竣工验收交付使用，一个项目成功实现离不开工程管理和工程造价。工程管理和工程造价工作贯穿于项目的始终，是依附于工程项目而产生的，也是依附于工程项目而一直存在的。

（2）目标相同　工程造价和工程管理虽然所涉及的具体工作内容不同，但是两者的目标一致，均是要保证项目质量、进度、成本三大目标的成功实现。

（3）起源相同　工程造价和工程管理都起源于项目这一个大的系统工程，

为实现这个系统的有效运转而进行不同的工作。工程管理就是要对这一个大的系统工程进行有效管理，从而保证其目标的实现，工程造价是保证系统有效运转的一个重要手段，是为保证项目目标实现而采取的措施。

(4) 主体相同　在项目进行过程中，项目参与各方，包括建设单位、设计单位、施工单位、监理单位等均要进行工程管理工作，从而保证项目的顺利进行，同样也都要进行工程造价工作，从而保证费用目标的实现，因而两者的实施主体相同。

3. 工程造价与工程管理的不同点

(1) 工作范围不同　工程造价包括整个项目实施过程中所进行的投资估算、设计概算、修正概算、施工图预算、招投标价、施工预算、竣工结算、竣工决算等工作，从而保证项目各方费用目标的实现。工程管理是针对一个工程项目，从项目立项到竣工验收交付使用整个阶段所进行的管理工作。包括资金、进度、风险、质量、安全、人员、信息、环境等相对独立且相互制约的各个环节。通过管理工作使其相互协调平衡，使项目目标得以实现。因此，工程管理工作范围较宽，工程造价工作范围较专。

(2) 工作方式不同　工程造价工作包括建设单位的投资研究、投资估算、投资控制、招标控制价计算、竣工决算；设计单位的设计概算、修正概算；施工单位的投标报价计算、施工图预算、施工预算、成本控制、进度款计算、结算工作等。虽然看来仅仅是个算钱的工作，其实涉及的领域很多。从事工程造价工作没有想象的简单，并不单单是掌握计算的方法。一个好的造价人员不仅要掌握计量计价的方法，同时还要积累工程材料、施工工艺、房屋构造、合同管理、经济学、法律法规等相关知识。而这些知识不只是从课本获得，更重要的是从实际的工作中积累。因此，工程造价人员同样需要现场工作经验。懂施工、懂管理、懂经济、懂法律的造价人员必定会成为这一行的高端人才。

工程管理是要对工程项目的质量、成本、进度等的实际进展情况进行有效控制，综合管理。当工程进展出现问题的时候，管理人员必须能够提出有针对性的、行之有效的解决方案。这就要求工程管理人员必须具有丰富的实际工程经验。因而，工程管理工作地点多在现场，尤其是刚从工程管理专业毕业的大学生，大多从事的是基层管理工作。在工程现场积累施工技术知识、施工管理经验是向更高层次发展的必经之路。

工程造价和工程管理的工作方式的区别在于做造价并不需要像做管理一样每天都去现场，工作场所就在现场。而是偶尔去现场转转，学习施工方法、工艺、材料方面的知识，从而使造价做得更准确，但主要的工作还是要在办公室用计算机，通过算量软件、计价软件来完成。因此，工程管理和工程造价的工作方式有些区别。

4.3.2 工程造价专业与工程管理专业的关系与区别

1. 工程管理的学科及知识体系简介

（1）工程管理专业的发展　为适应国内蓬勃发展的房地产业及产生的对房地产经营管理专业人才的需求，1989年国内高等学校开始设置房地产经营管理本科专业。1998年，国家教育部颁布了《普通高等学校本科专业目录》，将建筑管理工程、基本建设管理工程、房地产经营管理、国际工程管理、涉外建筑工程营造与管理等专业整合并更名为工程管理专业。

随着国内建筑业、房地产业在国民经济与社会发展中的支柱产业地位和作用日益显著，对工程管理专业人才的需求量呈显著增长趋势。设置工程管理专业的国内高等学校数量近年来明显增加。工程管理专业的技术背景呈现多样化趋势，由过去以建筑工程为技术背景，逐步发展到以铁道工程、公路工程、矿山工程、冶金工程、电气工程、化学工程、农业工程、林业工程、石油工程、水利工程等作为技术背景。

部分高等学校通过设置目录外专业的方法，逐步将原工程管理专业覆盖的专业方向分离出来，设置为独立的本科专业，例如工程造价专业，这种现象近年来有明显增加的趋势。

（2）专业方向　工程管理本科专业基本学制四年，授予管理学学位。工程管理本科专业可设置工程项目管理、房地产开发与管理、投资与造价管理、工程项目策划及物业与设备管理等五个方向。各方向的毕业生还应分别满足下述要求：

1）工程项目管理方向。该方向的毕业生应初步具有进行工程项目全过程的投资、进度、质量控制及合同管理、信息管理和组织协调的能力，具备相关工程管理类（建设类）专业人员国家执业资格基础知识。

2）投资与造价管理方向。该方向的毕业生应初步具有工程项目评估、工程造价管理的能力，初步具有编制招标、投标文件和投标书评定的能力，初步具有编制和审核工程项目估算、概算、预算和决算的能力，初步具备进行工程成本规划与控制的能力，具备相关工程管理类（建设类）专业人员的国家执业资格基础知识。

3）房地产开发与管理方向。该方向的毕业生应初步具有分析和解决房地产经济理论问题及进行房地产项目的开发与评估、房地产市场营销、房地产投资与融资、房地产估价、物业管理、城市规划与建筑设计管理的能力，了解房地产开发建设程序。

4）工程项目策划方向。该方向的毕业生应初步具有分析和解决工程项目决策问题及进行工程项目可行性研究、工程项目投资合理分配与有效控制、区域经济规划与分析、工程规划与设计、工程项目建设与运行环境管理、生态保护、城市建设管理的能力，具备强烈的可持续发展意识。

5）物业与设备管理方向。该方向的毕业生应初步具有物业的资产管理和运行管理的能力，包括：物业的财务管理、空间管理、设备管理和用户管理能力，物业维护管理及物业交易管理能力。

（3）主要课程设置　按照我国高等学校工程管理专业指导委员会的意见，工程管理学科的专业培养方案采用“基础课程 + 平台课程 + 方向课程”的课程结构体系，另外有的学校也采用“基础课 + 专业基础课 + 方向课”的课程结构体系，其实质是一样的。其中，平台课包括技术平台课程、经济平台课程、管理平台课程和法律平台课程四项。另外，有的学校还设有计算机平台课程，方向课程的设置因行业背景和专业特色的不同而有所不同。例如，中国矿业大学的工程管理专业还设有资源和环境管理、工程安全管理、地质工程管理等课程；北京邮电大学的工程管理专业还设有通信系统概论、通信组织管理等课程；上海财经大学的工程管理专业还设有投资银行学、资产评估学、证券投资学等课程。

（4）工程管理专业特点

1）工程管理专业教育强调技术课程的学习。同时，学校还要求学生参加针对技术课的实践，如参加工程测量实习、房屋建筑学设计、建筑工程预算实践等，以便更好地了解工程对象，理解课堂所学知识，而这些都是纯管理专业没有的。

2）技术课程是工程管理专业教育的“根”，这是由该专业所涉及的建筑领域的产品特点决定的。建筑产品的特殊性、复杂性、不可重复性等特点，决定了其对人、财、物、时间和质量等的管理必须是基于技术的。技术是工程管理人员了解管理对象、生产工艺、技术流程的途径。

2. 工程造价专业和工程管理专业的关系与区别

（1）学科性质方面　工程管理专业是新兴的工程技术与管理交叉复合性学科。是20世纪80年代初改革开放之后，应社会主义建设的需求设立的。该专业要求学生具有管理学、经济学、土木工程技术、计算机管理和外语的综合知识，能在国内外工程建设领域，从事项目决策和全过程管理的复合型、外向型、开拓型的高级管理人才。

工程造价专业是从工程管理专业中独立出来的一个学科，也是工程管理专业进行硕士研究的一个方向。这两个专业在课程上设置上大部分相同，工程管理专业所学知识相对宽泛，工程造价专业更具有针对性。

（2）就业领域方面　工程造价专业学生毕业后能够在工程咨询公司、建筑施工企业、建筑装潢装饰公司、工程建设监理公司、房地产开发企业、设计院、会计审计事务所、政府部门企事业单位基建部门等，从事工程造价招标代理、建设项目投融资和投资控制、工程造价确定与控制、投标报价决策、合同管理、工程预(结)决算、工程成本分析、工程咨询、工程监理以及工程造价管理相关软件的开发应用和技术支持等工作。

工程管理专业的就业领域涉及建筑工程、工程施工和控制管理、房地产经营以及金融、宾馆、贸易等行业部门的管理工作。这一专业涉及就业领域对人才的大量需求比较普遍。从银行证券到酒店宾馆，从建筑企业到房地产开发公司都急需补充大量的工程管理及相关专业的人才，因此人才市场上对该专业人才的需求量很大。

（3）培养方式上　工程造价要求从业人员掌握深厚的造价知识，具备熟练的造价能力。因此，其培养方式更加专一。在校期间同样开设土木工程方面的专业课程，但重点在于培养学生做好造价的能力，一般要开设多门造价方面的课程，如“工程计量与计价”、“工程定额原理”、“工程造价管理”等，且课时分配较多，有利于使学生具备扎实的理论功底。

工程管理是一项综合性的工作，要求管理人员必须具备管理学的知识、经济学的知识、组织行为学的知识，以及土木工程方面的专业知识。有些学校把工程管理专业归于管理学院，也有的归类于建筑工程学院，因其学校的专业特色不同，所开设的课程也有所不同。从事工程管理也要学习工程造价方面的知识，一般开设一门工程造价方面的课程，如“工程计量与计价”，课时相对较少。工程管理专业着重于培养学生的管理能力，致力于培养综合型人才。

从工程管理和工程造价专业的课程设置和培养计划可以看出这两个专业的关系和区别。两个专业所开设的课程大部分相同，因为像工程材料、建筑构造、施工技术、招标投标与合同管理等专业知识，不论是进行工程管理还是进行工程造价都是不可或缺的，并且这两个专业起源相同，都是依附于工程而存在的，因此所需知识必定会有相同的部分。但是两者也各有侧重点。工程管理专业是一个综合性较高的专业，属于交叉学科，不仅需要土木工程方面的知识，还需要经济学、管理学方面的知识，因此所开设的课程覆盖面比较宽泛，要求学生的知识面宽。工程造价专业是专门培养造价人才的一个专业，因此在培养方式上，除了辅助基础专业知识外，要求学生必须将工程造价方面的知识学深、学透，因而培养的是专业性质的人才。

通过对工程造价专业和工程管理专业的了解，学生可根据自己的兴趣爱好和性格特征确定就业方向，在校期间制定一个有针对性的学习计划，甚至是职业规划，从而使在校期间的学习做到有的放矢，事半功倍。

本章小结

工程管理(Engineer Management)是指通过决策、计划、组织、指挥、协调和控制以实现工程预期目标的过程。它的主要内容就是对工程项目的全过程进行规划、协调、监督、控制和总结评价，通过目标控制、合同管理、风险管理、信息管理和组织协调等措施，保证项目质量、投资、进度目标的最优实现。

工程造价通常指工程的建造价格。在工程建设中，广泛地存在着工程造价两种不同的含义：①工程造价是完成一个工程建设项目所需费用的总和，这种含义实质上指工程建设项目的建设成本；②工程造价是发包工程的承包价格。在建筑市场交易活动中的工程造价，主要指建筑安装工程费用。

工程造价和工程管理既存在着区别，又有着密切的联系。工程管理是从宏观方面为实现项目目标而从质量、进度、成本等方面对工程实施的全过程管理。具体工作可以概括为：质量控制、成本控制、进度控制、信息管理、合同管理、安全文明施工管理和组织协调。而成本控制则要通过工程造价来实现。工程造价是属于工程管理工作的一部分，比工程管理更具体、更专业。

工程造价专业是从工程管理专业中独立出来的一个学科，也是工程管理专业进行硕士研究的一个方向。这两个专业在课程上设置上大部分相同，但仍然有所区别。工程管理专业所学知识相对宽泛，工程造价专业更具有针对性。

【关键概念】 合同管理、组织协调、目标控制、信息管理、风险管理、投资估算、设计概算、施工图预算、合同价、竣工结算、竣工决算

复习思考题

4.1 论述工程管理的基本概念和工程管理的内容。

4.2 工程造价的含义和基本特点是什么?

4.3 工程造价有何职能和作用?

4.4 论述工程管理和工程造价的联系和区别。

4.5 简述工程管理专业和工程造价专业培养的侧重点有何不同。

第5章　工程造价专业理论体系

学习要点

工程造价专业理论体系是支撑整个工程造价专业的技术基础。本章首先介绍了工程造价管理的概念、目标、任务、内容以及管理体制；接着阐述了与工程造价相关的基础理论知识；最后概括和总结了现代工程造价管理的发展模式。通过本章的学习，要求了解工程造价管理的基础知识，熟悉工程造价专业的相关理论体系，并了解现代工程造价管理的发展模式。

5.1　工程造价管理概述

5.1.1　工程造价管理概念

工程造价管理是指针对建设项目的建造过程，全过程、全方位、多层次地运用技术、经济及法律等手段，通过对建设项目工程造价的预测、优化、控制、分析、监督等，以获得资源的最优配置和建设项目投资效益的最大化。

相应于工程造价，工程造价管理也有两种含义：

1. 建设工程投资费用管理

作为建设工程的投资费用管理，它属于投资管理范畴。管理是为了实现一定的目标而进行的计划、组织、协调、控制等系统活动，投资管理是为了达到预期的效果，对投资行为进行计划、组织、协调与控制。这种含义的管理侧重于投资费用的管理，而不是侧重于技术方面。建设工程投资费用管理的含义是为了实现投资的预期目标，在拟定的规划、设计方案的条件下，预测、计算、确定和监控工程造价及其变动的系统活动。

2. 工程价格管理

工程价格管理属于价格管理范畴。在市场经济条件下，价格管理分为微观和宏观两个层次。在微观层次上，是指生产企业在掌握市场价格信息的基础上，为实现管理目标而进行的成本控制、计价、定价和竞价的系统活动。它反映了微观主体按支配价格运动的经济规律，对商品价格进行能动的计划、预测、监控和调整，并接受价格对生产的调节。在宏观层次上，是政府根据社会经济发展的要求，利用法律手段、经济手段和行政手段对价格进行管理和调控，以及通过市场，管理、规范市场主体价格行为的系统活动。

5.1.2 工程造价管理目标和任务

工程造价管理的目标是：按照经济规律的要求，根据社会主义市场经济的发展形势，利用科学管理方法和先进管理手段，合理地确定和有效地控制工程造价，以提高投资效益和建筑安装企业经营效果。其中，合理确定造价和有效控制造价不是简单的因果关系，而是有机联系的辩证关系，贯穿于工程建设整个过程。

工程造价管理的任务是：加强工程造价的全过程动态管理，即对工程项目立项、勘察设计、招标投标(合同签订)、施工、竣工结算审核及后评估的整个过程进行动态管理，强化工程造价的约束机制，维护有关各方的经济利益，规范价格行为，促进微观效益和宏观效益的统一。具体来说，工程造价管理的基本任务是在工程建设中对工程造价进行预测、优化、控制、分析评价和监督。

1）工程造价的预测。它是指根据建设项目决策内容、技术文件、社会经济水平等资料，按照一定的方法对拟建工程项目的花费做出测算。

2）工程造价的优化。它是以资源的优化配置为目标而进行的工程造价管理活动，在满足工程项目功能的前提下，通过确定合理的建设规模，进行设计方案及施工组织的优化，实现资源消耗的最小化。

3）工程造价的控制。它是在工程建设的每一个阶段，检查造价控制目标(如批准的概算)的实现情况。若发现偏差，应立即分析原因，及时进行调整，以确保既定目标的实现。

4）工程造价的分析评价。它贯穿于整个工程造价管理过程之中，包括工程造价的构成分析、技术经济分析、比较分析等。工程造价的构成分析主要是对工程造价的组成要素、所占比例等进行分析，为工程造价管理提供依据；工程造价的技术经济分析，主要是对设计及施工方案等进行技术经济分析，以确定工程造价是否合理；工程造价的比较分析是对工程造价进行纵向或横向比较，例如，对估算、概算、预算三者进行对比分析，拟建工程的技术经济指标与已建工程的技术经济指标进行对比分析。

5）工程造价的监督。它是指根据国家的有关文件和规定对建设项目进行审查与审计。

5.1.3 工程造价管理内容

工程造价管理的基本内容是合理确定和有效控制工程造价。

1. 工程造价的合理确定

所谓工程造价的合理确定，是指在建设工程的各个阶段，采用科学的计算方法和现行的计价依据及批准的设计方案或设计图纸等文件资料，合理确定投资估算、设计概算、施工图预算、承发包合同价、工程结算价以及竣工决算价。各阶段的造价确定如图 5-1 所示。

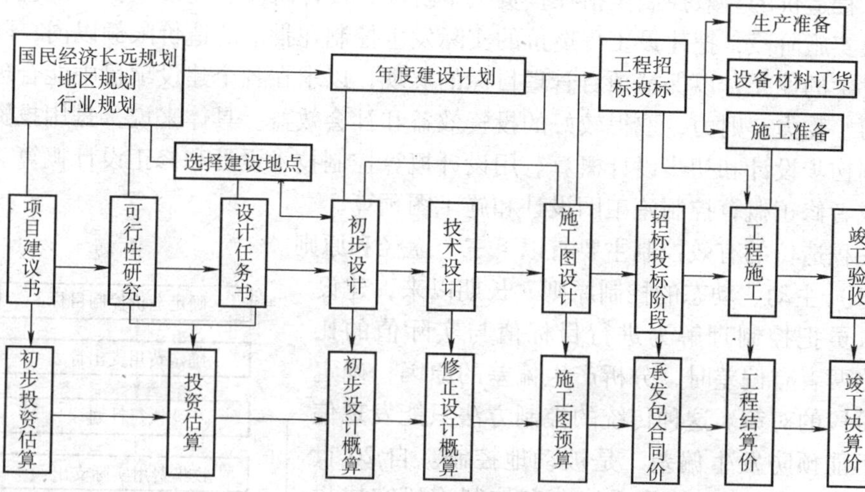

图 5-1　建设工程各阶段造价确定

依据建设程序，工程造价的确定与工程建设阶段性工作深度相适应，一般分为以下几个阶段：

1）初步投资估算。在项目建议书阶段，按照有关规定，应编制初步投资估算。经有关部门批准，作为拟建项目列入国家中长期计划和开展前期工作的控制造价。

2）投资估算。在可行性研究阶段，按照设计任务书内容和有关规定编制投资估算，经有关部门批准，作为该项目控制造价。

3）初步(修正)设计概算。在初步设计阶段，按照有关规定编制的初步设计概算。经有关部门批准，即作为拟建项目工程造价的具体最高限额。技术设计阶段是进一步解决初步设计的重大技术问题，如工艺流程、建筑结构、设备选型等。该阶段则应编制修正设计概算。

4）施工图预算。在施工图设计阶段，按规定编制施工图预算，用以核实施工图阶段预算造价是经过批准的初步设计概算。

5）承发包合同价。对以施工图预算为基础进行招标投标的工程，承发包合同价也是以经济合同形式确定的建筑安装工程造价，承发包双方应严格履行合同，使造价控制在承包合同价以内。

6）工程结算价。在工程实施阶段要按照承包方实际完成的工程量，以合同价为基础，同时考虑因物价上涨所引起的造价提高，考虑到设计中难以预计的而在实施阶段实际发生的工程和费用，合理确定工程结算价。

7）竣工决算价。在竣工验收阶段，全面总结在工程建设过程中实际花费的全部费用，编制竣工决算，如实体现该工程的实际造价。

2. 工程造价的有效控制

工程造价的有效控制是指在投资决策阶段、设计阶段、建设项目承发包阶段和建设实施阶段，把建设工程造价的实际发生控制在批准的造价限额以内，随时纠正发生的偏差，以保证项目管理目标的实现，以求在各个建设项目中能合理使用人力、物力、财力，取得较好的投资效益和社会效益。具体来说，是用投资估算控制初步设计和初步设计概算。用设计概算控制技术设计和修正设计概算。用概算或者修正概算控制施工图设计和施工图预算。

工程造价的有效控制主要有以下三个途径和原则。

（1）主动、动态的控制原则　长期以来，建设管理人员把控制理解为进行目标值与实际值的比较，当两者有偏差时，分析产生偏差的原因，确定下一阶段的对策。这种传统的控制方法只能发现偏差，不能预防发生偏差，是被动地控制。自20世纪70年代开始，人们将系统论和控制论研究成果应用于项目管理，把控制立足于事先主动地采取决策措施，尽可能减少甚至避免目标值与实际值发生偏离。这是主动的、积极的控制方法，因此被称为主动控制。另外，工程造价本身具有动态性。任何一个工程从决策到竣工交付使用，都有一个较长的建设周期，在这期间内，影响工程造价的许多因素都会发生变化，这使工程造价在整个建设期内是动态的。因此，要不断地调整工程造价的控制目标，以尽可能减少甚至避免目标值与实际值的偏差，这样才能有效地控制工程造价。工程造价动态控制原理图如图5-2所示。

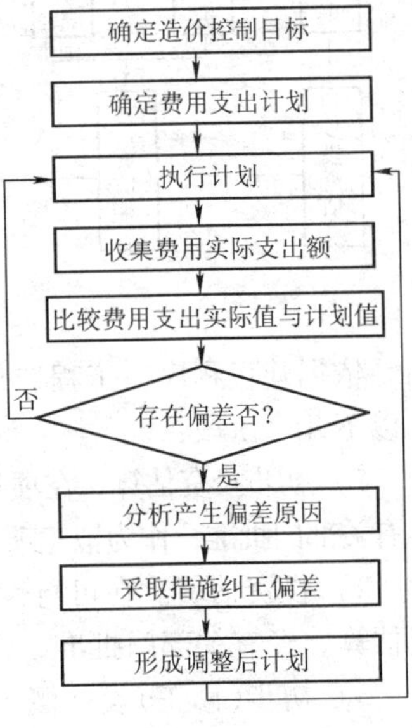

图5-2　工程造价动态控制原理图

（2）以设计阶段为重点的建设全过程造价控制原则　工程造价控制应贯穿于项目建设的全过程，但是各阶段工作对造价的影响程度是不同的。影响工程造价最大的阶段是投资决策和设计阶段，在项目做出投资决策后，控制工程造价的关键就在于设计阶段。因此，设计单位和设计人员必须树立经济核算的观念，克服重技术轻经济的思想，严格按照设计任务书规定的投资估算做好多方案的技术经济比较。工程经济人员在设计过程中应及时地对工程造价进行分析对比，能动地影响设计，以保证有效地控制造价。

（3）技术与经济相结合的原则　有效地控制工程造价，可以采用组织、技术、经济、合同等多种措施，其中技术与经济相结合是控制工程造价的最有效手段。从组织上采取措施，就要做到专人负责，明确分工。技术上要进行多方案选择，力求先进可行、符合国情。经济上要实时比较投资的计划值和实际值，严格审核各项支出。工程建设要把技术与经济有机地结合起来，通过技术比较、经济分析和效果评价，正确处理技术先进与经济合理之间的对立统一关系，力求做到在技术先进条件下的经济合理，在经济合理基础上的技术先进，把控制工程造价的思想真正地渗透到可行性研究、项目评价、设计和施工的全过程中去。

总之，工程造价的合理确定和有效控制之间存在着相互依存、相互制约的辩证关系。首先，工程造价的确定是工程造价控制的基础和载体，没有造价的确定就没有造价的控制；其次，造价的控制贯穿于造价确定的全过程，造价的确定过程也就是造价的控制过程，通过逐项控制、层层控制才能最终合理地确定造价，确定造价和控制造价的最终目标是一致的，两者相辅相成。

5.1.4　工程造价管理体制

1. 工程造价管理体制的概念

工程造价管理体制是指管理工程造价的基本制度和主要方式、方法。具体是指为了合理确定和有效控制工程造价，保证整个工程造价管理工作正常进行，并取得良好的经济和社会效益，所制定的一系列工作方法、工作内容和工作程序。它包括各种费用项目的组成，有关方针、政策、文件的制定与颁发，造价管理人员的资格培训与管理，工程建设有关各方在工程造价管理工作中的职责、权限和任务。工程造价管理体制是建筑市场运行机制的核心，是基本建设管理制度的重要组成部分。

2. 工程造价管理体制的改革

我国的工程造价管理体制走过了从建立到发展、完善的历程，其发展是与我国经济体制的发展相适应的。在计划经济时代，工程造价管理以定额管理㊀为重点，对基本建设项目的投资估算、概算、预算处于算量和计价阶段，建设项目投资的申请与核定是一种被动行为。随着社会主义市场经济体制的逐步确立和完善，传统的管理模式已无法适应优化资源配置的需求，必须改革工程造价管理体制。

我国工程造价管理体制改革的目标是要在统一工程量计算规则和统一项目划分的基础上，遵循商品价值规律，建立以市场形成价格为主的价格机制，企业依据政府和社会咨询机构提供的市场价格信息和造价指数㊁，结合自身实际情况，

㊀ 定额管理是指利用定额来合理安排和使用人力、物力、财力的一种管理方法。定额是企业生产经营活动中，对人力、物力、财力的配备、利用和消耗以及获得的成果等方面所应遵守的标准或应达到的水平。

㊁ 造价指数是指某一时期的工程造价比另一时期工程造价上升或下降的百分比，是说明不同时期工程造价的相对变化趋势和程度的指标，是工程造价动态结算的重要依据。

自主报价，通过市场价格机制的运行，形成统一、协调、有序的工程造价管理体系，达到合理使用投资、有效控制工程造价、取得最佳投资效益的目的，逐步建立起适应社会主义市场经济体制，符合中国国情并且与国际惯例接轨的工程造价管理体制。改革工程造价管理体制的具体措施有以下几项。

(1) 用动态方法研究和管理工程造价　为体现工程项目投资额的资金时间价值[㊀]，各地区造价管理机构应定期公布设备、材料、工资、机械台班的价格指数及各类工程价格指数，建立工程造价管理信息系统，充分利用现代化通信手段与信息网络技术，实现信息共享，及时为企业提供材料、设备、人工价格信息及造价指数。

(2) 健全工程造价管理机构　构建以政府工程造价管理部门为核心的管理层，以造价管理协会为主的智能层，以合法的工程造价中介机构组成的运作层，分别实施政策指导、宏观调控、信息服务、监督检查、客观计价、公正裁判，逐步形成从直接管理到间接管理、从行政管理到法规管理、从事后管理到全过程管理的体系。

(3) 改变政府职能　在市场经济时代，政府要改变主观干预的做法，逐步建立以市场形成价格为主的方式；另一方面，应加强宏观管理，逐步建立工程造价的监督检查制度，规范定价行为，确保工程质量和工程建设的顺利进行，将管理重点放在制定相关的标准和法规，加强工程造价信息的收集、处理和发布上，以适应市场需要。

(4) 发挥工程造价咨询的作用　工程造价咨询是指面向社会接受委托，承担建设项目的可行性研究、投资估算、工程概算、预算、工程结算、竣工决算、工程招标控制价、投标报价的编制和审核，对工程造价进行监控以及提供有关工程造价信息资料等业务服务。发挥咨询业的咨询、顾问作用，逐渐代替政府行使造价管理的职能，并同时接受政府工程造价管理部门的管理和监督。社会咨询将成为一个独立的行业，社会咨询机构公正地开展咨询业务，实施全过程的咨询服务。

(5) 确立工程招投标制度，引入竞争机制　把竞争机制引入工程造价管理体制，打破以行政手段分配建设任务的体制，冲破条条割裂、地区封锁，在相对平等的条件下进行招标承包，择优选择工程承包公司和设备材料供应单位，以促使这些单位改善经营管理，提高应变能力和竞争能力，降低工程造价。

(6) 推行造价工程师执业资格制度和注册制度　造价工程师执业资格制度是工程造价管理的一项基本制度，造价工程师是指经全国造价工程师执业资格统

㊀ 资金时间价值指资金在周转使用中因时间的因素而形成的差额价值，即资金在生产经营中带来的增值额。

一考试合格，并注册取得《造价工程师注册证》，从事建设工程造价活动的人员。未经注册的人员，不得以造价工程师的名义从事建设工程造价活动。造价工程师只能在一个单位注册执业。凡从事工程建设活动的建设、设计、施工、工程造价咨询等单位，必须在计价、评估、审查(核)、控制等岗位配备相关人员。

3. 工程造价管理体系

市场经济是法制的经济，“没有规矩，不成方圆”。规范建筑市场秩序的重要手段之一，就是要建立一系列符合市场需求的法律制度、计价规则、技术标准以及行为准则，形成完善的工程造价管理体系，并且这也是工程造价管理体制改革的目标之一。

我国工程造价管理体系按照“法律规范秩序，公开交易规则，竞争形成价格，监管行之有效”的规划思路，借鉴国内外先进的管理经验和成果，逐步建成了法制、规则、技术、人才和信息五个管理平台。这五个平台在法制化、专业化和系统化建设方面的内容表现在以下几个方面。

(1) 建立健全法律、法规体系　继建筑法、合同法、招标投标法的颁布，我国各省市陆续制定了《建设工程造价管理办法》，把工程造价管理以适当的法律文本予以确认，形成政府通过市场来调控企业，通过法规来规范建设各方的体系。

(2) 完善工程计价标准体系　国家有关部门结合工程建设管理的现状，制定并完善了《建设工程工程量清单计价规范》等一系列工程计价的基本规则，与国际通行的工程量清单计价办法主动进行了衔接。此外，还重视建设项目造价控制重点或难点阶段的制度化工作，如开展变更设计管理办法、竣工决算编制办法，建设工程招标文件范本和工程量清单计价体系的研究以及规范，完善实施阶段造价控制管理工作，形成工程计价的标准体系。

(3) 制定定额标准体系　工程定额是造价管理的技术标准，是指在规定工作条件下，完成合格的单位建筑安装产品所需要用的劳动、材料、机械以及有关费用的数量标准。继全国 GB 50500—2008《建设工程工程量清单计价规范》颁布后，各省市组织修编了建筑、装饰、安装、市政、房屋修缮、园林绿化等工程消耗量定额。通过修订定额体系，加强对估算指标、概算定额、基础定额、费用定额的编制工作，形成了工程消耗量定额标准，为造价管理提供了翔实的技术衡量标准和数量指标。

(4) 组建人才服务体系　工程造价，人才为本。经过多年不懈的努力，目前，我国在建筑、化工、公路、电力、人防、冶金、煤炭、邮电、航运、水利、铁路等行业已组建起专门的造价技术队伍，并统一了造价从业人员资格标准，对必须掌握的法律知识、施工技术、计价方法、定额原理到计算机的应用等方面编制了专业教材，系统培训，人员技术素质不断提高。在抓好队伍建设的同时，我国还积极广泛地推行工程造价咨询制度，发展至今，已成立众多具有相当实力的工程造价咨询单位，建立了广泛的社会中介咨询服务网络。

(5) 构建信息支撑体系　信息化是工程造价实现动态管理的首要前提。各地区造价管理部门按照统一规划、分部实施的要求，逐步形成工程造价信息的收集、整理和发布的工作机制，定期公布设备、材料、工资、机械台班的价格指数及各类工程价格指数，建立起造价管理的信息管理系统。

4. 工程造价管理的组织系统

工程造价管理的组织，指为了实现工程造价管理目标而进行的有效组织活动，以及与造价管理功能相关的有机群体，是工程造价动态的组织活动过程和相对静态的造价管理部门的统一。按照管理的权限和职责范围划分，我国目前的工程造价管理的组织系统包括政府行政管理系统、行业协会管理系统和企事业单位管理系统。

(1) 政府行政管理系统　政府在工程造价管理中既是宏观管理主体，也是政府投资项目的微观管理主体，工程造价管理始终是各级政府经济工作的重要内容。我国政府有一个十分严密的组织系统对工程造价进行管理，设置了多层管理机构，并规定了管理权限和职责范围。目前我国工程造价管理基本是属于政府职能，体现出集中领导、分级管理，多部分、多层次管理的基本模式。

住房和城乡建设部标准定额司是国家工程造价管理的最高行政管理机构。省、自治区、直辖市和行业主管部门的工程造价管理机构，在其管辖范围内行使管理职能；省辖市和地区的工程造价管理部门在所辖地区行使管理职能。其职责大体与国家住房和城乡建设部(简称住建部)的工程造价管理机构相对应，主要负责本地区、本部门有关法规、制度和定额等的组织制定并贯彻执行，调解、仲裁工程造价纠纷，收集和发布有关工程造价信息等工作。

我国现行的工程造价管理的政府组织系统如图 5-3 所示。

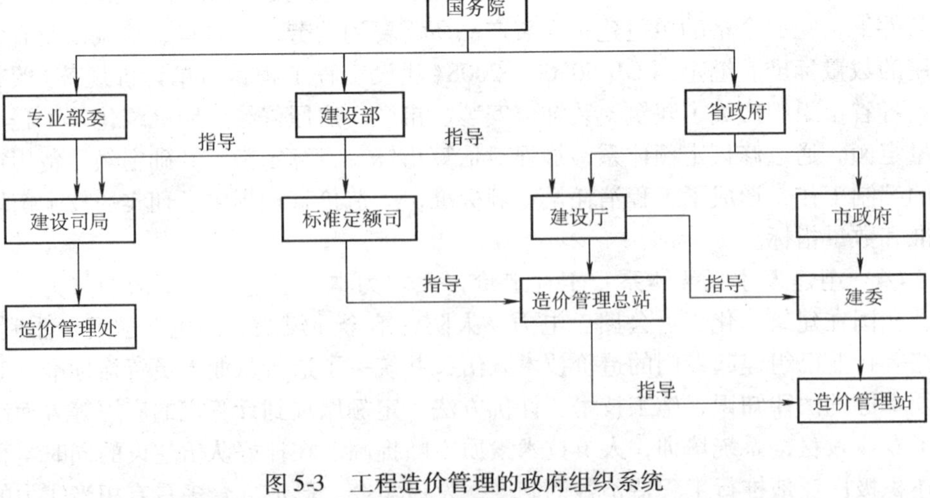

图 5-3　工程造价管理的政府组织系统

（2）行业协会管理系统　我国建设工程造价管理的行业协会，由从事工程造价管理与工程造价咨询的单位及具有造价工程师注册资格和资深的专家、学者，自愿组成的具有社会团体法人资格的全国性社会团体，是对外代表造价工程师和工程造价咨询服务机构的行业性组织。该协会经过了住建部同意和民政部核准登记，属于非营利性社会组织。

我国工程造价管理协会已初步形成三级协会体系，即中国建设工程造价管理协会(以下简称中价协)，省、自治区、直辖市和行业工程造价管理协会以及工程造价管理协会分会。其职责范围也初步形成了宏观领导、中观区域和行业指导、微观具体实施的体系。

（3）企事业单位管理系统　企业、事业机构对工程造价的管理，属于微观管理的范畴，通常是针对具体的建设项目而实施工程造价管理活动。企业、事业机构管理系统根据主体的不同，可划分为业主方工程造价管理系统、承包方工程造价管理系统、中介服务方工程造价管理系统，它们之间的关系如图 5-4 所示。

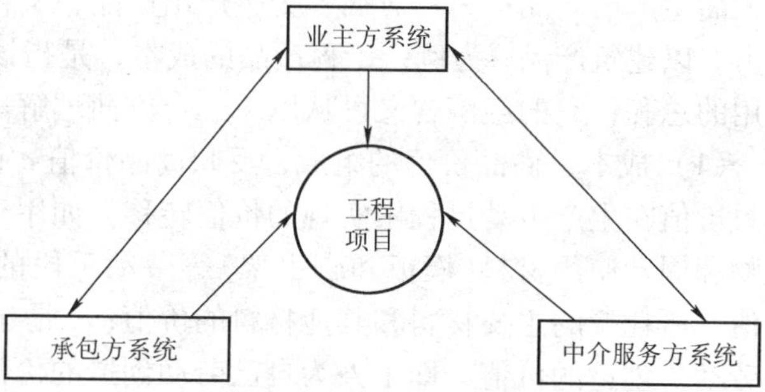

图 5-4　企事业单位管理系统之间的关系

1）业主方工程造价管理系统。业主对项目建设的全过程进行造价管理，其职责主要是：进行可行性研究、投资估算的确定与控制，设计方案的优化和设计概算的确定与控制，施工招标文件和招标控制价的编制，工程进度款的支付和工程结算及控制，合同价的调整，索赔与风险管理，竣工决算的编制等。

2）承包方工程造价管理系统。承包方工程造价管理组织的职责主要有：投标决策，并通过市场研究、结合自身积累的经验进行投标报价；编制施工定额；在施工过程中进行工程造价的动态管理，加强风险管理、工程进度款的支付、工程索赔、竣工结算；同时加强企业内部的管理，包括施工成本的预测、控制与核算等。

3）中介服务方工程造价管理系统。中介服务方主要有设计方与工程造价咨询方，其职责包括：按照业主或委托方的意图，在可行性研究和规划设计阶段确定并控制工程造价；采用限额设计以实现设定的工程造价管理目标；招标投标阶段编制招标控制价，参与评标、议标；在项目实施阶段，通过设计变更、索赔与结算等工作进行工程造价的控制。

5.2 工程造价相关理论

5.2.1 工程成本理论

1. 工程成本的内涵

所谓成本，概括来说，是商品生产中所耗费的活劳动和物化劳动的货币表现。

工程产品的生产过程，是生产产品和发生生产耗费的统一。通过生产活动，一方面生产出产品；另一方面，为生产出产品，又耗费了一定量的人力、物力和财力。以建筑产品㊀为例，工程产品的成本，是指该产品在施工中所发生的一切费用的总和，它的经济含义可从以下三个方面理解。

(1) 成本是商品价值的组成，反映商品价值 $c+v+m$ 的形成过程　c 是生产资料价值在生产劳动过程中实现的价值转移，如用于施工的机械设备、房屋、建筑物和周转使用材料(模板和脚手架)等劳动手段的耗费，转移到工程产品上的价值，所耗费的主要材料和其他材料的价值；v 是建筑工程施工过程中耗费的必要劳动所创造的价值，即工人为自己劳动创造的价值。通过活劳动的消耗形成的新价值，一部分补偿 v，即劳动报酬；另一部分则形成 m，即工人为社会创造的剩余价值，比如企业的利润和税金。成本是商品价值的主要部分 $c+v$，通过 c 和 v 价值的实现，产品的整个价值也就形成了，所以说，成本是价格的基础。

(2) 成本是生产过程中一部分劳动消耗的价值体现　通过生产的消耗，生产出产品，企业的生产费用就转移到产品上去。例如建筑工程施工过程中，工人的必要劳动所创造的价值，主要是以工资形式支付并以人工费计入建筑工程成本的；所耗费的主要材料和其他材料的价值，是以材料费计入建筑工程成本的；所耗费的施工机械和使用机械的活劳动和物化劳动(燃料等)的价值，是以施工机械费计入建筑工程成本的；所消耗的水、电等是以其他直接费计入建筑工程成本的；所消耗的工作人员的劳动和办公用低值易耗品的价值，是以施工管理费计入工程成本的。这五个成本项目中，人工费、材料费、施工机械费和其他直接费是直接耗用于建筑工程的，称为直接费；而施工管理费是耗用于同时施工的多个工程的，所以称为间接费。间接费是用分摊的办法计入建筑工程成本的。由此可见，成本费用的发生都是有工程对象的。因此说，成本是对象化了的生产费用。

(3) 成本是再生产过程的价值补偿尺度　社会再生产的延续，以成本能否补偿为转移。成本的补偿是有严格界限的，而超额补偿，即把不应当由成本费用

㊀ 建筑产品指具有特定使用功能，可供使用的房屋建筑和构筑物。

补偿的计入成本。例如把罚款、固定资产占用费等应由剩余价值部分支出的费用都计入成本，那就有损于再生产的进行。另外，补偿的不足，会造成虚盈实亏，同样也会破坏生产的良性循环。因此，正确理解成本的实质、确定成本的经济界限是十分重要的。

2. 工程成本的构成

以建筑产品为例，工程产品的成本由直接成本和间接成本组成。直接成本是指与施工直接有关，能直接计入各分部、分项工程成本的生产费用。间接成本是指组织和管理施工而发生的综合性费用，它是与整个建筑企业或其下属机构有关；无法直接计入各分部、分项工程和单位工程成本的费用，一般通过合理分摊的办法间接计入单位工程成本中去。具体构成如下。

（1）直接成本的构成

1）人工费。它指直接从事现场施工和构件制作和运料、配料的工人的基本工资、附加工资和工资性津贴。

2）材料费。它指构成工程实体的材料、构件的价值和周转材料的摊销费。

3）机械使用费。它指施工中所用施工机械的使用费，包括工人工资、折旧、燃料、润滑油料等费用。

4）其他直接费。它指施工现场生产耗用的水、电、蒸汽费，季节施工增加费，以及现场发生的二次搬运费等。

（2）间接成本的构成

1）企业管理费。它指施工企业为组织施工生产经营所发生的管理费用，包括以下内容：

a. 企业管理人员的基本工资、工资性津贴、职工福利费等。它指企业政治、行政、经济、技术、试验等其他非直接施工人员的工资。

b. 企业办公费。它指企业管理办公用的文具、纸张、账表、印刷、邮电、书报、会议、水电、烧水和集体取暖(包括现场临时宿舍取暖)用煤等费用。

c. 差旅交通费。它指职工因公出差、调动工作的差旅费、住勤补助费、市内交通费和误餐补助费，职工探亲路费，劳动力招募费，职工离退休、退职一次性路费，工伤人员就医路费，工地转移费，以及管理部门使用的交通工具的油料、燃料、养路费及牌照费。

d. 固定资产使用费。它指管理和试验部门及附属生产单位使用的属于固定资产的房屋、设备仪器等的折旧、大修、维修或租赁费。

e. 工具用具使用费。它指管理使用的不属于固定资产的生产工具、器具、家具、交通工具和检验、试验、测绘、消防用具等的购置、维修和摊销费。

f. 工会经费。它指企业按职工工资总额计提的工会经费。

g. 职工教育经费。它指企业按工资总额的一定比例提取用于职工教育事业的一项费用，是企业为职工学习先进技术和提高文化水平而支付的费用。

h. 劳动保险费。它指由企业支付离退休职工的异地安家补助费、职工退休金、六个月以上的病假人员工资、职工死亡丧葬补助费、抚恤费，按规定支付给离休干部的各项经费。

i. 财产保险费。它指企业财产保险、管理用车车辆等保险费用。

j. 税金。它指企业按规定缴纳的房产税、车船使用税、土地使用税、印花税等。

2）财务费用。它指企业为筹集资金而发生的各项费用，包括企业经营期间发生的短期贷款利息净支出、金融机构手续费，以及企业筹集资金发生的其他财务费用。

3）其他费用。它指上述项目以外的其他必要支出，如定位复测、场地清理、现场照明、支付临时工劳动管理费，以及经有关部门批准应由企业负担的企业性上级管理费。

5.2.2 工程价格理论

1. 工程价格的内涵

价格是商品价值的货币表现，而价值是凝结在商品中的抽象劳动，商品的价值量是由生产商品所耗费的社会必要劳动量来决定的。以建筑产品为例，价格是指建筑产品价值的货币表现，是物化在建筑产品中的社会必要劳动和剩余劳动的货币表现。

工程产品的理论价格与其价值一样，应由 $c+v+m$ 三部分构成。工程产品价格的形成，要以其价值为基础。由于价值规律的作用，工程产品的价格围绕着价值波动，对生产和需求，以及经济资源的配置起着一定的调节作用。

2. 工程价格理论的基本内容

（1）价值和使用价值理论　工程产品作为商品，具有商品的双重属性：使用价值和价值。在工程产品生产过程中，生产者通过自己的具体劳动，创造出适用社会需要的、具有使用价值的工程产品；同时，生产者的劳动作为抽象劳动，形成工程产品的价值。工程产品的价值有质的规定性和量的规定性两个方面。从质的规定性来讲，它是物化在建筑产品中的抽象劳动，是无差别的人类劳动的凝结；从量的规定性来讲，它是由消耗在工程产品中的劳动量决定的，而且是由生产该产品的社会必要劳动时间决定的价值量，它体现一定的社会生产关系。另外，工程产品的使用价值和价值互为依存、互为条件。

（2）生产价格理论　所谓“生产价格”，是指由商品的成本价格和平均利润构成的价格。它以价格和价值一致的要求为出发点，不考虑由于国家有关价格的政策和供求因素所引起的价格和价值的背离。生产价格是价值的转化形式，生产价格的变动归根结底取决于价值的变动。从整个社会范围来看，生产价格总额等于价值总额。

（3）供求关系与价格决定　价格受市场供求的影响而波动。当商品的供给量与需求量平衡时，商品就会按照与价值一致的价格在市场上出售；当需求量不变，而供不应求时，投资量增大，价格就会上涨到价值以上；反之，当供过于求时，投资量减少，价格又会跌到价值以下，因此，价格就会与价值发生偏离。供求平衡是相对的、暂时的，而供求不平衡则是经常的，但价格始终围绕价值上下波动。供求规律影响价格的作用有一定的上限和下限，上限是不能超出消费者的购买能力的，否则，商品就卖不出去，其价值也就不能实现；而下限是不能低于成本价格的，否则连简单再生产也无法维持，企业就会破产。

（4）价格与商品价值、货币价值的关系　价格是价值的货币表现。商品价格的变动既取决于商品价值的变动，也取决于货币价值的变动。在币值不变的条件下，商品的价值量增加，必定导致价格的上升；反之价格就会下降。在价值量不变的条件下，货币的价值量增加，价格就会下降；反之价格则会上升。所以币值稳定，价格也会稳定。

3. 工程产品价值、成本和价格的关系

综上所述，工程产品的价值、成本和价格之间存在着有机联系，它们之间的相互作用和关系如图5-5所示。

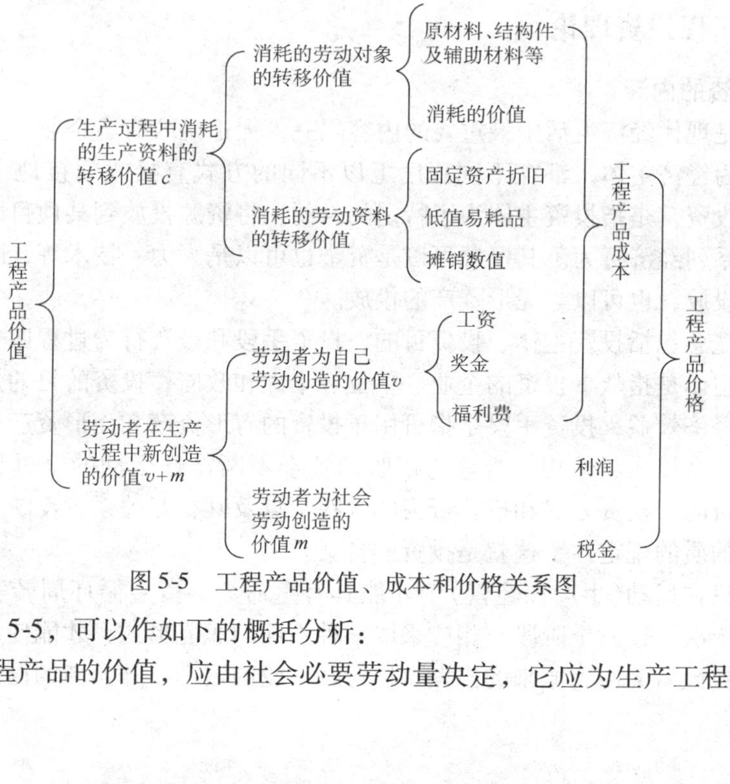

图5-5　工程产品价值、成本和价格关系图

根据图5-5，可以作如下的概括分析：

1）工程产品的价值，应由社会必要劳动量决定，它应为生产工程产品所需

的全部劳动耗费；而工程产品价值的货币表现，形成工程产品价格。工程产品的价格应以工程产品的价值为基础，但价格与价值可能会发生背离，由此也会对生产企业的盈利带来影响。

2）在工程产品价格反映价值的情况下，生产企业生产工程产品实际发生的劳动耗费，即工程产品的个别成本，低于构成工程产品价格中的社会成本时，不仅能使生产过程中发生的耗费得到补偿，而且还可以形成降低成本的利润；连同价格中既定的利润部分，会使企业的利润额增大。如果企业生产工程产品的个别成本与工程产品价格中所含的社会成本相等，企业生产过程中发生的消耗也还可以得到补偿，但企业仅能获得价格中所含的既定利润部分。如果企业生产工程产品的个别成本高于工程产品价格中的社会成本，不仅企业在生产过程中发生的耗费不能得到足够补偿，甚至价格中所含的既定利润部分也会被补偿生产耗费所抵消，进而造成企业的亏损。可见，企业个别成本的高低，对企业的利润可以产生直接的影响。

3）在工程产品的价格与价值背离的情况下，如果工程产品的价格水平高于价值时，企业生产工程产品的耗费，不仅可以得到补偿，而且可以获得更多的利润；而且企业的个别成本水平越低，获得的利润越多。如果工程产品的价格水平低于价值，生产企业生产工程产品的生产耗费就不能得到补偿，进而会造成亏损，使再生产不能顺利进行。

5.2.3 工程投资理论

1. 投资的内涵

投资是现代经济生活中最重要的内容之一，无论是政府、企业、金融组织或个人，作为经济主体，都在不同程度上以不同的方式直接或间接地参与投资活动。所谓投资，是指投资主体为了特定的目的，将资源投放到某项目以达到预期效果的一系列经济行为。其资源可以是资金也可以是人力、技术等，既可以是有形资产的投放，也可以是无形资产的投放。

投资概念包括投资主体、投资目的、投资手段和投资行为过程四个方面的内容。投资主体是指从事投资的企业、单位、个人和政府；投资的目的是指投资主体取得的经济效益；投资手段是指可用于投资的有形资产和无形资产；投资行为过程是指资金投入、使用、管理与回收的资金不断循环运动的全过程。投资主体、投资目的、投资方式和投资行为的内在特点及其相互关系，反映了投资这一经济范畴的质的规定性，这就是投资的含义。

投资只在运动(生产和经营)中才能具有生命力。资金循环周转实现增值的过程，要依次经过三个阶段，相应采取三种不同的职能形式，才能使其价值达到增值，并在最后又回到原来的出发点进行新一轮的运动，开始新的循环过程。资金的循环运动如图 5-6 所示。

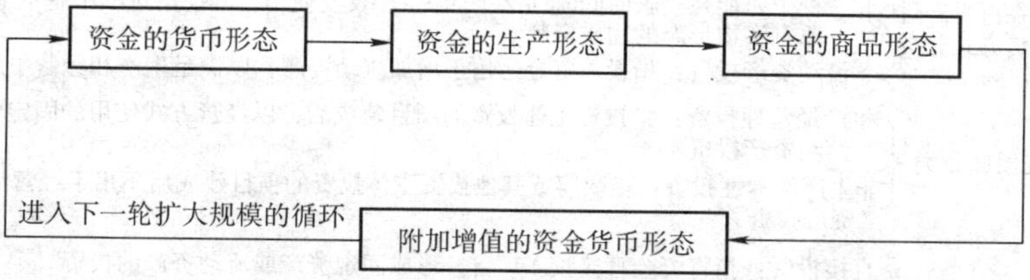

图 5-6　资金的循环运动示意图

2. 投资的来源与构成

（1）投资的来源　我国投资体制从宏观管理到微观运行的各个方面实施了一系列改革，在投资领域形成了以投资主体多元化、投资资金多渠道、项目决策多层次、投资方式多样化为特征的新格局，打破了主要依靠国家财政拨款的单一投资渠道，开辟了自筹资金、国内银行贷款、利用外资和利用长期金融市场上资金等多元化的融资渠道。

1）财政预算投资。它是指用国家预算安排的资金，对列入年度基本建设计划的建设项目进行投资。

2）企业自有资金融资。它是指企业用有权支配使用、不需偿还的资金进行投资。改扩建项目和技术改造项目的企业，自有资金主要来源于新产品的试制基金、生产发展基金、职工福利基金和基本折旧基金、大修理基金以及各种形式的社会集资；新建项目的自有资金的筹集可采取国家投资、各方集资或发行股票等方式。投资的形式可以是现金、实物和无形资产。

3）国内银行贷款。它是指投资的来源渠道为政策性银行和商业银行的贷款。

4）利用外资。我国利用外资的主要形式有：国外贷款、国外直接投资和国外其他投资。

5）利用债券筹集建设基金。债券是借款单位为筹集资金而发行的一种信用凭证，它证明持券人有权按期取得固定利息并到期收回本金。我国发行的债券种类有国家债券、地方政府债券、企业债券和金融债券。

6）利用股票筹集建设基金。股票是股份公司发给股东作为已投资入股的证书和索取股息的凭证，它是可以作为买卖对象或抵押品的有价证券。

（2）投资的构成　工程项目总投资是指固定资产投资、建设期借款利息和流动资金之和。固定资产投资指项目按拟定建设规模、产品方案和工程内容进行建设所需的费用；建设期借款利息指项目在建设期内因使用债务资金而支付的利息；流动资金指为维持生产所需要的全部周转资金。

3. 投资的分类

投资可以从不同角度作不同的分类，如图 5-7 所示。

- 投资分类
  - 按投资在再生产过程的周转方式分类
    - 固定资产投资：指用于建设和形成固定资产的投资，固定资产是指在社会再生产过程中，能在较长时间(通常在一年以上)反复使用，其使用过程中基本上不改变其原有实物形态的物质资料
    - 流动资产投资：指投入资金运用于增加流动资产，以满足生产和经营中周转需要
  - 按投资领域分类
    - 生产经营性投资：指投资主体投资的项目建成后，以经营方式使用的固定资产投资和流动资产投资
    - 非生产经营性投资：指政府或其他投资主体投资的项目建成后不用于经营活动的固定资产投资
  - 按投资方式分类
    - 直接投资：指将资金直接投入项目，形成固定资产或流动资产的投资
    - 间接投资：指投资者通过购买有价证券所进行的投资，包括债券投资、储蓄等，它形成金融资产
  - 按投资主体分类
    - 政府投资：政府作为投资主体进行的投资
    - 企业投资：企业作为投资主体进行的投资
    - 个人投资：个人作为投资主体进行的投资
  - 按投资来源国别分类
    - 国内投资：在国家范围内进行的投资活动
    - 国外投资：在国家范围以外进行的投资活动

图 5-7　投资分类

5.2.4　市场经济理论

市场经济理论主要包括供求理论、生产理论和市场理论。

1. 供求理论

(1) 需求函数　所谓需求是指消费者在某一特定时间内，在某一可接受的价格水平上愿意而且能够购买的商品数量。需求函数是指某一特定时期内，某种商品的需求量与影响需求的因素之间的函数关系。如果只考虑价格这一个因素，即假定影响需求的其他因素不变，则可画出仅有价格自变量的需求曲线，如图 5-8 所示。横轴表示价格 P，纵轴表示需求量 Q，需求曲线 D 是一条向右下方倾斜的曲线。曲线斜率为负，说明需求量与价格的高低呈反向变动关系，即价格上升需求量减少，价格下降需求量增加。

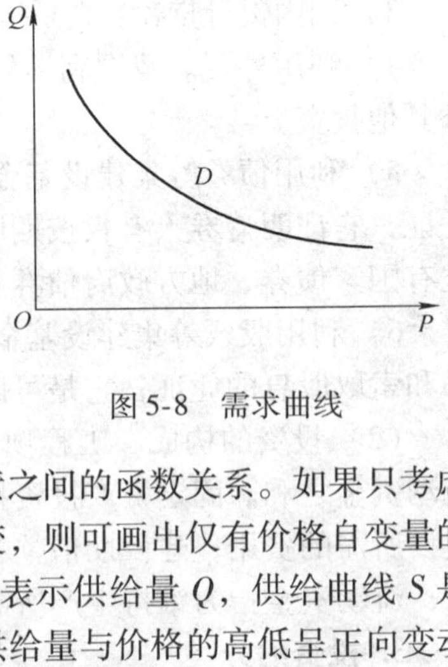

图 5-8　需求曲线

(2) 供给函数　所谓供给是指在其他条件不变的情况下，生产者在各种可能的价格水平上愿意而且能够出售的商品数量。供给函数是指某一特定时期内，某种商品的供给量与影响供给的因素之间的函数关系。如果只考虑价格这一个因素，即假定影响供给的其他因素不变，则可画出仅有价格自变量的供给曲线，如图 5-9 所示。横轴表示价格 P，纵轴表示供给量 Q，供给曲线 S 是一条向右上方倾斜的曲线。曲线斜率为正，说明供给量与价格的高低呈正向变动关系，即价格上升供给量增加，价格下降供给量减少。

(3) 供求均衡　需求与供给要通过市场来实现，而联系供需的桥梁则是价格。当一种商品的需求与供给在市场上达到均衡时，便可确定该商品的均衡价格与数量。把需求曲线与供给曲线画在同一坐标平面上，可得供求曲线，如图 5-10 所示。

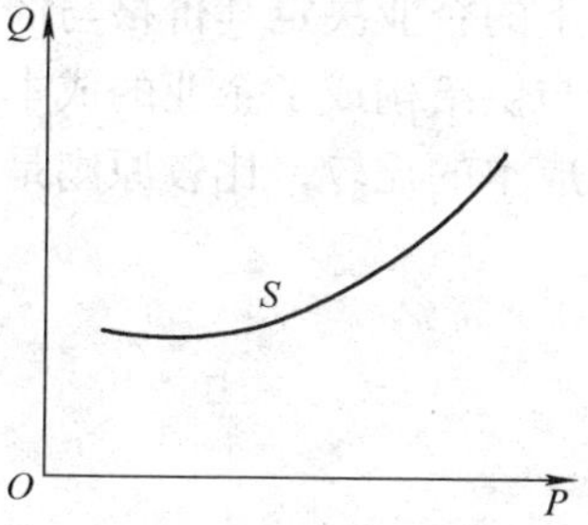

图 5-9　供给曲线

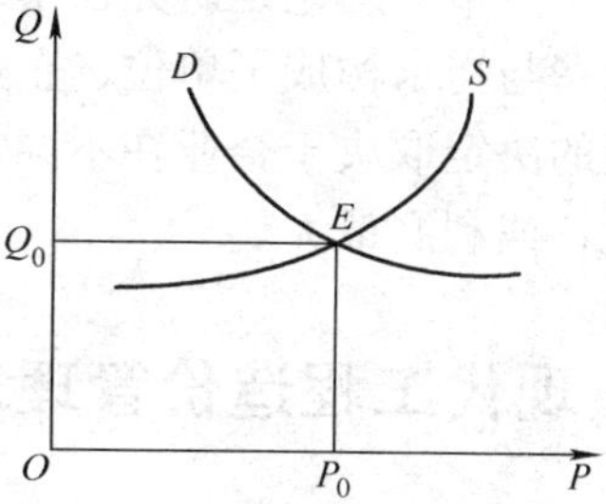

图 5-10　供求曲线

需求曲线 D 和供给曲线 S 相交于 E 点，则 E 点表明，消费者愿意以价格 P_0 购买的商品数量为 Q_0，生产者愿意以价格 P_0 出售的商品数量也是 Q_0；市场在 E 点平衡，而 P_0 称为市场均衡价格，即商品的需求价格与供给价格相一致时的价格。当市场价格高于均衡价格时，由于需求少、供给多，一方面会使需求者压低价格来得到他所要购买的商品量；另一方面，又会使供给者减少商品的供给量。这样，必将导致价格下跌。在此过程中，只要供求曲线不发生移动，价格就会一直下跌到 P_0 为止，从而使供求量相等，又恢复了均衡。当市场价格低于均衡价格时，由于需求量大于供给量，一方面迫使需求者提高价格来得到他所要购买的商品量；另一方面，又会使供给者增加商品的供给量。这样，必使价格上升。在此过程中，只要供求曲线不发生移动，价格就会一直上升到 P_0 为止，从而使供求量相等，又恢复了均衡。

2. 生产理论

生产理论研究生产者的行为(生产者即企业)，是指能够独立作出生产决策的经济单位，包括独资企业、合资企业和公司企业。在生产理论中，假设企业的目的是在一定的产量下实现成本最小或者在一定的成本下达到产量最大。生产理论主要研究两个问题：一是产出与投入的关系问题，即生产函数；二是产出与代价之间的关系问题，即成本函数。

(1) 生产函数　生产是使用各种要素以产出产品的过程，即把投入变为产出的过程。生产函数则表示投入与产出之间的关系，即在一定的技术条件下，任何一种投入的组合所能生产的产量。生产函数可以表示为产量与劳动投入、资本投入等要素的关系函数。

(2) 成本函数　成本是生产中使用各种生产要素所支付的费用，成本函数是指生产费用与产量之间的函数关系。成本可分为总成本、平均成本和边际成本。总成本是指生产一定量产品消耗的全部成本；平均成本是指单位产品所消耗的成本；边际成本是指每增加一单位产品所增加或减少的成本。

3. 市场理论

市场是社会主义市场经济的核心，是具有由消费者和生产者共同决定价格机制的场所。市场理论是研究在不同市场结构条件下的企业决定其价格与产量的理论。消费与需求构成了单位、企业的收益，生产与供给构成了企业的成本。价格与产量的决定取决于企业在不同情况下对收益与成本的比较，比较原则是经济效益最大，或利润最大。

5.3 现代工程造价管理发展模式

工程造价管理理论是随着现代管理科学的发展而发展的，到20世纪70年代末有新的突破。世界各国纷纷借助其他管理领域的最新发展，开始了对工程造价计价与控制更为深入和全面的研究。这一时期，英国提出了“全寿命期造价管理”(Life Cycle Cost Management，LCCM)的工程项目投资评估与造价管理的理论与方法。稍后，美国推出了“全面造价管理”(Total Cost Management，TCM)这一涉及工程项目战略资产管理、工程项目造价管理的概念和理论。从此，国际上的工程造价管理研究与实践进入了一个全新发展阶段。我国在20世纪80年代末和90年代初提出了全过程造价管理(Whole Process Cost Management，WPCM)的思想和观念，要求工程造价的计算与控制必须从立项就开始全过程的管理活动，从前期工作开始抓起，直到竣工为止。而后又出现多种具有时代特征的工程造价管理模式，如全寿命期工程造价管理、全面工程造价管理、协同工程造价管理和集成工程造价管理的模式，每一种模式都体现了工程造价管理发展的需要。

5.3.1 全过程工程造价管理

1. 全过程造价管理的内涵

建设项目全过程造价管理的核心概念主要包括以下内容：

(1) 全过程的概念　全过程造价管理作为一种全新的造价管理模式，强调建设项目是一个过程，建设项目造价的确定与控制也是一个过程。这是一个项目造价决策和实施的过程，而人们在项目全过程中需要开展建设项目造价管理的工作。

(2) 多主体参与和投资效益最大化　全过程造价管理的根本指导思想是通过这种管理方法，使得项目的投资效益最大化，以及合理地使用项目的人力、物力和财力以降低工程造价。全过程造价管理的根本方法是整个项目建设全过程中的各有关单位，共同分工合作去承担建设项目全过程的造价控制工作。全过程造价管理要求项目全体相关利益主体的全过程参与，这些相关利益主体构成了一个利益团队，他们必须共同合作和分别负责整个建设项目全过程中各项活动造价的确定与控制责任。

（3）基于活动的造价确定方法　全过程造价管理中的建设项目造价确定是一种基于活动的造价确定方法。这种方法是将一个建设项目的工作分解成项目活动清单，然后使用特定测量方法确定出每项活动所消耗的资源，最终根据这些资源的市场价格信息确定出一个建设项目的造价。

（4）基于活动的造价控制方法　全过程造价管理中的建设项目造价控制是一种基于活动的造价控制方法。这种方法强调一个建设项目的造价控制必须从项目的各项活动及其活动方法的控制入手，通过减少和消除不必要的活动去减少资源消耗，从而实现降低和控制建设项目造价的目的。

从上述分析可以得出全过程造价管理的基本原理是：按照基于活动的造价确定方法去估算和确定建设项目造价，同时采用基于活动的管理方法以降低和消除项目的无效和低效活动，从而减少资源消耗与占用，并最终实现对建设项目造价的控制。

2. 全过程造价管理的基本步骤

全过程造价管理具有两项主要内容：一是造价的确定过程，二是造价的控制过程。

（1）造价的确定　全过程造价管理的造价确定是按照基于活动的项目成本核算方法进行的。这种方法的核心指导思想是：任何项目成本的形成都是由于消耗或占用一定的资源造成的，而任何这种资源的消耗和占用都是由于开展项目活动造成的，所以只有确定了项目的活动才能确定出项目所需消耗的资源；而只有在确定了项目活动所消耗和占用的资源以后，才能科学地确定出项目活动的造价，进而最终确定出一个建设项目的造价。这种确定造价的方法实际上就是国际上通行的基于活动的成本核算的方法，也叫工程量清单法或工料测量法。

（2）造价的控制　全过程造价管理的造价控制是按照基于活动的项目成本控制方法进行的。这种方法的核心指导思想是：任何项目成本的节约都是由于项目资源消耗和占用的减少带来的，而项目资源消耗和占用的减少只有通过项目减少或消除项目的无效或低效活动才能做到。所以只有减少或消除项目无效或低效活动以及改善项目低效活动的方法，才能够有效地控制和降低建设项目的造价。这种造价控制的技术方法就是国际上流行的基于活动（或过程）的项目造价控制方法。

3. 全过程造价管理的方法

全过程造价管理的方法包括全过程工作分解技术方法、全过程造价确定技术方法和全过程造价控制技术方法。

5.3.2　全寿命期工程造价管理

全寿命期工程造价管理的思想最早起源于重复性制造业，工程项目全寿命期造价管理主要由英美一些造价工程界的学者和实际工作者于20世纪70年代末和80年代初提出的。进入80年代，他们有的从建筑设计方案比较的角度出发，探讨了建筑费用和运营维护费用的概念和思想；也有人从建筑经济学的角度出发，深入地探讨了全寿命期造价管理的应用范围。

关于工程项目全寿命期造价管理思想与方法的核心概念及其定义有如下几种表述：

1）全寿命期工程造价管理是指一种贯穿工程项目全寿命期，包括工程项目前期、建设期、使用期和翻新与拆除期等阶段总造价最小化的方法，是一种可审计跟踪的工程成本管理系统。这一说法从工程项目全寿命期的阶段构成和全寿命期造价管理的目标出发，给出了全寿命期工程造价管理的定义。从“实现工程项目全寿命期总造价的最小化”出发，可以看出全寿命期造价管理方法不能只局限于工程项目建设前期的投资决策阶段和设计阶段，还应该进一步在实施阶段、竣工验收阶段，尤其在运营与维护阶段使用。具体管理过程如图5-11所示。

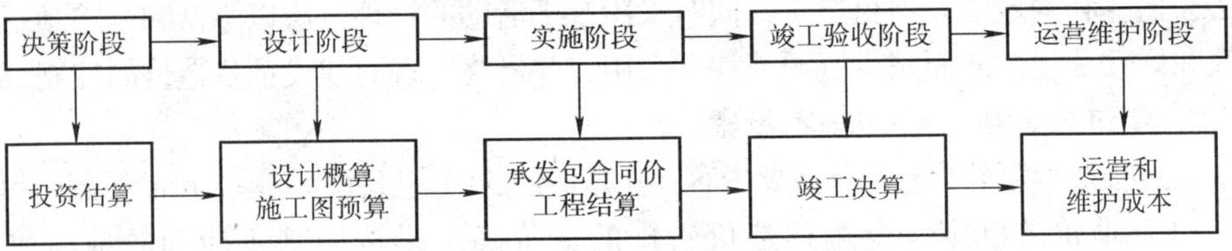

图5-11　全寿命期工程造价管理过程

2）全寿命期工程造价管理是一种指导建筑设计的思想和手段，是一种通过计算工程项目整个服务期的所有成本（包括直接的、间接的、社会的、环境的等）来确定设计方案的技术方法，这一说法给出了全寿命期工程造价管理的思想和方法。在工程项目的建筑设计阶段，它作为一种指导建筑设计与建材选择方法的思想，还可以指导设计者自觉地、全面地从项目全寿命期出发，综合考虑工程项目的建造成本和运营与维护成本（使用成本），从而实现更为科学的建筑设计和更加合理的选择建筑材料，以便在确保设计质量的前提下，实现降低项目全寿命期成本的目标。

3）全寿命期工程造价管理是一种进行工程项目投资决策的分析工具，是一种用来选择决策备选方案的思想方法。这一说法给出了全寿命期工程造价管理的思想和方法在工程项目投资决策、可行性分析和项目备选方案评价等项目前期工作阶段中，作为一种决策思想和决策支持工具的地位和作用。

将上述对于全寿命期工程造价管理定义的不同描述加以归纳可以发现，这种工程造价管理方法的根本出发点是要求人们从工程项目全寿命期出发，去考虑造价和成本问题，其中最关键的是要实现工程项目整个寿命周期总造价的持续改进，直至最小化。由此可以说全寿命期工程造价管理是工程项目造价管理中的一种更为先进的指导思想和方法。

5.3.3　全面工程造价管理

全面造价管理是由美国造价工程师协会在20世纪90年代提出的，它是指有效地使用专业知识和专门技术去计划和控制资源、造价、盈利和风险的管理方法。简单地说，全面造价管理是一种管理各种企业、工作、设施、项目产品或服务的全寿命期造价的系统方法，是通过在整个造价管理过程中，以造价工程和造价管理的科学原理、已获验证的技术方法和最新的作业技术作为支持而得以实现的，它包括全过程、全要素、全风险和全团队工程造价管理。

1. 全过程工程造价管理

具体内容见 5. 3. 1。

2. 全要素工程造价管理

建设项目的造价不仅要从全过程管理入手考虑，而且还要从如何管理好影响工程造价的全部因素入手，去考虑对于工程造价的全面管理。在建设项目的全过程中，影响造价的因素主要有三个，即工期、质量和造价本身，这三个要素是可以相互影响和转化的。因此，对于工程项目的全面造价管理，必须分析和找出这三个要素的相互关系，进行全要素造价集成管理。

要实现对于建设项目的全要素管理，其工作内容主要包括两个方面，即分析和预测各要素的变动与发展趋势以及控制这些要素的变动，以实现造价管理的目标。开展全要素工程造价管理的基础是要设计和定义出一系列必要的分析指标及其计算方法。另外，全要素工程造价管理除了理论核心和分析预测指标体系外，还需要一套具体的工作程序即实施步骤，如图 5-12 所示。

全要素工程造价管理是一个不断循环往复的过程。因为，对于一个建设项目进行不断修订时，与此相应的全要素工程造价管理中，也必须要有目标和控制指标的重新修订，通过不断地修订过程，逐步开展各项全要素工程造价管理活动循环过程。

3. 全风险工程造价管理

工程项目的实现过程都是在一个相对存在许多风险和不确定因素的外部环境条件下进行的，而外部环境条件都存在较大的不确定性（比如通货膨胀、气候条件、施工环境等的变化），都有可能给工程项目带来风险，从而使工程项目的造价发生变化。

这些不确定性因素的存在使得工程项目的造价分以下三种不同成分：

1）确定性造价。指人们知道它确定会发生，并知道其发生数额大小的造价。

2）风险性造价。指人们只知道它可能发生，以及它发生的概率和不同发生概率情况下造价的分布情况，但是不能肯定它一定会发生的造价。

3）完全不确定性造价。指人们既不知道其是否会发生，也不知道其发生的概率情况的造价。

这三类不同性质的造价一起构成了工程项目的总造价。工程造价的不确定性是绝对的，确定性是相对的。这就要求在工程项目的造价管理中必须同时考虑对确定性造价、风险性造价和完全不确定性造价的管理，以实现对工程项目的全面造价管理。

全风险工程造价管理包括三个方面的具体技术方法：一是分析、识别和确定风险性事件与风险性造价的方法；二是对于风险性事件的发生与发展实施进程控

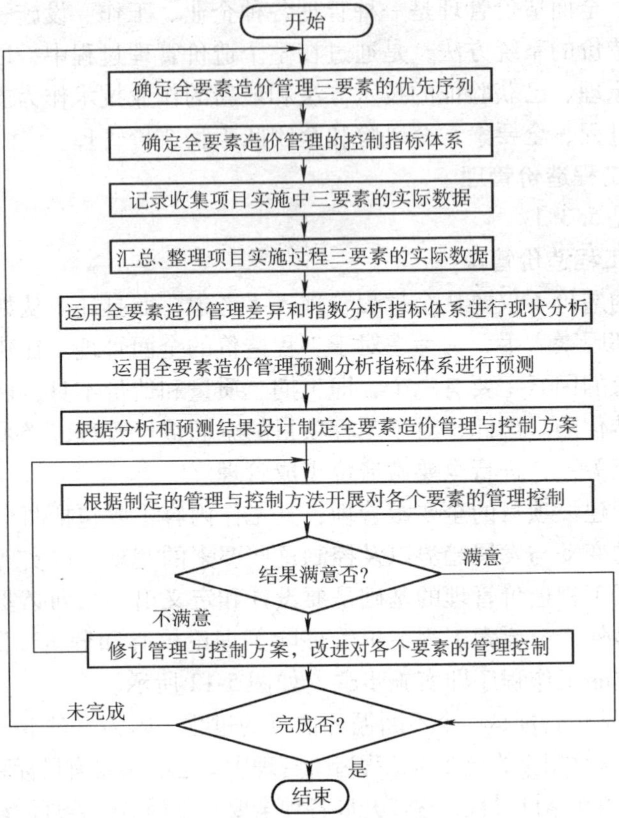

图 5-12　全要素工程造价管理工作程序

制的方法；三是对于全风险造价及其管理储备的直接控制方法。

4. 全团队工程造价管理

在工程项目的实现过程中，必然会涉及参与项目建设的多个不同的利益主体，它包括：工程项目的建设单位(业主)、承担工程项目设计任务的设计者、承担工程项目监理工作的监理工程师、承担工程项目造价管理工作的造价工程师、承担工程项目施工任务的施工单位、分包商以及提供各种物料、设备的供应商等。全团队造价管理方法的核心思想就是要全面协调各个利益主体之间的利益与关系，并在各利益主体之间形成一种合作伙伴式的关系，以此来推动项目完成，最终实现“多赢”。工程造价管理合作伙伴式的团队关系如图 5-13 所示。

上述合作伙伴关系模型中具体团队成员之间的关系包括下述内容：

1）所有的全团队造价管理成员都在《工程项目造价管理合作伙伴关系协议》所约定的范围内(外围圆圈界定的范围内)规范自己的思想、观念和行为，并以此为基础去解决工程项目造价管理中出现的问题和冲突。这种合作伙伴关系协议是合作各方自愿缔结的协议，所以它是全团队成员自我约束和共同遵守的协议。

2）在工程项目全团队造价管理的成员中，合作促进人（Facilitator）以第三方的独立身份出现，充当全团队造价管理中的合作促进者。在我国，一般由工程造价咨询公司担当。在图5-13中，他处于合作各方的中央，这充分表明了他在合作伙伴关系中所处的地位。另外，他在经济利益上与团队成员中的任何一方均无瓜葛，他也不为团队成员中的任何一方服务，而只是为根据合作伙伴关系协议所构成的全团队合作提供服务。

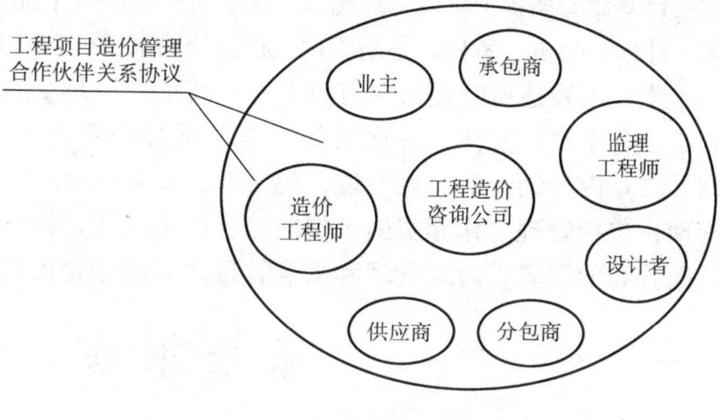

图5-13 全团队成员之间关系图

3）在工程项目全团队造价管理的团队中，各个成员之间是完全平等合作的关系，因此在图5-13中表示各团队成员之间没有箭线相连，这还表示团队成员相互间的信息沟通是完全开放的和多向的。

5.3.4 协同工程造价管理

所谓协同，就是指协调两个或者两个以上的不同资源或者个体，协同一致地完成某一目标的过程或能力。工程项目协同管理是一种新型的管理模式。对于我国业主建设项目而言，业主往往是建设过程的主要参与者。协同管理是指临时性业主委托的专业的项目管理公司依靠自己的技术实力和丰富的管理经验，协同业主对项目实施全过程、全范围的项目管理。项目管理公司派出的项目管理专业团队是弥补业主方建设管理组织的不足，进而使之成为具有健全的组织、科学完善的管理制度和工作流程、全面完整的管理范围、掌握先进的管理工具和经济技术、工程技术的专业化的项目协同管理团队，而进行各项工作的策划和实施，但重大事项决策权仍属于业主。在项目协同管理团队中，项目管理公司的专业人员提供的是咨询服务、管理服务和技术服务。

5.3.5 集成工程造价管理

所谓集成，就是指一些孤立的事物或元素通过某种方式集中在一起、产生联系，从而构成一个有机整体的过程。集成工程造价管理是以工程项目造价系统为完整的研究对象，以促进和提高企业长期综合竞争力为目的，在集成化（系统）管理理论、现代成本理论、项目管理理论与方法、经济学中的市场与价格理论、不对称信息理论、激励理论、公共投资理论、风险管理理论以及信息技术集成理论方法的综合支持下，在项目寿命周期各个阶段，对构成工程造价系统的各个部分及相互关系进行预测、决策、计划、分析、考核，不断实现工程造价约束的一系列方法和技术的总和。

集成工程造价管理主要有以下三个特征：一是全局性管理，项目寿命期各个阶段、各个责任实体、各项目部位等关系都必须纳入管理范围，予以计划和控制；二是内外结合的协调管理，包括职能部门、上级组织和供应商；三是综合性管理，包括管理工作和实施工作的综合协调问题、设计交底、设备采购活动、随时间分布的预算、时间管理和采购管理之间的综合协调。

本 章 小 结

工程造价专业理论体系是理解整个工程造价专业的基础，它包括工程造价管理相关知识、工程成本理论、工程价格理论、工程投资理论和市场经济理论。

工程造价管理是指针对建设项目的建设过程，全过程、全方位、多层次地运用技术、经济及法律等手段，通过对建设项目工程造价的预测、优化、控制、分析、监督等，以获得资源的最优配置和建设项目投资效益的最大化。它的基本内容是合理确定和有效控制工程造价。工程造价管理体制是建筑市场运行机制的核心，它是指管理工程造价的基本制度和主要方式、方法。

工程产品的成本是指消耗的生产资料的价值 c 和劳动者必要劳动所创造的价值 v 之和，它由直接成本和间接成本所组成。

工程产品的价格是指工程产品价值的货币表现，是物化在工程产品中的社会必要劳动和剩余劳动的货币表现。工程产品的价值、成本和价格之间存在着有机联系。

投资是指投资主体为了特定的目的，以达到预期收益的价值垫付行为。投资概念包括投资主体、投资目的、投资手段和投资行为过程四个方面的内容。

市场经济理论主要包括供求理论、生产理论和市场理论。

现代工程造价管理发展模式的演变过程为：全过程工程造价管理、全寿命期工程造价管理、全面工程造价管理、协同工程造价管理、集成工程造价管理。

【关键概念】 工程造价专业理论体系、工程造价管理、工程成本、工程价格、工程投资、全寿命期工程造价管理、全面工程造价管理

复习思考题

5.1 如何理解工程造价管理的概念？

5.2 工程建设程序的不同阶段和计价内容是如何对应的？

5.3 投资估算、设计概算和修正设计概算如何划分？各有何作用？

5.4 如何理解工程产品价值、成本和价格的关系？

5.5 根据工程造价管理模式的演变过程，思考工程造价管理未来的发展趋势。

第 6 章　专业课程体系

学 习 要 点

本章介绍了高等学校教育的特点和高等教育体系、我国工程造价专业课程体系、工程造价专业的教学环节和教学方式、工程造价专业课程群的设置。通过本章的学习，要求了解高等学校的教育特点、高等学校教育体系的内容；熟悉我国工程造价专业课程体系的组成及课程内容的设置；熟悉工程造价专业的教学进程安排、教学环节及教学方式；了解工程造价课程群中主要课程的主要内容及作用。

6.1　高等学校教育特点及教育体系

6.1.1　高等学校的教育特点

高等教育对比普通教育，有许多不同的特点，见表 6-1。

表 6-1　高等教育与普通教育的区别

	普通中等学校	普通高等学校(工科)
教育性质和学制	基础教育，它是每个公民必须接受的普通教育；学制 6 年(初中 3 年，高中 3 年)	建立在普通教育基础之上，可以用“高”与“专”两个字来概括；学制大学本科 4 年
社会职能	提高一般的文化科学水平，培养一般的劳动力；向高一级学校输送合格新生，为国家建设培养劳动后备力量	培养社会需要的各种高级专门人才；开展科学研究，发展科学和技术；开发科技含量高的项目，直接为社会服务
管理体制	由学校统一管理。教育活动按全国(或地区、市)统一的教学计划和课程设置进行。各校有自己特色的附加课程和教育活动安排	在学校统一领导下，教育活动以系和专业划分；系是基层教育行政单位，负责上述三项社会职能，兼有行政和学术组织职能；专业隶属于系，是招生、分配、组织教学的基层单位
教育方式	以课堂教学为主，附加各种课外教育活动，如兴趣小组、劳动教育、社会调查等	有多种教学方式，如课堂教学、电化教学、实验教学、设计教学、生产实习、毕业设计等；课外教育活动丰富多彩，如党团及班级活动、科技活动、公益劳动、社会实践等

(续)

	普通中等学校	普通高等学校(工科)
课程设置	开设政治、语文、外语、数、理、化、生、史、地、体、音、美等十余门基础课程和劳动技术、生理卫生等必修课程，以及各种选修课	开设公共课、基础课、专业基础课、专业必修课、专业实践等课程，以及大量供选择的公共或专业选修课
教师作用	传递科学文化的知识和技能；塑造学生优秀的思想品德	传授知识技能，教书育人；开展科技研究，技术开发，用新的科技成就为社会服务并充实教学内容；密切学校和社会的横向联系
教育设施和教育环境	图书馆、实验室、音像教学设施、体育活动场地；它们与大学比，相对较简单	图书馆、资料室、实验室、电教中心、计算机设施、体育设施；它们与中学比相对较齐全，而且，校园文化丰富，学术气氛浓厚

大学生的生理和心理均具有不同于中小学生的特征。他们受过普通教育，又有一定的社会经验，在认知、情感、意志和个性方面都有一系列特征，譬如：

1）认知方面。有较准确的观察力、良好的记忆力、丰富的想象力、活跃的思维力；但因阅历比较浅、实践经验少、辨别能力弱，以致认知过程中有时会带有主观性和片面性。

2）情感方面。自我意识对情感能起调控作用，爱国感、集体感、责任感、成人感等高级情感得到发展；但他们的情感又有两极性和不稳定性，常出现情感波动。

3）意志方面。有自觉性、独立性、坚毅性和果断性；在学习上能够执行自己的决策，较少需要外部压力；但他们的意志水平取决于行为的动机、经验和信念，有些人可能有脆弱、犹豫、附和等意志薄弱的表现。

4）个性方面。自我意识增强，有自主学习能力，对个人前途有美好愿望，对毕业后的职业有明确意向；但他们的个性尚未完全成熟，往往表现为“理想自我”与“现实自我”、“个人愿望”与“社会需求”的矛盾，他们的自我认识和自我评价往往偏高。

总之，高等学校的特点和大学生的特征，都和学习质量密切相关。前者是客观因素，后者是主观因素。对主观因素要“培养”，即应对认知能力和良好的情感、意志和个性自觉地进行培养、充实和提高。对客观因素则要“理解、调适、争取”，要理解高等学校的办学方式，要调适自己的学习目标和学习方法，充分利用学校的教师条件、教育设施和教育环境，发挥自己最大的学习主动性。

6.1.2　高等学校的教育体系

1. 高等学校的教育目标体系

（1）高等教育目标的概念　高等教育目标是指高等教育所要培养的高级专门人才所要达到的质量要求和专业规格。它是高等教育活动的总方向，也是高等教育工作的出发点和归宿。

（2）高等教育目标的培养　高等教育培养目标是教育目标在高等教育阶段的特殊而具体的体现，它又是一个总目标和大方向。要使高等教育总目标得以实现，各层次、各类型的高等学校及不同的专业，还必须制订本层次、本类型及本专业的培养目标。只有这样，高等教育目标才能真正地在高等教育活动的各个层次、类型上发挥自己应有的规范、指导和检验作用。

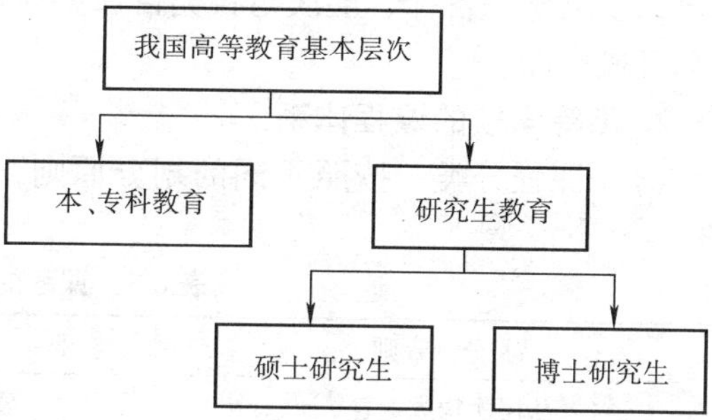

图6-1　我国高等教育基本层次

1）分层次培养目标。高等教育所要培养的人才相对于中等教育而言，是高级专门人才，而高级专门人才仍有层次之分。在我国，高等教育的基本层次划分如图6-1所示，每一层次的培养目标见表6-2。

表6-2　我国高等教育不同层次的培养目标

不同层次		培养目标	
本专科教育		专科教育侧重于实践能力的培养，特别强调应用性知识和技能的掌握，要求毕业后能从事本专业的技术性工作，能解决本专业范围内的具体问题。对于基本理论不作过高要求 本科教育则要求较好地掌握本门学科的基础理论、专门知识和基本技能，具有从事本专业工作或从事科学研究工作的初步能力，能解决与专业有关的理论与实际问题。而现在有些本科的科类，也在向应用型方向发展，培养应用型人才。但这种应用型人才与专科相比应具有较为宽厚的文化修养、基础理论与专业知识	专科和本科教育是各自独立的并列关系，没有层次之分，均以招收高中毕业生为起点
研究生教育	硕士研究生	要求硕士研究生掌握本学科坚实的基础理论和系统的专门知识，掌握相符的技能、方法和相关知识，具有从事本专业实际工作和科学研究工作的能力	
	博士研究生	要求掌握本学科坚实宽广的基础理论，系统深入的专业知识，相应的技能和方法，具有独立从事本学科创造性科学研究的实际操作能力	

2）学科分类、专业目标。我国高等教育，按学科现分为12大类，即哲学、经济学、法学(包括政治学、社会学、民族学)、教育学(包括体育学)、文学(包括语言学、艺术学、图书馆学等)、历史学、理学、工学、农学、医学、管理学和军事学。学科的划分，有利于按学科的性质制定培养目标，同时也便于宏观职业结构调控。我国在大的学科中又设置若干专业，高等学校则主要是按专业来培养人才的，因此专业培养目标是高等教育目标体系中的基层目标，对专业培养目标的表述，要求比总目标、层次与科类目标更为具体、细致，同时又要有明确的针对性和可操作性。

2. 高等学校的课程体系

（1）课程分类　按照不同的划分原则，可对课程进行不同的分类，详见表6-3。

表6-3　课程的分类

划分原则	种　类
从层次构成上看	公共基础课程、专业课程和跨学科课程
课程对某一专业的适应性和相关性而言	必修课程和选修课程(分为限选课程和任选课程)
课程规模大小	大、中、小、微型课程
课程主要是传授科学知识还是操作技能	理论型课程和实践型课程

（2）课程体系　一个专业所设置的课程相互间的分工与配合，构成了课程体系。专业培养目标的实现，要靠开设的全部课程的协调与补充。课程体系是否合理，直接关系到所培养人才的质量。

高等学校各专业的课程体系主要反映在以下几个比例关系上，即普通课程、专业课程、职业课程、跨学科课程之间的比例，理论性课程与实践性课程之间的比例，必修课程与选修课程之间的比例。这些比例关系从不同侧面反映了课程体系的轮廓，也是研究、改革课程体系的主要线索。

1）基础课程、专业课程及跨学科课程。将所学课程分为三个层次，第一级基础课程包括政治课、外语课、体育课、军训课等，这类课程是任何专业的学生都需学习的，是今后进一步学习的基础，也是全面培养人才所必须的课程。专业课程是集中体现某一专业特点的课程，又可分为专业基础课程和专业应用(方向)课程。前者是学习某一学科或某一专业的基础理论、基本知识和基本技能训练的课程，而后者则带有较明显的职业倾向。跨学科课程则是建立在其他课程学习的基础之上的，以促进学生在高度专业化基础上的高度综合，能够横跨几科，融会贯通。

2）必修课程与选修课程。必修课把本专业必须掌握的基础的东西教给学生，以保证所培养人才的基本规格和质量，一般通过考试来考核；而选修课程比较迅速地把科学技术的新成就、新课题反映到教学中来，有利于学生扩大知识领域，活跃学术气氛，大多属于考查课。

3）理论型课程与实践型课程。学生通过在校学习将获得各种基本的训练，这种训练包括理论和实践两个方面。在学习的过程中，要克服轻视理论知识的错误倾向，应该用较多的时间把本专业的基础理论学好。同时，也要切实加强基本技能的训练，例如理、工、农、医的各专业要搞好实验、实习、计算机应用、绘图和某些必要的工艺及有关现代技术的训练；文科专业要搞好阅读、写作、资料收集、调查研究的训练等。这一切对于保证专门人才的各种基本技能、培养科学实验的素质和能力、培养理论联系实际的学风都十分迫切。

3. 高等学校的教育制度体系

高等教育制度是国家关于高等教育性质、范围、机构、活动方式和培养目标的规定。其基本内容包括高等教育管理体制、高等学校教育的学历制度、高等学校教育的学位制度等。

（1）高等学校的教育管理制度　高等教育管理制度是指高等教育管理机关设立、管理规则制定、管理人员配备、管理过程运行及其关系的总和。高等教育的管理机关、规则制定、人员配备和过程运行都是一般意义的管理在高等教育领域的具体展开。

我国在 1949 年后的很长一段历史时期内，主要实行高等教育的集权管理模式。20 世纪 80 年代后，逐步推行包括高等教育管理体制在内的整体教育体制改革。迄今为止，形成了中央政府、地方政府和高等学校共同管理高等教育的体制。

1）具体地分析，在高等教育事业管理上，中央政府的主要职责是，制定高等教育法规、方针、政策和全国高等教育总体发展规划，制定和颁发高等学校基本学制、专业标准、课程标准、学校人员编制标准、教师资格标准、教师基本工资标准，设立贫困地区、少数民族地区和一些需要扶持或需要重点发展的高等教育专项补助资金，监督、指导省级教育工作。

2）省、自治区和直辖市政府负责本地区的高等教育规划，承担本地区的高等教育经费，决定本地区的高等教育规模、招生规模和专业设置，确定本地区高等学校教职员工的基本工资水平，调整本地区的高等教育布局，管理本地区的高等教育事业。

3）高等学校享有办学自主权和法人资格。办学自主权是指依法自主决定学校事务的权力；法人资格是指高等学校以自己的名义和财产，独立享有法定权利和独立随行法定义务，依法承担自身行为法律后果的资格。根据办学自主权和法人资格内涵，高等学校有权组织开展教学活动、科研活动和技术开发活动，根据社会需求、办学条件和国家核定的办学规模，制订招生方案，自主调整系科招生比例、学科、专业，自主制订教学计划、选编教材，自主决定教学、科研、行政职能机构和人员配备。

4）根据上述分析可以看到，我国已经基本形成了中央与地方分级管理高等教育、高等学校享有办学自主权力的高等教育管理制度。实践表明，现行的高等教育管理制度是可行的，能够保障我国高等教育的规范化运行。

（2）高等学校教育的学历制度

1）学历、学历证书及学历证书制度。高等教育制度中的学历是一个专门的术语，它是指受教育者在具备法定条件的教育机构中的学习经历。与之相应的学历证书，是指具备法定条件的教育机构，授予符合法定学业标准的受教育者的学历证明。我国为了保证高等教育质量和规格，维护高等教育学历制度和学历证书的权威性，保障受教育权益，专门制定法规，明确高等学校的办学活动和质量标准，并在此基础上形成了学历证书制度。简要地说，学历证书制度是指国家关于学历含义、学历证书标准、学历证书颁发和学历证书价值的规定。

2）高等学历教育和高等非学历教育。高等教育学历教育制度并不排斥非学历高等教育，前者实施的目的并非授予受教育者学历证书，而是提供符合受教育者需求的专门训练，同时颁发相应的专业、技能、能力方向的资格证书或培训证明。近几年来，一些新兴的高等教育机构，尤其是一些民办高等教育机构，虽然实施高等学历教育，但尚未具备符合法定标准的办学条件和力量，未经国家教育行政部门批准享有学历证书的授予条件。在这类机构中接受教育的受教育者如果希望获得学历，必须参加国家成人高等教育考试以取得国家承认的学历证书，或者接受教育行政机关认可的同类高等学校颁发的学历证书。

（3）高等学校教育的学位制度

1）学位和学位制度。学位表示其受教育的程度或在某一学术领域里已经达到的水平，或是表彰其在某一领域中所做出的杰出贡献，由具备授予资格的高等学校、科研机构或国家授权的其他学术机构、命定机构授予，是授予个人的一种学术称号或学术性荣誉称号。

学位制度是国家或学位授予单位为保证授予学位的质量和学位工作实施有效的管理所制定的有关法令规程或办法的总称，学位制度反映一个国家的政治、经济、教育等基本社会制度并受其影响和制约。学位称号对学位获得者来说，是评价其学术水平的一种尺度，也是衡量其受教育质量的一种标志。建立学位制度，是一个国家发展教育、科学技术事业的一项重要立法。对于加快社会发展，开展国际学术交流，是非常有益的。

2）我国学位制度。根据《中华人民共和国学位条例》规定，我国的学位制度分为三级，包括学士、硕士和博士学位。①学士学位。由国务院学位委员会授权的高等学校，按哲学、经济学、法学、教育学、文学、历史学、理学、工学、农学、医学、管理学及军事学等12个学科门类授予学士学位。我国授予学士学位的标准是：高等学校本科学生完成教学计划的各项要求，经审核给予毕业，其课程学习和毕业论文(毕业设计或其他毕业实践环节)的成绩优良，表明其已能较好地掌握本门学科的基础理论，专门知识和基本技能，并具有从事科学研究工作或担负专门技术工作的初步能力。②硕士学位。根据中国现行学位制度，授予硕士学位的学术要求是：高等学校和科学研究机构中攻读硕士学位的研究生经过2~3年的学习，或具有研究生毕业同等学力的人员，通过硕士学位课程考试和硕士学位论文答辩，成绩合格，表明本人在本门学科上掌握了坚实的基础理论和系统的专门知识，并具有从事科学研究工作或独立负责专门技术工作的能力。近年来，我国根据经济建设和社会发展对不同类型、不同规格高级专门人才的需要，设置了专业硕士学位，这一学位具有特定的职业背景，如教育专业硕士、工商管理硕士、法律专门硕士等。③博士学位。根据中国现行的学位制度，授予博士学位的学术要求是：高等学校和科学研究机构中攻读博士学位的研究生，或具有博士研究生毕业同等学力的人员通过博士学位的课程考试和博士学位论文答辩，成绩合格，表明本人在本学科上已掌握了坚实宽广的基础理论和系统深入的专门知识，具有独立从事科学研究工作的能力，能够在科学或专门技术上做出创造性成果。

4. 高等学校的教学管理体系

教学管理主要包括：人才预测、招生与分配管理、教学计划管理、教学环节组织管理、教务管理、实验室管理、教材建设与管理、教学质量管理、研究生的培养与管理等。

教学管理是一个完整的体系，又是一个纵横相连，交叉相间的多维矩阵系统。高校的教学管理一般以三维系统(见图6-2)来实行分解：以时间为序的层次排列，以条(即组织从属关系)为序的纵向排列，以块(即工作性质的联系)为序的横向排列。

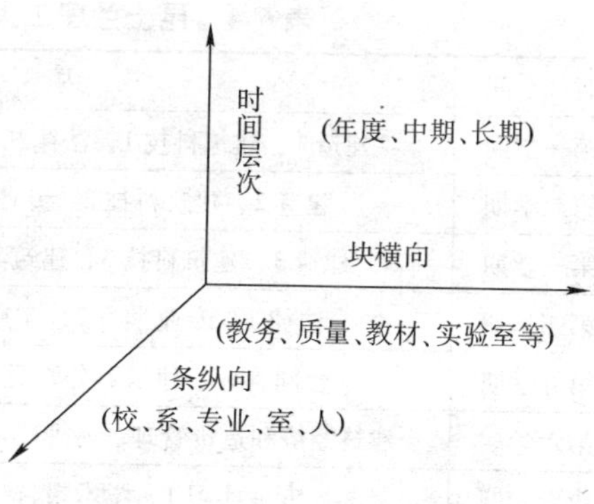

图6-2　管理体系的三维系统

1）时间层次系统。一般分为长期、中期、年度计划三种。教学工作计划为了与国家长远的教育规划和科技规划相衔接，也应制订本校的长远规划。对学校的发展蓝图以及重点发展方向等作一个规定性的描述作为学校今后教学工作的指针。中期计划是与国民经济五年计划相衔接，因为在国民经济五年计划中往往对高校的要求和提供的条件有新规定，因此高校教务部门对学校的中期教育计划比较重视。年度教学工作计划是一种可操作性的计划。对部分重要的工作甚至要求编制学期计划和月计划。

2）条条纵向系统。学校一般按其组织的从属关系要求各级制订教学工作计划，以便检查与督促全校上下共同完成学校的教学工作目标。一些高校的纵向计划大体按学校—(学院)—系—专业—教研室—个人来安排这种纵向系统，优势在于各级有从属关系，计划内容层层落实，便于督促。

3）块块横向系统。它是一种以工作性质相同为联系的、跨组织的校内横向联系。目前教务处内的各科室的教务管理、教学质量管理、教材管理、实验室管理等工作都与各系、各专业、各教研室有联系。不管是哪个科、哪个系、哪个专业都要保证教学工作目标的实现。

6.2 专业教学安排

6.2.1 工程造价专业课程体系

工程造价专业课程体系的教学是实现学生对工程造价专业教育内容与知识体系的有效掌握和熟练运用的必然途径。国内各高等学校可以充分根据本校自身优势与条件构建具有特色的工程造价专业课程体系。

1. 国外工程造价专业课程体系

（1）英联邦体系下部分高校的工料测量专业课程体系　昆士兰理工大学、新西兰综合科技学院的工程造价相关专业的课程设置情况分别见表6-4和表6-5。

表6-4　昆士兰理工大学建造管理专业的课程设置

时　间	内　容	选　修　课
第一学期	建造1、建筑科技1、法律和经营环境学习、沟通技术	一类：投资原理、建筑纠纷管理、智能建筑 二类：高级建造和民居建筑、国际建造、建造实例分析、报告 （第七学期的选修课从一类中选；第八学期的选修课从二类中选）
第二学期	建造2、建筑科技2、专业学习1、工程量计算1	
第三学期	建造3、建筑科技3、建筑配套设施、工程量计算2	
第四学期	法律1、专业学习2、实用计算方法、建筑经营	
第五学期	合同管理、建筑财务管理、建筑估算、工期管理	
第六学期	建筑经济和造价管理、专业学习3、法律2、建筑经济管理	
第七学期	专业实习1、学术报告、选修课1、选修课2	
第八学期	房地产开发原理、专业实习、选修课3、选修课4	

表 6-5　新西兰综合科技学院的课程设置

课程名称	课程性质
工程量计算数学(Cost Value & Overview)	必修课
建筑材料(Architectural Science & Materials)	必修课
经济学原理(Economic Principles)	必修课
建筑与环境(Environment & Building 1)	必修课
商务交流原理(Communication Principles & Practice)	必修课
工程量计算(Measurement)	必修课
民居建筑施工(Construction Practice 1)	必修课
民居建筑配套设施 1(Building Services 1)	必修课
结构力学(Building Structure)	必修课
建筑史(Architectural Context)	必修课
团队合作(Teamwork)	必修课
建筑法(Introduction to Construction Law)	必修课
价值管理(Value Enhancement)	必修课
高层建筑施工 2(Construction Practice 2)	必修课
高层建筑配套设施 2(Building Services 2)	必修课
研究方法(Research Methods)	必修课
合同形式及管理(Contract Formation & Administration)	必修课
投标与成本控制(Tendering & Cost Control)	必修课
配套设施计量与计价(Services Economics)	必修课
设计阶段估价(Design Phase Estimating)	必修课
社会学(Societal Context)	必修课
研究课题(Research Project)	必修课
城市经济(Urban Economics)	选修课(3 选 1)
环境与建筑 2(Environment & Building 2)	
人事管理(People Dynamics)	
谈判技巧(Negotiated Studies)	选修课(4 选 1)
建筑科技(Construction Technology)	
建筑经济管理(Construction Business Management)	
房产开发原理(Property Development)	
房产与设计(Property & Design)	必修课
管理行为学(Organizational Behavior)	必修课
房产金融与投资(Development Finance & Investment)	必修课

(2) 美、加体系下的工程造价专业课程体系　在美国，最主要的建筑管理专业的评估，按其侧重点不同受工程技术评估委员会(ABET)和美国建筑教育协会(ACCE)评估。由 ABET 所定义的构成建筑工程管理学士学位(CEM)课程体系的五个主要组成部分：数学和基础理科类、工程学类、工程设计类、社会人文学科类、商业及管理类。然而，在专业的工程性、管理性和商业性各个特征之间它们仍力求寻求一种平衡。ACCE 认可的建造管理的教学规划见表 6-6，由 ACCE 评估的美国五所高校工程学及工程设计类、商业及管理类课程设置情况分别见表 6-7 和表 6-8。

表 6-6　ACCE 认可的建造管理的教学规划

时　间	课　程	学　时
第一学期	建造概论(Introduction to Construction)	2
	计算机技术与应用(Personal Computing Technology and Applications)	2
	代数与几何(Algebra and Trigonometry)	5
	作文(English First Year Composition)	4
	人际关系学(选修)(Human Relations)	3
第二学期	建筑材料与方法(Construction Materials & Methods)	4
	土木工程与建造制图(Graphics for Civil Engineering & Construction)	2
	计算技术 1(Calculus for Technology 1)	3
	领导学应用原理(Applied Leadership)	3
	演讲基础与交流(Fundamentals Of Speech Communication)	3
第三学期	建筑测量基础(Construction Surveying Fundamentals)	3
	建造机械(Mechanical Construction)	3
	物理(General Physics)	5
	建筑计划和工程量计算(Construction Plans and Measurements)	3
	交流学(选修课)(Communication)	3
第四学期	建筑规划与设计(Construction Layout)	3
	建筑电力学(Electrical Construction)	3
	经济原理(Principles of Economics)	3
	建筑原理(Construction Mechanics)	4
	物理(General Physics)	5
第五学期	地基(Soils and Foundations)	3
	估算(Estimating)	3
	建筑现场规划(Construction Site Planning)	3
	建筑结构(Concrete Construction)	3
	会计学原理(Accounting Principles)	3

（续）

时　间	课　　程	学　时
第六学期	建筑会计学与财务管理（Construction Accounting and Financial Management）	3
	建筑时间管理（Scheduling）	3
	经济相关法律1（Legal Background for Business 1）	3
	统计学方法（Statistical Methods）	3
	普选课（General Education Elective）	3
	技术选修课（Technical Elective）	2
第七学期	建筑监理（Construction Supervision）	3
	建筑安全管理（Construction Safety）	3
	建筑造价（Construction Costs）	3
	商务写作（或科技写作）（Business Writing）	3
	技术选修课（Technical Elective）	3
第八学期	建筑公文与管理（Construction Documentation and Administration）	4
	建筑公司管理（Construction Company Management）	3
	专业选修课（Building Construction Management Elective）	3
	技术选修课（Technical Elective）	3
	任选课（Elective）	3

表6-7　由ACCE评估的美国五所高校工程学及工程设计类课程设置情况

课程设置	Louisiana（路易斯安那州立大学）	Clemson（克莱姆森大学）	Southern Polytechnic（南方理工州立大学）	Florida（佛罗里达大学）	Georgia（乔治亚大学）
建筑材料学（Construction Materials）	3	3			
静态学			4		
钢材设计（Steel Structures）	3			3	
混凝土结构（Concrete Structure）	3			3	
框架设计（Form Design）	3			2	
卫生洁具				2	
机械学（Mechanical Systems of Buildings）	3			3	
电力学				2	3
地基（Foundation Problems）	3	3			3
建筑测量（Construction Surveying）	3		3		2
建筑制图			3	3	

(续)

课 程 设 置	Louisiana(路易斯安那州立大学)	Clemson(克莱姆森大学)	Southern Polytechnic(南方理工州立大学)	Florida(佛罗里达大学)	Georgia(乔治亚大学)
项目开发可行性研究			4		
建筑时间管理			4		
土地规划			4	3	
建筑规划与设计		3	3	3	4
建筑结构		3	4		3
测绘			2		
建筑生态学	3				3
建筑艺术		3			
建筑技术学(Construction Techniques)	3			3	
建筑法			4		
建筑史				3	
建筑方法		4	4	2	3
学分小计	27	19	39	32	23

表 6-8 由 ACCE 评估的美国五所高校商业及管理类课程设置情况

课 程 设 置	Louisiana[①]	Clemson[①]	Southern Polytechnic[①]	Florida[①]	Georgia[①]
经济学(Economics)	3	3		3	5
会计学(Accounting)	3	3	3	3	3
金融学		3		3	
人事管理	3	3			
商业技术函电				3	3
计算机应用(Computer Science)	3	3	2		
合同的制定				3	3
项目估价(Estimates)	3	3		6	
人力估算					3
工作分析	3	3			3
安全管理	3		4		
工作监督			4	3	
质量控制和保证		3			
项目管理	3	3	4	3	

（续）

课程设置	Louisiana①	Clemson①	Southern Polytechnic①	Florida①	Georgia①
建筑财务管理		3			
成本控制和现金流量	3				
房地产			4		3
建筑程序模拟			3	3	
建筑经济学		3		3	3
学分小计	27	33	24	33	26
实习学分	6	9	8	7	14

① 学校名称见表 6-7。

五校共同的课程有：建筑规划和设计、建筑结构、地基学、计算机应用、项目管理、项目估价、建筑方法、安全管理、建筑经济学，会计学及经济学。特别是在商业和管理方面，各院校课程虽有变化，但基本上是以会计学和经济学为主，侧重于对学生在管理学和经济学基础知识方面的培养。除少数几门相同的课程外，其他课程在各校都有较大的差异。如建筑科学方面，Louisiana 大学和 Florida 大学的课程比较接近，主要以技术课程为主；而 Southern Polytechnic 大学则侧重管理课程。又如在建设施工方面，各校的课程差别就很大，重叠课程也很少。

2. 我国工程造价专业课程体系

（1）我国工程造价专业课程体系内容　工程造价专业是一个多学科、多领域交叉的专业，在工程造价专业人才的培养上，强调要兼具经济学、管理学、法律和工程技术基础知识。因此，提出了工程造价专业课程体系由经济类、管理类、工程技术类、法律类课程群这四大部分组成，并采用“公共基础课＋学科课程群＋实践教学”的专业结构。

公共基础课大多在大学一年级和二年级开设，其作用除了使学生掌握必要的基础知识，为将来的专业课程创造条件外，更为重要的是帮助学生尽快完成由高中到大学学习模式的转型。学科课程群作为工程造价专业教育的核心知识体系，分别对应着工程造价专业的能力培养单元。工程造价专业知识和能力体系及课程体系如图 6-3、图 6-4 所示。课程体系中每一组成部分具体的课程设置，各个学校可根据自己的情况有所侧重。

（2）工程造价专业实践教学内容　工程造价专业是一个具有很强实践性的专业，为有效培养学生发现、分析、研究、解决工程造价实际问题的综合专业实践能力、创新精神、创新意识和基本的创新能力，各高等教育应特别注重工程造价专业实践教学体系的构建与完善，“技术型及职业型工程造价专业人才”尤其

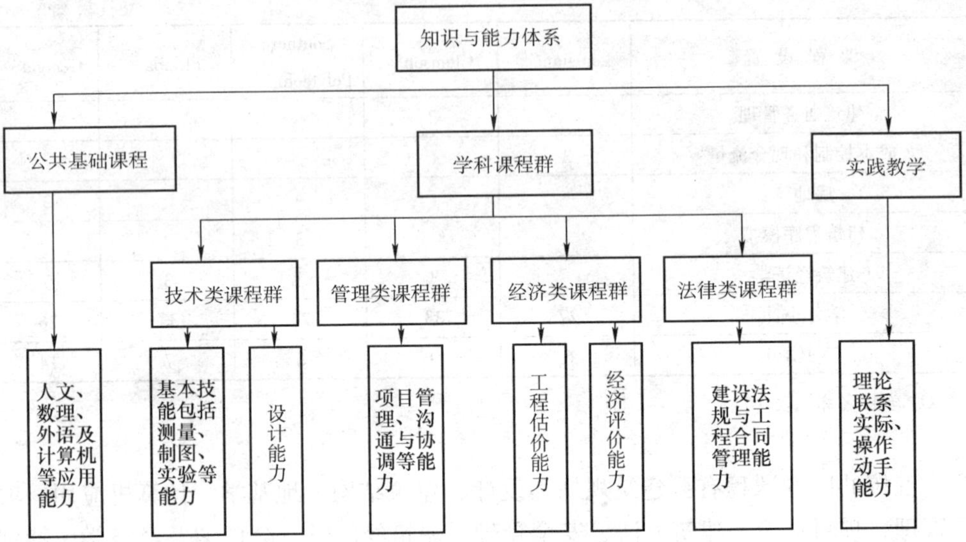

图 6-3　工程造价专业知识与能力体系

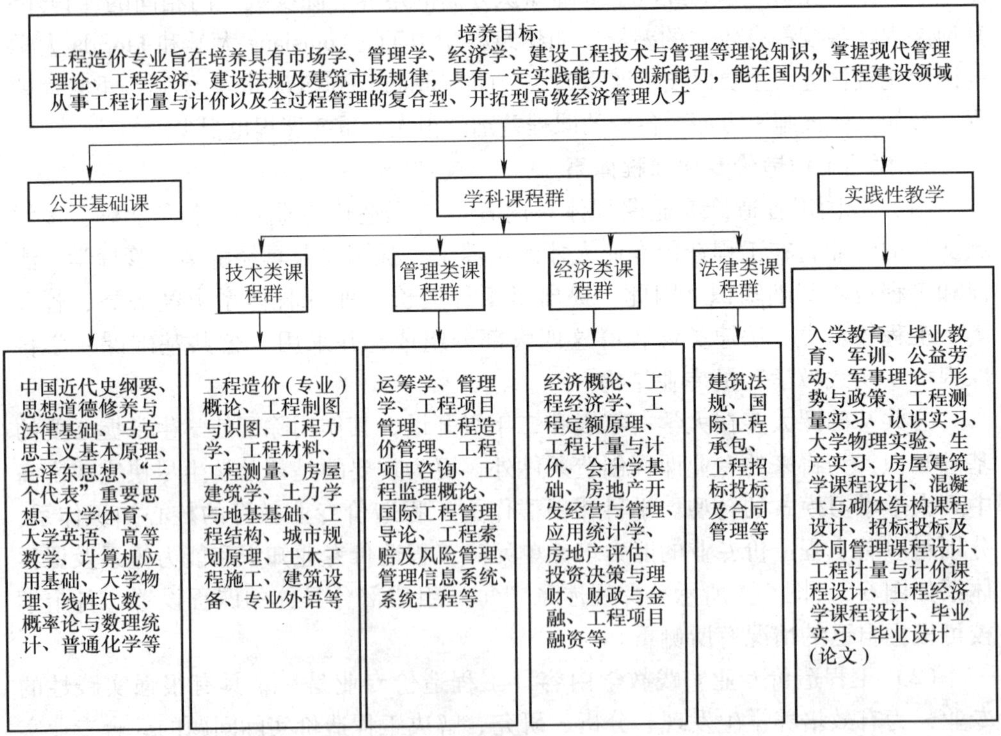

图 6-4　工程造价专业课程体系

应该重视。这不仅是检验学生掌握和应用所学理论知识的重要手段，也为学生的毕业设计(论文)及毕业后更好地适应社会打下坚实的基础，更是培养应用型人才的关键环节。

工程造价专业实践教学的体系包括教学实习(包括课程实习、生产实习、毕业实习)、课程设计、课程实验、毕业设计或者毕业论文、专题讲座与专题研讨、社会实践等环节。课程实验由各高等学校结合自身实际情况针对工程造价专业核心课程、选修课程进行开设，应以设计性、综合性实验为主。另外，某些综合教育内容，如学术与科技活动、自选活动(如大学生创新基金资助项目研究、学术性社团组织活动等)，有条件的高等学校也可作为相应的实践教学形式逐步纳入工程造价专业实践教学体系。

6.2.2　工程造价专业教学进程安排

按照课程体系的要求，工程造价专业的理论课教学进程安排和实践环节教学进程安排分别见表 6-9 和表 6-10(各高校可根据自身情况对教学进程安排进行适当调整)。

表 6-9　工程造价专业理论课教学进程安排表(四年制理工类)

<table>
<tr><th>学年</th><th>学期</th><th colspan="2">课程性质</th><th>课程名称</th></tr>
<tr><td rowspan="3">第一学年</td><td rowspan="2">一</td><td rowspan="2">必修课</td><td>公共基础课</td><td>思想道德修养与法律基础、形势与政策、体育、大学英语、高等数学、计算机应用基础、军事理论</td></tr>
<tr><td>专业基础课</td><td>工程造价(专业)概论、工程制图与识图</td></tr>
<tr><td>二</td><td>必修课</td><td>公共基础课</td><td>中国近代史纲要、体育、大学英语、高等数学、C 语言、大学物理</td></tr>
<tr><td rowspan="5">第二学年</td><td rowspan="2">三</td><td rowspan="2">必修课</td><td>公共基础课</td><td>马克思主义基本原理、体育、大学英语、大学物理实验、线性代数</td></tr>
<tr><td>专业基础课</td><td>房屋建筑学、工程力学、工程测量、经济学概论</td></tr>
<tr><td rowspan="3">四</td><td rowspan="2">必修课</td><td>公共基础课</td><td>体育、大学英语、概率论与数理统计</td></tr>
<tr><td>专业基础课</td><td>工程力学、工程材料、工程结构</td></tr>
<tr><td>选修课</td><td>任意选修课</td><td>会计学基础、管理学原理</td></tr>
<tr><td rowspan="5">第三学年</td><td rowspan="2">五</td><td>必修课</td><td>专业基础课</td><td>工程定额原理、工程设备、工程经济学、土力学及地基基础、城市规划原理、土木工程施工</td></tr>
<tr><td>选修课</td><td>专业选修课</td><td>系统工程、应用统计学、安装工程技术、建筑法规、房地产开发与经营</td></tr>
<tr><td rowspan="3">六</td><td rowspan="2">必修课</td><td>公共基础课</td><td>毛泽东思想概论、邓论与“三个代表”重要思想概论</td></tr>
<tr><td>专业必修课</td><td>工程项目管理、安装工程计量与计价、工程计量与计价、工程招投标及合同管理</td></tr>
<tr><td>选修课</td><td>专业选修课</td><td>工程项目咨询、国际工程管理导论、专业外语、财政与金融、运筹学、物业管理、管理信息系统</td></tr>
</table>

(续)

学年	学期	课程性质		课程名称
第四学年	七	必修课	公共基础课	毛泽东思想概论、邓论与“三个代表”重要思想概论
			专业必修课	工程造价管理、计算机辅助设计
		选修课	专业选修课	工程监理概论、国际工程承包、企业财务管理、建筑市场、工程项目融资、房地产评估、工程索赔与风险管理

表 6-10 工程造价专业实践环节教学进程安排表(四年制理工类)

	学期	实践环节内容	时间
实践教学环节安排	第一学期	入学教育	0.5 周
		军训	3 周
		军事理论	36 学时
		认识实习	0.5 周
	第二学期	公益劳动	1 周
		形势与政策	32 学时
	第三学期	工程测量实习	1 周
	第四学期	房屋建筑学课程设计	1 周
	第五学期	混凝土与砌体结构	2 周
		工程经济学课程设计	1 周
		土木工程施工课程设计	1 周
	第六学期	生产实习	4 周
		工程计量与计价课程设计	1 周
		招投标及合同管理课程设计	1 周
	第七学期	工程项目管理课程设计	1 周
		工程造价管理课程设计	1 周
	第八学期	毕业教育	0.5 周
		毕业实习	4 周
		毕业设计(论文)	14 周

6.2.3 工程造价专业教学环节与教学方法

教学环节和教学方法取决于教学任务和内容，为完成教学任务和内容服务。我国各校工程造价专业基本的教学环节和教学方法如下所述，其中最为重要的为课堂讲授、课堂讨论、实验教学、设计教学和生产实习。

1. 课堂教学

1）课堂讲授。按照各门课程教学大纲规定的内容和体系，有固定的时间表，面向编成固定人数的班级集体，在课堂内进行。通过教师的讲授，使学生系统地、集中地学到科学文化知识；同时，教师讲授时的思想、感情、作风和教学方法都会深深地影响学生的心灵。

2）课堂讨论。以自学和思考问题为讨论的基础，在情景中进行积极的思维活动，以讨论的形式加深对问题的理解；促进学生的自主学习，锻炼学生分析问题和口头表达观点的能力，培养学生的发散性思维。

3）习题课。在课堂进行习题演算，进行师生交流。

4）辅导。答疑或质疑，由教师帮助学生理解教学内容。

2. 电化教学

1）录像。用于传输动态图像或事物变化过程。

2）录音。用于语音教学。

3）计算机辅助教学。展现教学体系、内容和图示；人机对话，训练理解能力；观察实物现象、破坏现象、物体图形；练习解题；辅助作图；辅助设计作业等。

3. 实验教学

通过实验室作业使学生弄懂科学原理、掌握实验技术，学会把知识转变成验证理论和用实验解决实际问题的手段。学生要根据教学要求制订实验方案、准备实验条件、进行实验、观察实验现象、取得和分析处理实验数据、得出实验结论、写出实验报告。工程造价专业主要的实验有工程材料基本性能实验、工程力学实验、计算机上机实验、结构基本构件受力分析实验等。

4. 设计教学

1）课程设计。针对某一课堂，综合运用本课程的理论和方法，制定出解决该问题的方案、图示、说明。通过设计作业使学生面对模拟或实际的社会需求，运用所学的科技知识，提出自己的技术设想和可实施的方案、图示和说明，在较大程度上培养学生的自学、解决问题、组织和创新能力。工程造价专业主要的课程设计有房屋建筑学、工程经济学、混凝土与砌体结构、钢结构及组合结构、土木工程施工、项目管理、工程计量与计价、工程造价管理等课程设计。

2）毕业设计。针对某一实际工程或研究项目，综合运用本专业已学的理论知识和技术手段，制定出可实施的方案、图示、说明，作为总结检查学生在校期间的学习成果。其作用、特点和基本做法同课程设计。

5. 现场教学

组织学生到施工现场或工业生产车间，通过观察、调查进行教学。

6. 实习

1）课程实习。通过学生自己实际操作练习完成所属课程规定的教学要求，如测量实习、地质实习、某工程如钢筋工操作实习等。

2）认识实习。到生产现场系统地了解生产过程或实际产品。

3）生产实习。在生产现场以技术员、管理员等身份直接参与生产过程，使所学专业知识能与生产实际结合起来。贯彻理论联系实际的原则，使学生学到实际的生产技术和管理知识；同时，通过生产实习又可以对学生的专业知识、技能的实际水平，为社会主义建设服务的专业思想以及劳动纪律与职业道德进行综合性的社会检验。

4）毕业实习。到生产现场或技术科室收集各种资料数据，为毕业设计作准备。毕业实习一般在学生毕业之前进行，且通常同毕业论文或者毕业设计结合起来，是一个综合性的实习，是对学生综合能力的一种锻炼和培养。

7. 社会实践

1）公益劳动。参加校内或校外的劳动，如改善校内环境 、参加社区服务等，以树立劳动观念。

2）军事训练。实施军事教育和训练，以增强国防观念、加强组织纪律。

3）社会调查。进行调查研究，写调查报告，培养分析社会现象的能力。

8. 自学

教师不进行课堂讲授，只提出学习要求、列出教材和参考书，布置作业，进行答疑、质疑，组织讨论。学生根据规定的教材和作业进行自学和练习，在通过专业规定的考查和考试后获得承认或取得学分。

9. 考核

既检查学生学业成绩，也检查教师教学效果，一般有：

1）考试。包括期中、期末考试，方法有口试、开卷考试、闭卷考试、操作考试等。

2）考查。包括日常考查和总结性考查，方式有书面作业、书面总结、口头提问、书面测验、检查实践性作业等。

10. 课外教育活动

针对工程造价本科专业知识体系中的综合教育内容，各高等院校可根据自身实际情况通过有效的课外教学形式(如第二课堂)组织进行。另外，某些综合教育内容，如学术与科技活动(包括各种学科竞赛)、自选活动(如学术性社团组织活动)，有条件的高等学校也可作为相应的实践教学形式逐步纳入工程造价专业实践教学体系。

6.3 专业课程设置与主要课程介绍

6.3.1 技术类课程群

工程造价专业研究的对象主要是建筑产品的开发和生产。从项目投资决策、设计到施工生产无不涉及技术问题。生产要素的优化配置首先是技术的优化配置，并且是针对每个具体项目（产品）来实现的，因此，管理者的技术素质是很重要的。

工程造价专业技术类课程群的核心课程主要有：工程造价（专业）概论、工程制图与识图、工程力学、工程材料、工程结构、土木工程施工、房屋建筑学、城市规划原理等。

1. 工程造价（专业）概论

“工程造价专业概论”是为工程造价专业新生讲授的一门专业基础课程，通过本课程的学习，使学生了解工程造价的概念、种类、作用和工程造价的计价特点，能正确理解工程造价与工程项目投资、工程造价与工程产品价格的关系，理解支配工程造价运动的经济规律和工程造价的发展以及管理模式的现状、作用、今后改革的方向等，使学生一进校就了解工程造价专业的广阔领域，获得大量的信息及研究动向，从而产生强烈的求知欲，建立献身工程造价事业的信心，自觉地、生动活泼地学习。

2. 工程制图与识图

图形与文字、声音等一样是承载信息进行交流的重要媒体。以图形为主的工程设计图纸是工程设计、施工过程中用来表达设计思想的主要工具，也是工程技术部门交流技术经验的重要资料，被称为“工程界的语言”。“工程制图与识图”是工程造价专业的一门既有理论又有实践的公共基础课，它主要研究绘制和阅读工程图纸和解决空间几何问题的理论和方法，为培养学生的制图技能和空间想象能力打下必要的基础。同时，它又是学生学习后续课程和完成课程设计、毕业设计不可或缺的基础。

3. 工程材料

建筑材料是建筑物的基本组成材料，其质量、性能的好坏，直接影响建筑物的质量和安全。新材料的出现，可以促使建筑形式的变化、结构设计和施工技术的革新。

“工程材料”是工程造价专业的专业基础课。该课程主要介绍土木工程材料的发展过程与发展趋势，土木工程材料的标准化，土木工程材料的分类、基本性质，气硬性胶凝材料、水泥、建筑砂浆、混凝土、烧结砖、建筑钢材、沥青材料、木材、建筑塑料及其他工程材料的技术性能、分类、作用机理等内容。通过该课程的学习，使学生掌握主要土木工程材料的基本知识和基本理论，并针对不同工程能合理地选择材料和正确使用材料，以及熟悉材料性质与设计参数、施工措施的相互关系。

4. 工程力学

“工程力学”课程包含理论力学（静力学部分）、材料力学和结构力学三部分内容。它主要研究物体平衡、运动的一般规律及构件强度和变形问题，涉及广泛的科学技术学科，是学生必备的理论知识和科学素养。它以高等数学、线性代数为基础。

通过本课程的学习，使学生能够较系统地掌握力的平衡、应力、变形和破坏的基本规律及其研究方法，掌握有关杆件平衡、强度刚度稳定性问题的基本概念和必要的基本知识和初步的计算能力，为正确评价工程地质条件及分析工程土、岩体的稳定，提供初步的力学原理和方法。同时，还可培养学生具有分析和解决一些简单工程实际问题的能力，也是学习有关后继课程和从事专业技术工作的基础。

5. 工程结构

"工程结构"这门课程主要介绍混凝土结构、砌体结构的一般概念及特点，混凝土结构、砌体结构的发展简况及其应用，钢筋混凝土材料的力学性能，混凝土结构的基本设计原则，轴心受力构件、受弯构件正截面、受弯构件斜截面、偏心受力构件的承载力计算，混凝土构件的变形及裂缝宽度验算、预应力混凝土构件计算，砌体结构设计、单层厂房结构设计、混凝土多高层房屋结构设计等内容。

通过该课程的学习，使学生掌握工程结构的基本理论和实用设计方法，具备根据建筑(土木)工程项目的特点、性质、功能和业主的要求正确、合理地进行工程结构设计的基本能力。

6. 土木工程施工

"土木工程施工"这门课是通过教学，使学生掌握土木工程施工技术和施工组织的一般规律，掌握土木工程中主要工种工程的施工技术和施工工艺原理、方法，掌握土木工程施工的科学组织与管理、控制的模式、方法和手段；了解土木工程施工中的新技术、新材料、新工艺的发展和应用。具备发现并有效处理土木工程施工过程中的一般性技术问题的基本能力，具备科学、合理地组织、管理土木工程施工的基本能力，具备根据土木工程项目的主客观实际情况优选施工方案、施工方法及编制施工组织设计、施工进度计划的基本能力和有效组织、管理建筑施工安全生产的基本能力。

7. 房屋建筑学

"房屋建筑学"是建筑类专业的入门课，是贯穿专业学习整个过程的重要课程。主要介绍建筑构造概论、基础和地下室、墙体、楼板与地面、楼梯与电梯、屋顶、门和窗、建筑设计概述、民用建筑设计原理、住宅建筑设计、工业建筑设计原理等内容。

通过该课程的学习，使学生掌握建筑设计程序、建筑设计的基本原理与基本方法、建筑构造原理和建筑各组成部分构成的基础知识，具备进行一般民用房屋建筑设计的基本能力。同时，应结合工程管理专业的特点和培养要求，将建筑设计、建筑构造的基本原理、方法及应用与建筑设计活动的经济效益和建筑可持续发展有机结合起来，培养学生从更高的层次上对建筑设计活动进行管理、控制的基本能力。

8. 城市规划原理

“城市规划原理”课程主要阐述城市的产生和发展及城市规划学科的发展，城市规划的工作内容和方法。主要包括城市规划的任务、城市规划的工作内容和特点、城市规划工作的步骤与阶段划分、城市性质与类型、城市人口及城市用地问题、城市的组成要素及其用地规划、城市总体布局、城市规划中的工程规划和城市规划中的技术经济分析、居住区规划和城市公共活动中心建筑群规划、城市规划实施中的有关问题等内容。

通过该课程的学习，使学生初步掌握城市规划的基本原理与方法，熟悉城市规划的基本程序，了解城市规划在城市经济建设和社会发展过程及工程建设项目建设过程中的地位和作用，了解城市规划与工程建设项目之间的关系；具备城市规划的基本知识，具备分析与解决城市、城镇和居住小区规划相关问题的基本思路和进行居住小区规划的基本能力。

6.3.2　管理类课程群

工程造价专业管理类课程群的核心课程主要有：管理学原理、工程项目管理、工程造价管理、运筹学等。这些课程所涉及的理论和技术方法构成了管理类知识“骨架”，是从事工程管理的人员必须学习和熟练掌握的知识和技能，也是工程造价行业的核心控制要素。

1. 管理学原理

“管理学原理”课程主要介绍管理及其职能、管理的作用和地位、管理研究的对象和方法、管理理论及其发展，企业管理的概念，企业理论及其研究进展，企业理论对管理研究的启示，战略管理理论、决策理论、计划与控制理论、组织理论、领导理论、管理行为等内容。

通过该课程的学习，使学生熟悉管理活动的一般规律、基本原理和方法，了解人类管理思想的演进历史和发展动态，掌握从事各种管理活动所必备的理论基础和基本知识，初步具备运用管理的基本原理和方法有效进行工程建设项目全过程管理的综合能力和基本技巧。

2. 工程项目管理

“工程项目管理”课程的主要任务是研究工程项目管理理论和管理方法，其研究范围涵盖着工程项目投资前期、投资建设期直至项目投产的整个过程。研究内容包括决策、计划、组织、指挥、控制及协调的理论、方法与手段。研究目的是使工程项目管理在投资、工期、质量三大目标及其他方面均取得最佳效果，尽快发挥效益、最终收回投资，并达到投资增值的目的。

通过该课程的学习，使学生掌握工程建设活动中工程项目管理的原理、方法及应用实践。具备根据工程建设项目的特点、要求合理选择和正确使用管理方法的基本能力。

3. 工程造价管理

“工程造价管理”是一门包括科学管理和建筑技术在内的综合性管理学科，是在学完“工程结构”、“土木工程施工”、“工程计量与计价”等课程基础上，探讨在投资决策阶段、设计阶段、招标投标阶段、施工阶段等全过程造价控制，实现工程造价管理的主要目标，以获取工程项目最大投资效益。这是工程造价专业的一门专业选修课程。

通过该课程的学习，使学生掌握我国现行工程造价的构成，掌握工程建设不同阶段的工程造价的确定与控制方法，具备撰写建设项目财务评估报告的能力。

4. 运筹学

“运筹学”是一门广泛应用了现有的科学技术知识和数学工具，以定性与定量相结合的方法研究和解决管理、经济和工程技术中提出的实际问题，为决策者进行最优决策提供定量依据的一门决策科学。运筹学的理论内容丰富，它的时间背景和应用范围涉及工业、农业、军事、经济管理科学、计算机科学等领域，具有鲜明的实践性和经济性，许多问题的解决更加丰富了数学理论和方法，甚至产生了应用数学的多个新的分支。

通过该课程的学习，使学生树立系统优化的观点，具备系统优化分析的基本能力，掌握常用的系统优化方法，具备对工程管理有关问题进行定量优化分析的基本能力。

6.3.3 经济类课程群

工程造价专业的经济类课程群的核心课程主要有：经济学概论、工程经济学、工程定额原理、工程计量与计价、会计学基础、房地产估价、财政与金融等。通过这些课程的学习可以使学生对工程造价行业所需的经济学知识有较为全面的、深入的认识和了解，能够利用所学的经济学知识和技术方法分析、处理工程管理中的经济问题。

1. 经济学概论

“经济学概论”是工程造价专业的专业基础课程。该课程主要介绍稀缺性、选择性、机会成本、资源配置及经济学等概念，经济学的十大原理，两个基本的经济模型和资源配置与利用中的基本问题及解决方式，经济学的基本内容(经济学研究的两个层面——微观经济学和宏观经济学)，需求、供给与均衡价格，消费者行为分析，厂商理论、市场理论，竞争与垄断及厂商行为，要素收入理论，国民生产总值、总需求和总供给、凯恩斯的国民收入决定理论，失业和通货膨胀，经济周期与经济增长等内容。

通过该课程的学习，使学生全面系统地掌握经济学的基本概念、基本思想、基本分析方法及基本观点，能够建立起经济学的基本思维框架，正确领会和理解经济运行的逻辑关系和基本规律，具备对经济问题和经济现象进行简单分析的能力。

2. 工程经济学

“工程经济学”课程是介于自然和社会科学之间的边缘性科学，是利用经济学的理论和方法，研究如何有效利用资源、提高经济效益，使生产和建设活动中技术因素和经济因素实现最佳结合的一门课程。它属于应用经济学的一个分支，是工程造价专业的一门专业基础课。该课程主要介绍工程技术在实际应用中的两重性以及工程技术与经济的关系、货币等值计算、投资方案的评价判据、折旧与企业所得税、工程方案的比较和选择、建设工程项目投资的财务分析、公共项目的经济分析、不确定性分析与风险分析、价值工程等内容。

通过该课程的学习，使学生掌握工程经济学的基本理论、基本方法和基本技能及其在项目前期决策中的应用，并对项目经济评价指标和方法、财务分析、不确定性分析与风险分析、公共项目分析、价值工程等内容有一个系统的把握，培养学生进行工程经济分析的能力。

3. 工程定额原理

“工程定额原理”课程以工程定额原理为主线，全面系统地阐述了工程定额体系的基本概念、分类、性质、作用、原则、水平、依据、内容、程序和使用方法等基本理论，着重介绍基础定额、企业定额、消耗量定额、工程单价、单位估价表、建设费用、工程量清单计价规范、工程定额计价、清单计价、建筑面积计算规范、工期定额等原理和使用。

通过该课程的学习，使学生全面、系统地掌握建筑工程定额基础理论知识和定额编制原理与方法，为学习工程估价实务奠定基础。

4. 工程计量与计价

“工程计量与计价”是一门技术性、专业性、政策性和综合性均很强的专业课程，它主要研究建筑产品生产成果和生产消耗之间的定量关系，研究如何合理地确定单位建筑产品的计划价格（预算），并在此基础上，加强建筑企业管理和经济核算，力求用最少的人力、物力和财力，生产出更好的建筑产品。在学习过程中要理论联系实际，综合运用基础理论，并通过实训、毕业实践等环节，培养解决实际问题的能力。由于本课程教学内容具有很强的地区性和政策性，学习中必须注意地区特点，结合本地区的有关规定和费用、价格文件来学习。通过该课程的学习，使学生能够正确编制单位工程施工图预算，正确编制单位工程竣工结算，编制单位工程商务标文件。

5. 会计学基础

"会计学基础"课程遵循我国现行的会计法规体系，以实务为重点，分别从项目业主和承包商两个角度来阐述会计基础知识、会计基本技术和方法。该课程主要介绍会计的概念、对象、职能和目标，会计的组成和会计的方法，会计核算的基本前提条件和会计核算的一般原则，会计科目及账户、复式记账的原理，权责发生制和账项调整，账户的分类、会计凭证、会计循环与会计核算组织程序，会计报表等内容。

通过该课程的学习，使学生掌握会计基本理论、基本核算模式，具备进行工程管理过程中相关会计核算和解决相关会计问题的基本能力。该课程的实践环节主要包括结合工程管理相关会计业务实务介绍其会计核算方法，并结合有关软件使用安排学生上机实习。

6. 房地产估价

"房地产估价"是集经济学和工程技术知识于一体的一门专业课程，具有较强的理论性和应用性。它主要介绍房地产的基本概念及房地产价格的特征，房地产估价的理论基础，影响房地产价格的内部、外部因素，房地产估价的基本原则和程序，房地产估计的几种方法及其应用，房地产升值的概念，国内、外房地产估价制度，房地产估价信息系统等内容。

通过该课程的学习，旨在使学生掌握房地产价格评估的基本理论和方法，理解房地产价格评估的原则和程序，熟悉和正确运用市场比较法、收益法、成本法等房地产评估的基本方法，能独立运用所学的知识对具体的估价对象进行简单的评估工作。

7. 财政与金融

"财政与金融"课程以马克思主义基本原理为指导，系统地阐述了财政与金融的基本理论及其运动规律，客观地介绍了国际财政理论和金融理论的最新研究成果和实务运作机制的最新发展。立足中国实际，努力反映财政与金融体制改革的实践进展和理论研究成果，实事求是地探讨社会主义市场经济中的财政与金融问题。

通过该课程的学习，使学生对财政和金融方面的基本理论有较全面的理解和较深刻的认识，较系统地掌握财政和金融方面的基本范畴。使学生掌握观察和分析财政和金融问题的正确方法，培养辨析财政和金融理论和解决财政和金融实际问题的能力。提高学生在社会科学方面的素养，为进一步学习其他专业课程打下必要的基础。

6.3.4 法律类课程群

工程造价专业的法律类课程群由三门主干课程构成，分别是建筑法规、国际工程承包、工程招投标及合同管理。这三门课程囊括了工程造价涉及的主要法律法规内容，能够为工程造价从业人员正确处理工作中的法律法规问题提供帮助。

1. 建筑法规

“建筑法规”是建筑类各相关专业学习法律法规的选修课程。该课程以市场经济法规为基础，以《建筑法》、《合同法》、《招标投标法》、《建筑工程质量管理条例》、《建筑工程安全生产管理条例》以及有关建筑规章、规定、办法作为主要研究对象。通过对建设项目的程序和管理、建筑工程许可、建筑工程发包与承包、建筑工程招标与投标、建设工程合同、建设工程监理、建筑工程质量和安全生产管理、建筑装饰装修、建筑法律责任等相关法律法规的学习，从而达到掌握建筑法规，遵守建筑法规、应用建筑法规的目的。

通过该课程的学习，使学生能够了解和掌握建设法规的基本概念、基础知识和基本理论，熟悉有关建筑企业及建筑施工的法律、法规，提高依法建设的自觉性，达到能够运用所学建设法规的知识分析和解决实际问题的目的。

2. 国际工程承包

随着社会需求和科学技术的进步，当代的建筑业已是社会的一个独立生产部门，又成为国际经济合作的一个重要领域。“国际工程承包”课程是研究国际工程承包、国际工程投标、国际工程管理等的学科。主要介绍国际工程承包内容、特点、国际工程建设基本程序，国际工程招标方式、程序、招标文件，投标程序、投标报价编制和投标报价的决策，国际工程承包概念、分类、特点、内容和条款以及合同的履行等，国际工程项目融资主要内容、融资风险、保证和抵押等，国际工程风险分类、风险防范与对策、风险利用、风险转移等内容。

通过该课程的学习，使学生能根据专业培养目标的要求，了解和掌握国际工程招投标、国际工程承包合同、国际工程(风险)管理等内容，培养学生国际工程管理的认识和能力，为今后工作创造条件。

3. 工程招投标及合同管理

工程招投标是将各个建筑市场主体联系在一起的主要途径，是形成工程造价专业课程之间有机联系的纽带。从理论的角度来看，该课程揭示了建筑市场的一般规律，建筑市场主体的权利、义务关系及其内在联系，是学生从整体上把握建筑业及其建筑市场发展规律的基础。从知识的角度来看，该课程具有将相关知识联系在一起的特殊作用。如认识建筑市场的发展规律，需要经济学的知识；编制施工方案，需用到工程技术基础知识；编制报价书，需用到工程造价方面的知识；工程承包合同，又是后续工程质量管理、工程进度控制、工程安全管理、工程成本管理等工程项目管理内容的基础。从能力培养的角度来看，对于工程造价专业的学生，不但要有坚实的理论基础，而且要有较强的动手能力。

通过该课程的学习，使学生了解建筑法、工程招标投标法，了解建设市场的作用与职能，掌握工程招标、投标、报价、索赔等基本概念、原理与方法，掌握工程招标与投标的基本程序与内容，熟悉施工合同、合同管理的内容及方法，掌握工程投标报价技巧及索赔理论与方法，基本具备直接参与招标投标的能力，培养学生的法律意识、合同意识、合同管理能力和参与工程招投标的竞争能力。

本章小结

高等教育对比普通教育，在教育性质和学制、社会职能、管理体制、教育方式、课程设置等方面，具有不同的特点。作为高等教育的对象——大学生，他们在认知方面、情感方面、意志方面、个性方面也有着自己的特征。

高等教育目标是指高等教育所要培养的高级专门人才所要达到的质量要求和专业规格。高等教育培养目标是教育目标在高等教育阶段的特殊而具体的体现，它是一个总目标。要使高等教育总目标得以实现，要设置各层次、各类型的高等学校以及不同的专业，还必须制订本层次、本类型以及本专业的培养目标。

一个专业所设置的课程相互间的分工和配合，构成了课程体系。实现专业的培养目标，是靠全部开设课程的协调和补充。课程体系是否合理，直接关系到所培养人才的质量。

高等教育制度是关于高等教育性质、范围、机构、活动方式、培养目标和运行原则的规定。其基本内容包括高等教育管理体制、高等学校教育的学历制度、高等学校教育的学位制度等。

在工程造价专业人才的培养上，强调要兼具经济学、管理学、法律和工程技术基础知识。因此，在工程造价专业课程体系的设置上提出了课程体系由经济类、管理类、工程技术类、法律类课程群这四大部分组成，并采用“公共基础课+学科课程群+实践教学”的专业结构课程体系。各高等学校应根据自身优势与条件构建具有特色的工程造价专业课程体系。

【关键概念】 高等教育、高等教育基本层次、专业、学科、必修课、选修课、学位、学位制度、学历、学历制度

复习思考题

6.1 高等教育和普通教育有哪些区别？在这些区别中最基本的区别是什么？

6.2 简述高等教育的基本层次划分及各层次的培养目标。

6.3 我国高等教育，按学科划分可以分为哪些学科？对学科进行划分的意义何在？

6.4 简述工程造价专业主要的教学环节及教学方法。

6.5 简述技术类、管理类和经济类及法律类课程群在课程体系中的作用。

第7章　大学学习原理与专业学习方法指导

学习要点

本章讲解大学的学习原理和专业的学习方法。通过本章的学习，要求了解学习的概念、属性、特点和作用；掌握理工科大学生的学习任务；掌握理工科大学及应具备的学习观；了解大学生的学习过程的基本阶段以及各个基本阶段之间的关系；了解大学生学习过程的基本层次；掌握学习的客观规律及基本原则；掌握工程造价专业的具体学习方法及了解综合技能的培养方法。

7.1　大学学习原理

7.1.1　学习的概念和作用

1. 学习的概念

孔子曰："学而时习之，不亦说乎"。一般意义上的学习是指人们为了满足自身发展和社会发展的需要，通过教育和自我教育，积累知识、掌握技能、提升素质的活动与过程。由不会到会谓之"学"，它强调仿效和继承；由不熟到熟谓之"习"，它强调演练和实践。

在心理学上，学习指经验的获得及行为变化的过程，它不仅与感知觉、注意、记忆、思维等认知过程直接相联系，还涉及人的情绪、动机、个性和社会化等问题。它可具体理解为"人在一定的环境中，对某些具体的经验、知识和技能的获得，引起智力的发展、能力的提高、情感意志行为的变化过程"。把"学习"二字用在教育上，则意味着通过模仿、读书、听课、研究、参加实际工作等获得知识和技能，并且要反复巩固所获得的东西以便真正得到它。

2. 学习的属性和特点

（1）学习的属性　根据上述理解，学习有以下属性：①学习由学习的主体（人）和学习的客体（学习对象）两个方面组成；②学习主体是在一定环境中进行学习的；学习是主体、客体和环境相互作用的结果；③学习主体通过学习必定会产生某些变化，而这些变化在时间上是相对持久的。

(2) 学习的特点　学生的学习除上述属性外，还具有以下特征：

1) 目的性。为满足社会发展需要和自身发展需要而学习。

2) 间接性。在学校里，学生主要通过书本接受前人早已积累下来的知识和技能，而不是主要通过直接的实践活动获得知识和技能。

3) 系统性。按照学校制订的人才培养方案系统地进行学习。

4) 集中性。学生在校的全部时间基本上都要集中到与学习有关的活动上。

5) 指导性。学生是在教师指导下学习的，即使强调大学生应该做到自主性学习，这种自主性学习也应该在教师指导下进行。

3. 学习的作用

学习，是联系主客观世界的一种活动，是把社会和个人联系起来的纽带。学习的作用有：

1) 学习是促进学生自身全面发展的动力。学生德智体各方面的发展都与学习紧密相连。只有勤奋学习，才能促进大脑的进化、智力的发展，并利用它们去吸收人类创造的知识和技能；只有用人类创造的全部知识和技能来充实自己，才具备全面发展自己的一切能力。

2) 学习是学生形成个性特征的基础。学生的个性包括：①心理活动的特征，指气质；②行为方面的特征，指性格；③活动倾向的特征，指兴趣和理想；④具备知识技能的特征，指特长；⑤完成活动潜能的特征，指能力。

3) 学习是学生继承人类精神文明精华的捷径。人类的精神文明在很大程度上靠在校学习的青年一代来传承。正确对待在校的学习时光，使自己在一生最美好的青年时期，以最充沛的精力，把人类千百年积累的精神文明中的精华学到手，才能对今后的社会发展作出应有的贡献。

4) 学习是学生具备创新精神和创新能力的基石。创新，是事业开拓进取的灵魂，是国家兴旺发达的动力，也是社会发展进步的标志。作为理工科大学生，今后在事业中要有所发现、有所创造，依赖于广阔的思路、丰富的想象力。

7.1.2　理工科大学生的学习任务

大学生是一个充满生机和活力的群体，是民族的希望、国家未来的栋梁。大学生的学习任务不仅仅在于获得科学、技术和文化方面的知识及技能，应该从更广泛的意义上认识自己的学习任务。理工科大学生的学习任务有以下五个方面：

1) 实现德、智、体、美及个性特征的全面而充分的发展。

2) 扎实地学习基础理论知识，刻苦钻研有关专业工程技术知识，广泛地学习相应科学文化知识。

3) 积极参加各种科学实践、工程实践和社会实践活动，如实验、设计、学习、劳动操作、社会调查等，勇于探索实践中的未知领域。

4）培养良好的道德情操（具有社会主义的荣辱观、工程师的道德观）、科学的世界观、高级的情感（爱国感、责任感、美感等）、严谨的学风、坚实的工程意识、健全的心理和体魄，以及为我国四个现代化工程建设服务的坚定意志。

5）在学习知识和实践训练中发展智力、培养能力、掌握技能、提高综合创新能力。

这五个方面的学习任务，包含了理工科大学生培养目标的三个侧面：知识能力方面的目标、情感方面的目标和意志方面的目标。高等学校要为实现这三个培养目标制定最好的教育制度，创造最好的教育环境；高等学校的教师则要为学生完成这些学习任务组织最佳的教学过程，提供最佳的知识技能结构。

7.1.3　理工科大学生应具备的学习观

在明确了学习任务后，理工科大学生还要对应具备的学习观有一个总体认识。包括：

（1）以敏锐丰富的智力为学习的基础　学生的学习水平和学生认识事物的智力密切相关，而智力却是人认识事物形成各种能力的总和。这些能力包括：

1）观察力。指直接、全面、深入、准确认识事物的心理过程，它是智力的门户。理工科大学生在学习期间对知识技能的钻研，以及毕业后对社会的认识、融入和对事业的发展、创新，都首先要以敏锐深刻的观察力为基础。

2）记忆力。指识别、联系、储存、再现事物的心理过程，它是智力的仓库。它对理工科大学生尤其重要。因为，工程是一个综合决断的过程，要随时识别对比和联系兼容科技、经济、政策、社会、人文的各个方面，就需要有良好的记忆力。

3）想象力。指在直觉、感性、形象认识事物基础上构成新形象的心理过程，它是智力的翅膀。理工科大学生负有在社会建设和科技进步中开拓创新的重任，没有丰富的想象力是难以高质量完成任务的。

4）思维力。指人脑对事物进行分析与综合、抽象与概括、判断与推理的心理过程，它是智力的核心。理工科大学生必须发展自己的逻辑思维、辩证思维和创新思维，才能在错综复杂的社会形态和与时俱进的科技发展中，找到自己前进的方向。

大学生的智力水平，不是这些“力”的简单相加，而是它们的有机结合。

（2）以养成高质量的素质为学习目标　对理工科大学生的人才素质要求见表 7-1。

表7-1 理工科大学生的人才素质要求

素质方面	在素质中的地位	素质的主要内涵
品德(思想、政治、道德品质)	方向	世界观、人生观、价值观，个人与自然、社会、他人的关系，政治信仰和信念，对事物的情感和责任心
学识(科学、技术、文化)	根本	对知识的深刻理解——学问，对事物的洞察见解——见识，宽广的知识面，不断追求新知，严谨、勤奋、求实、创新的学风
才能(信息方面、应用方面、心智方面、组织方面)	核心	娴熟的写、说、算、绘、计算机应用、实验技能，很强的自主性学习、获得信息的技能，成熟地提出问题、分析问题、解决问题的能力，敢于实践、勇于创新，具有创造的能力，宣传群众、组织群众，处理好公共关系的能力
身心(体质、心理、意志、精神)	基础	健康的体魄，稳定的心理，坚毅的意志，活泼的精神，良好的学风，清雅的气质

(3) 以建立自主性学习机制为学习模式　根据大学生的知、情、意、行水平，使他们有条件在教师的指导下发挥自己的学习主动性，把自己调整到学习的最佳状态。自主性学习不仅是“自学”，它包括：①自我识别，即在经常解剖、鉴别自己学习状态的基础上，建立学习目标；②自我选择，即在完成教学计划规定基本学习任务的基础上，有选择地扩充知识技能；③自我培养，即“自学”；包括端正动机、充实内容、改进方法、提高效率等方面；④自我评价，即对自己的学习目标、过程、方法、效果、态度等方面进行判断和评价；⑤自我调整，即在自我评价的基础上，调整自己的学习目标、内容、方法和心态。

(4) 以严谨、勤奋的学风为学习风格　学风，就是长期在学习实践中形成的在治学方面的综合特征。常规的性质和效力，是学习行为的准则。学风通常指：①勤奋和进取的精神；②严谨和求实的态度；③活泼和开阔的视野；④科学和实效的方法；⑤创新的信念和意志。大学生良好学风的形成，受到教育环境的强烈影响，也与本人在学习过程中能否自觉地接受这些影响有关。

(5) 以科学学习、劳逸结合为学习观念　在日常学习中，大学生应该致力于建立科学的学习观念：

1) 要努力学习“科学的知识技能和方法”，对于学习中遇到的“经验”成分，要善于将它提升到科学理论的高度上来。

2) 要不断“向实践学习”，课堂教学以外的科技活动、社会活动、公益劳动以及生活中遇到的事物都是学习的好材料，善于在实践中学到知识，永远是重要的学习观念。

3) 要树立“创造性学习”的观念，譬如在学习过程中善于发表自己的见解，创造性地完成设计和实验作业，阅读参考文献、参加科技活动、形成观念点并写出和发表自己的论文都是有效的方法。

4）要讲究学习方法，一个好的学习方法为学习铺平道路，找到捷径，能收到事半功倍的效果，为学习增添了翅膀。

5）要“全面地学习”，既要在学习过程中增长知识，更要通过学习学会做人处世，建立高级感情，培养工程意识，锻炼强健体魄。

此外，还要记住劳逸结合、生动活泼是学习的润滑剂；记住只有具备健康的体魄和愉快的心情，才能有效地学习。以上几方面的意识相互作用、相互促进。认识了这些，有利于教师和学生自觉地在教学和学习活动中去培养和促进大学生的健康成长。

7.1.4　大学生学习的过程

学习过程就是学生主动探索新知识、掌握新技能的过程，是学生行为和价值观形成的过程，从学生认知心理的角度分析，也是激发、感知、理解、巩固和应用的过程。在大学里的学习过程与以往中学、小学的学习过程有所不同，这不仅表现在学习目的、学习方法方面，也表现在学习应用方面。

1. 大学生学习过程的基本阶段

所谓“活到老，学到老”，个人要进步，社会在发展，在人生的不同阶段，我们都在进行不同的学习，从童年时期学习说话、走路、吃饭、穿衣等基本的生活技能开始，到少年时期学习科学文化基础知识和基本道德规范，再到青年时期接受高等教育学习专业知识、社会规范。在大学时期，个体发展的能动性很大，决定了大学的学习过程是一个丰富、长期且复杂的过程，它由许多不同阶段组成。

（1）形成动机阶段　学习动机是与学习活动相联系的一种特殊形式的动机，是直接推动学生进行自主学习的一种内部动力，是激励和指引学生进行主导学习的一种需要。教学的第一要务就是要激发出学生的学习动机，从心理品质方面建立学习的主动性。

（2）组织信息阶段　组织信息对于学习者的学习来说是至关重要的，它制约着学习者的学习方式。信息的组织、存储、呈现、传递的变化，都会对学习者的学习产生一定的影响。

所学知识和技能都有它自身横向的和纵向的联系。大学生在组织信息时要做到：

1）善于把新信息和旧知识联系起来，既可为新信息提供参考，又便于对新信息的理解。

2）善于将新信息用直观的和文字概括的方式表达出来，并将感性认识提高到理性认识。

3）善于将认识的结果用模型进行特征描述，以综合集中知识片段。

（3）学习应用阶段　或者叫学以致用阶段。这个阶段就是一个将理论与实践相结合的阶段。学习最基本的目的就只有一个字——“用”。两者关系很简单，即学以致用——学习正是为了能在生活中使用学到的知识。大学生在学校应该通过学习和训练，掌握理论基础知识，然后又通过创造性活动、通过实践来检验、补充、丰富和发展理论，并最终将理论运用于实践，取得事业的成功，实现其成才目标。学习应用阶段通过以下过程展开：

1）通过参与和所学知识的相互作用，进入角色(如概括所学内容,用所学知识做作业、做实验)。

2）通过经历所学内容的各个部分进一步深入学习，如参加实验、进行设计、实际操作。

3）看到自己应用后的成果，并进行讨论、总结。

（4）重复巩固阶段　在初步应用后，必须对基本的学习内容进行重复、强化学习，才能达到巩固的目的。重复巩固阶段的要素有：

1）熟练。对基本的学习内容达到熟练程度，对初步应用时遇到的知识进行提炼，获得初步记忆。

2）强化。每隔一段时间对一些重要的概念、原理、方法再次复习和应用。

3）常规。熟练和强化所学内容所期望的效果是使获得的知识在运用时达到常规化的程度。

（5）迁移综合阶段　学习过程最终目标是将所学知识灵活地运用到不同的、所需的问题上，即对所学知识的迁移综合运用。因此，要做到：

1）用自己的理解归纳出重要的概念、原理和方法。

2）将这些自己归纳的概念、原理和方法迁移到本学习范围以外的领域中应用。

3）把已学习和再应用后的概念、原理和方法综合到一个新的体系中，进行新一轮的学习和应用。

大学生学习过程基本阶段循环图如图 7-1 所示。以上学习过程的后一阶段既是前一阶段的发展，同时，又会反作用于前一阶段。前一轮学习过程的第五阶段还会发展成为后一轮学习过程的第一阶段。此外，五个基本阶段各自三个要素(或成分)中的第一个要素是该阶段的“促进过程”，第二个要素是“认识过程”，第三个要素是“获得效果”。它们之间是相互联系的，如图 7-2 所示。

2. 大学生学习过程的层次

除了学习过程的五个基本阶段外，大学生在校学习还要经历从大到小两个不同层次的学习过程。

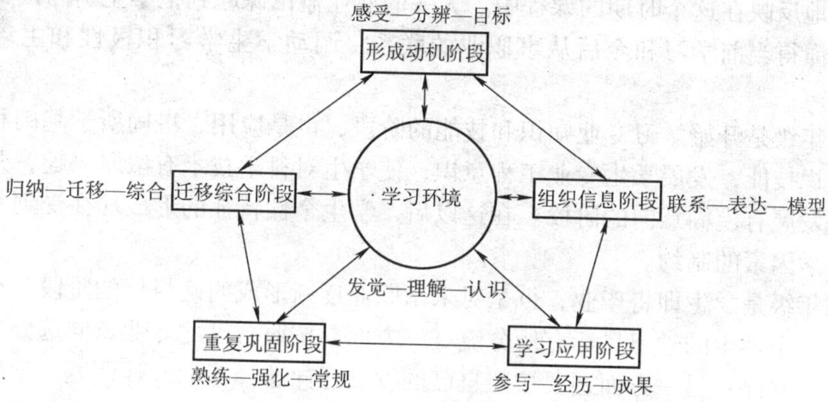

图 7-1　大学生学习过程基本阶段循环图

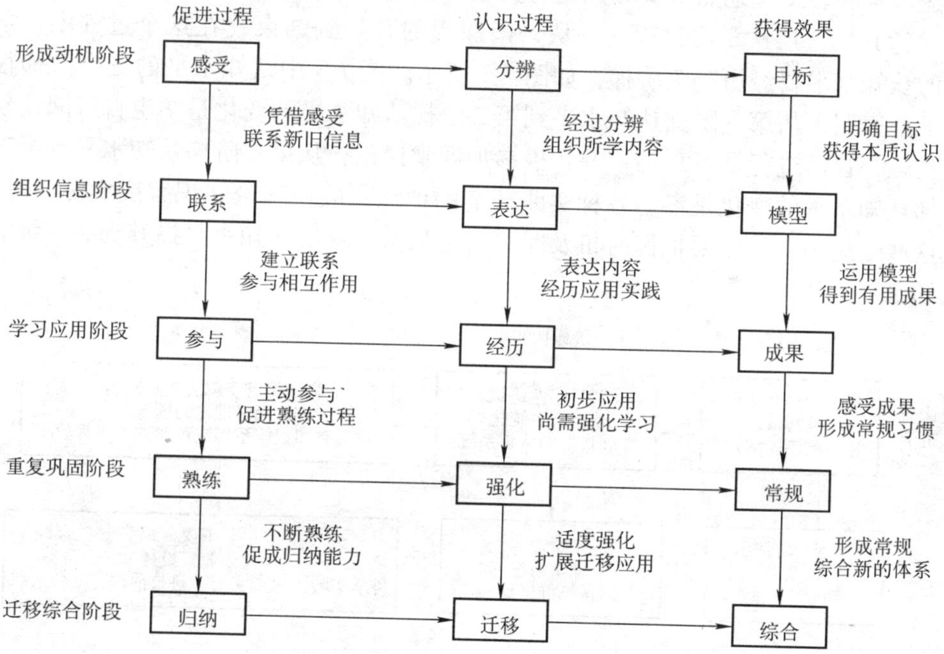

图 7-2　学习过程中五个基本阶段各要素之间的相互联系

（1）第一层次学习过程——从入学到毕业　一般来说，一年级上学期学生往往表现出种种不适应（学习内容、学习方法和学习生活等多方面的不适应），这就要求各门课的教师在学习内容、学习方法和学风的养成上帮助和指导学生，度过这个适应期。

一、二年级是大学学习活动最紧张的阶段，学生在这个阶段要接受基础科学和技术科学知识、技能及体育课体能的训练。而且，许多教育和教学形式都会比较集中地反映在这个时期的课程中。大一的专业概论课起到把学生引向接受专业教育，懂得当前学习和今后从事职业的联系，调动学生学习积极性和主动性的作用。

三年级是开始学习专业知识和技能的阶段，也是应用、巩固所学基础和技术科学知识技能，发展学生专业工程意识，使学生对科学技术有浓厚兴趣，并对自己未来发展有模糊意向的阶段。在这以后，学生个性特征的形成往往受到专业教育和教学因素的制约。

四年级是学生即将毕业，也是对未来职业逐渐形成明确目标的阶段。在这个阶段，每个学生的学习目标有所分流：一方面要按照自己的专业意向选修各类必修课和选修课；另一方面还要按照自己的发展意向选择毕业设计课题。学生经过这个阶段的培养，知识、能力、素质都会有一个较大的提高，而且出现了许多与前途、家庭、工作地点等实际问题有关联的新的思考内容。

（2）第二层次学习过程——从一门课程的开始到结束　在这个过程中，学生的认知水平要经历三个阶梯，如图 7-3 所示。图 7-3 中认知水平的三个阶梯很明显地表明，从第一阶梯认知水平到第二阶梯认知水平的变化是学生自行阅读参考文献，自己进行学习总结，并积极参加课堂讨论；从第二阶梯认知水平到第三阶梯认知水平的变化是参与各种实践环节的训练，应用理论知识解决实际问题。在这些变化中，学生要把握时机及时将自己从低一级的认知水平提升到高一级的认知水平。

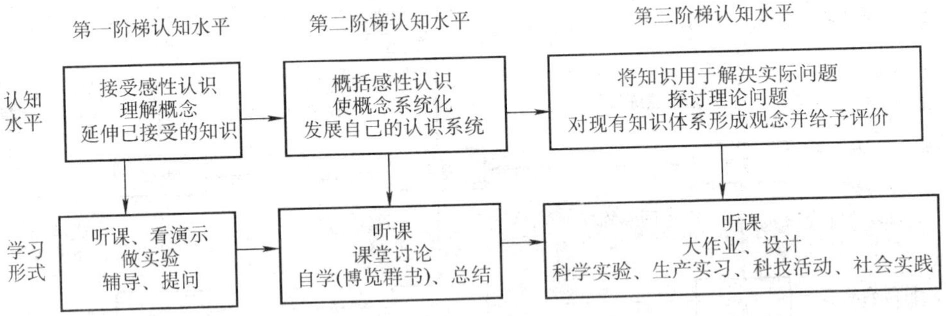

图 7-3　课堂学习中认知水平的三个阶梯

7.1.5　学习的客观规律、基本原则

学习规律是指学习过程中存在于人们意识之外的，学习自身固有的本质联系和必然趋势。

学习原则是指根据长期积累的经验，人们所制定的对学习的基本要求。它对实际学习有重要的指导作用，且随着人们对学习规律认识的不断深化而完善。

学习规律和学习原则既有区别又有联系。在此，从大学生的角度提出四个学习客观规律和所派生的基本原则。

1. “终身性”规律和“讲究学习方法”原则

学习在心理学上的概念是“经验获得和行为变化的过程”，由于人的经验获得和行为变化都具有终身性，所以学习也必然有终身性，即所谓“活到老，学到老”。

大学生具备“终身学习”的能力，最为关键的是“讲究学习方法”，尤其是指掌握某种适合于本人的最佳学习方法，这些学习方法包括观察、实验、检索、分析综合、数学分析、建模、工程技术分析等方法。对大学生来说，学习方法既是一种为完成学习任务要用的手段和措施的总和，又是一种为个人今后终身服务社会的学习法则。大学生在处理在校学习生活的短暂和今后学习内容的无限这一基本矛盾时，要清晰地看到：

1）在学会“知识”的同时必须学会“方法”，但方法有好的和差的，大学生应该找到适合自己的最好学习方法。

2）“方法”从某种意义上说比“知识”更重要，因为掌握了好的学习方法，就能获得数量更多、质量更高的知识，还能够对毕业后的工作和终身学习产生深刻影响。

3）说得更透彻一点，还可以说在校学习主要是建立一个好的学风和掌握一套好的学习方法，学到的知识不出几年就会过时了，而建立的好学风，掌握的好方法却能受用一辈子。

2. “知识积累、认知发展”规律和“靠已知掌握未知、理论联系实际”原则

人的知识是靠不断积累的，学习是一个循序渐进的过程。知识积累到一定程度就会使人产生创新的本能和愿望，这是由量变到质变的必然趋势，也是认知的一个方面。从知识的另一方面看，任何人的学习都要经过从感觉开始，再经过知觉、表象、思维的认知发展过程。

大学生在懂得本规律后，应该认识到学习是把新获得的知识与自己脑子里已有知识网络相结合的过程。因而学习好的基本要求是：

1）要十分重视所学课程的“三基”（基本理论、基本方法、基本技能），作为已有知识网络的构架。

2）对已学知识要及时通过“过度学习”（认识事物并保持短时记忆后再重复学习）加以巩固，将已学转换为已知。

3）要提高自己的思维能力——即靠联想、推理、判断并通过分析、比较、综合有效地获取知识。这三条大体构成了学习中的“靠已知掌握未知原则”。

此外，大学生要明白学习的意义在于研究和解决实际问题，必须十分重视理论与实际事物的联系。因而思想上要认识到：①学习的目的在于应用，要在思想上把今天的学习和明天的实际应用联系起来；②既要重视理论课程，也要重视实践教学环节；③要善于利用一切参与校内外实践的机会，来充实自己的知识、技能、能力和全面素质。这些要求构成了大学生学习中的“理论联系实际原则”。

3. “受环境制约”规律和“充分利用学校教育环境”原则

“学习受环境制约规律”说明学生个人知识、技能的获取和思想行为的变化，既受先天遗传因素的影响，更受后天环境因素的制约。先天因素是指生理方面的遗传基因；后天因素则指社会条件、教育环境和个人健康状况。

作为大学生，如果主观上要求自己有优异的学习效果，就必须充分利用大学的教育环境。大学特别是一些独立学院能把社会力量和著名高校的资源很好地结合起来，形成自己优越的办学条件，包括：造诣高深的师资队伍、众多的课程设置、灵活机动的选课条件、装置完善的实验设施、收藏丰富的图书资料等。大学生要充分利用这些优越的条件度过自己的学习生涯；如：①争取教师指导，密切师生关系；②利用图书馆，博览群书，并为今后建立信息联系的渠道；③利用实验室，使之成为钻研理论和锻炼探索能力的基地；④利用体育馆和体育器械，增强体质、体能，养成爱运动的习惯，为长期健康打下基础。

4. “不可替代”规律和“自主性学习”原则

学习的不可替代规律说明学习是属于学生自己的行为，其他任何人都无法替代。这个道理是很显然的，学习只能是学习者通过自己感知，系统地将事物的现象和联系输入大脑，形成自己的语言、知识、技能、方法、态度和行为习惯的过程。其他人可以帮助学习者使其具备学习动力、获得学习对象和形成学习方法。

正是由于学习的这种不可替代性，作为大学生，应该也有条件(指大学生的身心发展和已有知识能力的积累)用在教师指导下的自主性学习来完成自己的学习任务，提高自己的学习质量。完整地说，自主性学习的内涵包括五个方面的“自我”：

1）自我识别。它指大学生对自己已有知识、技能、兴趣、爱好、特长、意向的识别，经常在这些方面解剖和鉴别自己，建立适合自己的学习目标。这是搞好学习的基础。

2）自我选择。它指根据社会需求和本人能力所好，在完成自己本职学习任务的同时，有选择地扩充某些方面的知识和技能，培养某些方面的能力，特别是与自己专业相关的一些方面。这是高质量搞好学习的需要。

3）自我培养。它指按照专业培养目标的规定、本课程的要求及个人发展的需要进行自我教育，包括不断端正动机、改进方法、利用时间充实自己。这是搞好学习的主战场。

4）自我评价。它指经过一段时间后，对自己的学习目标、过程、方法、效果和态度进行实事求是的检查，肯定成绩，找出要进一步改进的地方。这是搞好学习的加油站。

5）自我调控。它指在自我评价的基础上修正自己的学习动机和目标，充实自己的学习内容，分配自己的学习精力，调整自己的学习方法。这是学习过程中应有的反馈。

由此可见，自主性学习是一种符合学习规律、能充分调动学生学习主动性和积极性的“学习观念”和“学习程序”，它应该贯穿在整个学习过程之中。当然，大学生还要明白，自主性学习并不是摆脱教师的指导，相反，应该在教师的指导下进行。

7.2 专业学习方法

7.2.1 认真学好基础课程

基础课程的学习十分重要，是完成大学学习任务的奠基工程。工程造价专业本科基础课程包括公共基础课与专业基础课两部分。

1. 公共基础课程

公共基础课程是高等学校各专业或者一定类别专业的学生所必须学习的基础课程，“公共性”是其基本属性。公共基础课程一般在大学一年级开设，对基础课程知识掌握的程度对学生后续的专业学习及其终身发展将产生深刻、长远的影响。

计算机知识、数学知识和运用外语的能力等对于工程造价专业学生十分重要，学好这些课程对今后的学习和工作都很有帮助。

（1）提高计算机应用能力　21世纪是知识经济和信息经济时代。信息技术已经成为经济发展的助推器，越来越深刻地影响和改变着企业的经营、管理和销售模式。努力学习、掌握计算机和信息技术，对于推动工程管理信息化具有十分重要的意义和事半功倍的作用。

目前，在我国使用比较广泛的绘图软件有AutoCAD，造价软件有“神机妙算”、“广联达”等。利用软件内部的数据库，可以实现灵活的换算功能，如标准换算、自动换算、类别换算等；也可以直接修改人工、材料、机械的单价，系统自动产生相应的计算结果；还可以实时汇总工程量清单表、工料分析表、费用表等。

此外，尚有一些房地产项目工程管理软件、电力水利工程管理软件、公路工程管理软件、石油化工工程管理软件在各种类型的工程实践中得以应用。学会使用工程管理软件，乃至于结合工程管理实践进一步完善和开发软件，除了掌握工程技术的专业知识之外，还必须掌握计算机的基本原理和操作。因此，必须充分重视计算机相关知识的学习。

(2) 加强英语学习　大学英语的教学目标是培养学生的英语综合应用能力，特别是听说能力。通过教学使学生在今后实际工作和社会交往中能用英语有效地进行口头和书面的信息交流。同时培养学生自主学习的能力，提高学生综合文化素养，以适应我国社会发展和国际交流的需要。

近几年来，国际工程合作日益加大的趋势既是机遇，同时也对我国工程管理行业从业人员的外语交流能力提出了更高的要求。合作的各方必须按照国际规则办事，这就要求我们除了具有熟练的外语听说、阅读能力及较好的信函、合同书写能力外，还应熟悉和理解国际通用的工程管理专业用语、行业规则、运行方式和法律文本等。通过大学阶段形成较强的英语应用能力，是工程管理专业毕业生今后从事国际工程管理等涉外相关工作的必要条件。

(3) 掌握数学知识　数学是一门逻辑性很强的学科。逻辑思维能力是高素质人才应具备的一种重要能力，它通常包括抽象与概括的能力、分析与综合的能力、归纳与演绎的能力。高等数学是教育部指定的理工科各专业及经济、管理等学科专业的核心课程，也是学生应掌握又较难掌握的基础知识。它不仅是提高学生文化素养的基础课，还为学生后续学习专业课和从事专业技术工作提供必需的数学工具。

工程实施伴随着诸多风险和不确定性因素。作为一名优秀的工程管理者，必须具有较强的数理分析能力，善于从问题的定性描述逐步过渡到定量的分析和计算，并通过对结果的数理统计推理来检验并说明结论的准确性和可信度。即能够根据实际问题的已知条件，把一个复杂的工程实际问题抽象简化为数学问题，建立数学模型并利用数理统计方法进行参数检验和回归分析。

2. 专业基础课程

专业基础课是在学生已掌握一定公共基础课程知识的前提下，为适应专业课程学习的需要而设置的。在工程管理专业课程结构中，专业基础课起到承前启后的作用。学好专业基础课有助于提高学生的认知水平和解决问题的能力，从而为学习专业课和从事专业工作做好理论和技术准备。

从专业基础课的内容属性看，大多具有理论性和实践性强、新概念多、分析较为深入的特点。在理论方面上，专业基础课注重运用课程中的基本理论去解释、透析专业现象和问题，引导学生深入学习新理论、新技术，促使学生顺利地踏上专业课学习的轨道；在内容设置上，专业基础课兼顾后续专业课的需要，大幅度地增加相关专业的知识，并有一定的深度和难度。

学习专业基础课是学生用基础理论知识去分析专业现象和问题的初步尝试，

是学生强化理论与实际相结合的开端，也是学生由学习者向从业者转化的起点。专业基础课承上启下的作用主要体现为学生将由抽象思维为主向形象思维为主过渡，开始尝试用所学的较为抽象的基础理论知识去观察、思考和理解较具体、形象的专业现象和问题。因此，实践性教学是专业基础课的重要教学环节。要使书本知识真正转化为实际工作能力，即能运用理论知识独立地去分析、解决问题，必须借助实际运用能力的培养训练过程，帮助学生从本质上感知、认识和理解学过的知识，进而形成运用知识去观察、分析和解决实际问题的能力。

下面，以“工程制图”课程的学习为例，介绍专业基础课程学习应掌握的一般方法。

“工程制图”课程的任务之一是将三维空间的几何体转化为二维空间的平面图形，即把工程上很难用语言和文字表达清楚的物体(如地面、建筑物等)的形状、大小、位置等在平面图样上用图形表达出来；任务之二是将二维空间的平面图形转化为三维空间的几何体，即第一种情况的逆向过程。学习“工程制图”对抽象思维能力要求较高，它是一门实践性、严谨性强的专业基础课程，学生必须注意研究、掌握正确的学习方法，努力提高学习效果。

首先，必须熟练地掌握正投影理论和制图基本知识。工程图是工程界通用的“语言”，而画法几何则是这种“语言”的“语法”。只有理解制图的基本原理和基本步骤，掌握制图基本知识，才能正确地绘制和识读各种工程图纸，为系统全面的掌握“工程制图”课程知识奠定基础。

其次，必须掌握读图方法。读图既是“工程制图”的重点又是难点，它是一个十分复杂的思维过程，没有一个固定的模式，但客观存在一定的规律。只要我们充分掌握图形的各种信息和各种立体的投影特点，就能够解读各种复杂的图形，使其由大变小、由繁化简。

第三，在上述学习过程中必须认真对待每次动手实践的机会，按时、按质、按量完成一系列的绘图、识图作业，这是巩固课堂知识和形成能力的必要环节。

7.2.2　注重知识融会贯通

工程造价专业是一个综合性学科，目前工程造价专业课程仍客观存在条块分割、知识融合度不够的现象。犹如缺乏搅拌和融合的砂石、水泥和钢筋，未能形成紧密结合、强度倍增的“基石”，从而难以达到支撑高楼大厦的技术要求。砂、石、水泥和钢筋虽然各有用途，但只有通过砂、石、水泥加水搅拌后，以钢筋为骨架浇筑成型，硬化成为坚固的整体，才能支撑起一栋栋摩天大楼。工程造价专业教学和学习应该借鉴钢筋混凝土的形成机理，通过“物理搅拌 + 化学融合”式的学习方法，要求同学们在学习过程中注意将各个不同类别的主干课程的要点适当地串联、汇集，将相关知识、技术有机组合，达到知识的融会贯通，学为所用，培养成为能够胜任现代工程造价工作的专业性人才。

1. 知识的物理搅拌

知识的物理搅拌，是指打破目前工程造价专业不同课程间存在的泾渭分明和条块分割现象，将各门主干课程内容适度地联系，达到主干课程知识面上的“物理搅拌”。这一过程强调知识表面上的整合。借鉴这种方法，通过反复解构和组合课程内容，在学习实践中将所学的知识重新搭接和有机组合，达到深入了解局部、系统把握整体、明确相互联系，从而大幅提升专业学习的效果。以“工程计量与计价”课程为例，要正确估算一幢楼房的造价，需要我们将整幢楼房分解为基础、主体结构、设备安装等若干部分，其中每一部分再按实际需要依次细分，直到形成与工程定额相对应的计算单元。得到若干计算单元的造价后，逐一汇总方可得到整幢楼房的造价。在此过程中，需要综合运用“工程制图”、“工程结构”、“工程材料”、“房屋建筑学”、“工程施工”和“工程估价”等技术类课程的知识。只有通过上述知识的“搅拌”，学生才能形成系统、完整的知识结构，形成解决工程实际问题的能力。因此，知识的物理搅拌是我们走向成功的第一步。在我们学习不同课程的过程中，必须有意识地把相关联的知识联系起来，注重其相互“搅拌”，为正确理解、掌握知识及在更高层面上进行的知识融合做好铺垫。

2. 知识的化学融合

化学融合与物理搅拌相比，本质的区别在于物理搅拌仅仅局限于各个组成部分面上的交融组合，而化学融合着眼于本质性能的改善和提高，强调通过将各个组成部分有机融合在一起，达到物质性能的改变和提升。

工程造价专业知识的“化学融合”，旨在将解决某一具体工作的所有相关课程知识有机地组合起来，在一个统一的平台下形成专业知识的有效结合，改变“一盘散沙”式的无序状态，出现“摩天大楼”式化学反应，实现量的积累到质的飞跃。四个平台知识在学生知识体系中发生化学反应并融会贯通，形成知识的有机整体。知识的化学融合可以通过渐进式的学习模式来实现。

以“工程计量与计价”课程为例，在时间安排上，先学专业基础课程，掌握工程制图、房屋建筑等技术平台的课程。专业知识的内容由浅入深、由易到难、由局部到整体、由分析到综合逐步展开。内容设置上，相关知识前后搭接，步步深入，实现从分散到综合的过渡。这个模式是推进化学融合的有效方式。一方面，它根据课程之间的逻辑关系确定彼此的先后顺序，从而让学生在专业知识的获取上由浅入深、由易到难、由简单到复杂；另一方面，学生在学习过程中，可以保持动态的学习热度和积极性，这种全过程的学习方式易于学生掌握、消化和吸收所学的知识，真正达到学以致用的目的(见图7-4)。

7.2.3　强化实践技能培训

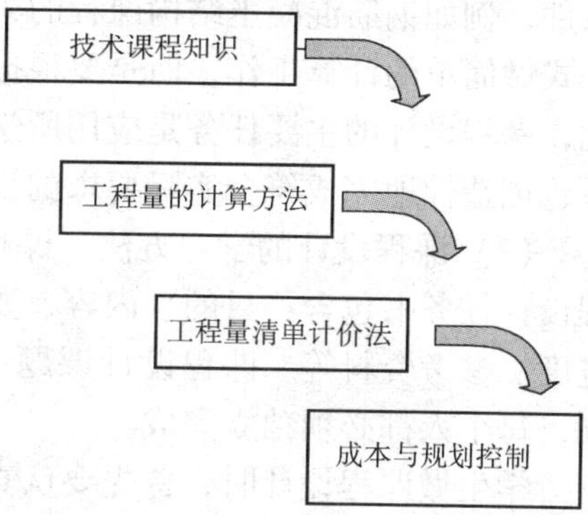

图7-4　瀑布式学习模式

工程造价行业需要的是具有专业技术功底和实践能力的造价人员。因此，我们在掌握扎实的基础理论的同时，还必须注重通过各种形式的实践活动培养和锻炼自身的实践技能，做到理论知识与工作实践的良好结合，不断提高解决工程实际问题的能力。

1. 实验课的学习

在基础实验教学阶段，既要重视实验操作能力的培养，同时也要关注实验技术理论的学习和提高，如实验原理、实验设计、调试技术、测试方法、数据处理、误差分析等。学习方法要注意以下各点：

1）认真做好实验前的预习。阅读实验讲义，明确实验目的，掌握实验原理。即弄清楚为了达到上述实验目的所依据的是什么理论，运用什么样的实验方法，需要观察测定的项目与哪些因素有关。进而分析实验要点，其中包括实验步骤、需要观察的现象以及保证实验成功必须控制实验误差的关键等。要熟悉所使用的仪器性能、仪器调试和校准的方法、测量范围，注意事项等。

2）手脑并用，严格按程序操作。首先要认真听指导教师的实验讲解，要记下讲解中提出的注意事项，以往做该项实验时出现的种种问题以及取得实验成功的关键。接着要仔细地做好实验设备检查，主要是仪器、备品是否齐全、符合规范要求，进行实验系统组装合成。最后在动手实验前要再一次用心思考实验的基本程序、操作步骤和方法。有些实验还要经过指导教师检查同意后再开始进行。

3）注意实验安全。在实验中要十分注意增强环保意识、重视人身安全。

4）做好实验报告。各实验室的实验报告书一般都有固定的格式。其内容包括实验目的、实验原理、实验步骤、实验现象、数据处理及误差分析等，最后还应有讨论分析，从而反映出实验者对本次实验的看法、建议、需要进一步研究的问题及实验者自己的见解。

2. 课程设计

（1）课程设计的要求　课程设计的性质不同于课外作业。课外作业是配合课堂教学进度，根据教师所设计的典型条件，解答某个具体问题，或根据教师所给数据进行运算绘图，它所涉及的范围是某一单元或章、节。而课程设计是一门或几门课的有关知识的综合运用，它要全面地考虑相互联系着的各个方面和各种条件，例如钢筋混凝土结构课程的梁板柱构件设计。它不仅仅是应用一些现成的公式做简单的计算工作，而是要根据设计综合地考虑各种因素间的相互作用。因此，课程设计的主要任务是应用所学的有关专业知识，处理好各种因素的相互关系，创造性地完成符合实际要求的设计任务。

(2) 课程设计的学习方法　课程设计有设计任务书，一般1～3周完成。课程设计任务书包含：目的、内容、要求、设计资料、设计步骤、设计方法、设计进度、参考资料等。课程设计课题一般每个学生不完全相同或所用参数完全不同，每个人都必须独立完成。

学生做课程设计时，首先要认真按教师的要求阅读设计任务书。如果可以自由选择课题，则要根据自己的专长，能力和爱好与教师商定，然后根据设计任务拟定进度计划。制订计划既要保证按时按质量完成，也应该适当留有余地，以便有时间进行必要的返工和修改。

课程设计的成果是学生撰写的设计说明书和绘出的相关图纸。图纸要布置得当，说明书要条理清楚、语句通顺、字迹工整、论据充足、计算正确，图面干净、比例恰当、线条分明、尺寸完整。总之，必须以科学的态度对待课程设计的学习。

3. 毕业设计

毕业设计是学生在毕业前的最后一个重要教学环节。其目的在于巩固、加深、扩大学生所学基本理论和专业知识，并使之系统化；培养学生综合运用知识、技能及解决工程技术问题的能力，使其初步掌握设计原则，方法和步骤等。它是学生毕业之前的一次“实战演习”。

(1) 毕业设计的要求　毕业设计和毕业论文在深度和广度上的要求都比课程设计或课程论文高。它的范围不再是一门课程，而要覆盖全部专业知识和技术。同时，它还含有创造性因素，能解决较为复杂的问题。

毕业设计和毕业论文的选题很重要，一般应符合下列几个原则：①符合专业培养目标，以便巩固本专业所学知识，能较快适应本专业的工作任务，对所学知识有综合运用能力。②好的课题要使学生既有设计构思，又有分析计算；既有理论探讨，又能运用现代方法。课题太简单、狭窄、资料太少、条件限制太呆板，以及课题太陈旧，都难以达到这种要求。③内容分量及难度适当，使学生经过努力能在规定时间内完成，若难度过大，在有限时间、有限知识领域很难完成，会挫伤学生的信心。分量过轻又使学生无压力感，不利于调动学生的积极性和创造性。④课题应当在规定时间内取得成果。如果做一个实验，其结果不可预期，盲目收集一堆资料却分析不出结果等，都是不合宜的。

(2) 毕业设计的学习方法　学生在进行毕业设计或撰写毕业论文阶段应该注意以下四点：

1）事业心和责任感。以科学的态度从事设计和写作，要有实事求是的精神，认识到自己“作品”的实际价值。例如，在建筑设计中应该根据国家的建筑法规，按照安全、适用、经济、尽可能美观的原则进行设计。在论文写作中应该遵守国家方针，材料可靠，内容翔实。

2）处理好与指导老师的关系。要把老师的严格要求当做是对自己的真正关心，要接受老师的“指着走”而不是“抱着看”。要牢记“授人以鱼只供一餐之需，授人以渔则终身受益无穷”。

3）工作中应贯彻理论联系实际的原则，正确地运用科学的研究方法和设计方法。

4）虚心学习。虚心向教师、技术人员和生产者学习，向书本学习，向实际学习，并大胆借鉴国内外的先进经验为我所用。

毕业设计和论文完成后，要认真整理好全部资料（包括图纸、资料、实验记录、原始数据、计算数据、调研、程序、磁盘、图片、设计手稿，复印件和毕业设计成果等），要细致地进行审定，并由专家组成的答辩委员会进行答辩，最后给出评语和成绩。

毕业设计要取得优秀，必须具备：

a. 能全面完成设计的任务，能灵活、正确、综合运用所学的基础理论和专业知识，分析问题、解决问题的能力强，在设计中有独到见解和知识创新。

b. 图纸质量高，考虑问题全面，成果结论正确，论据充分，说明书条理清楚，文理通顺。

c. 在答辩中正确回答问题，表达能力强。

d. 在设计中勇于承担任务，认真努力，态度端正。

e. 如有实验内容，要求实验技能高，方案正确，数据可靠，动手能力强。设计中还要翻译或拟写一定数量的外文资料。一篇高质量的论文，不是面面俱到，而应该是资料翔实，分析中肯，论点正确，见解独特。

4. 实习

为有利于学生掌握专业技术和方法，通过实习加深对理论知识的理解，促进学生对所学课程知识的消化吸收。工程造价专业教育十分重视实践教学环节。目前，实践教学环节主要有认识实习、课程实习、生产实习、毕业实习、实验、课程设计、毕业设计、毕业论文等。另外，学校会安排一定数量的学时，聘请有关专家进行专题讲座或研讨，以增强学生对相关专业实际发展状况的了解。

（1）认识实习　刚刚进入大学的大部分学生对“工程”不甚了解或知之甚少，通过认识实习这一环节，能够帮助学生初步了解工程计价的流程，形成对工程造价专业的初步认识，从而激发学生对本专业的学习兴趣，为后续课程的学习增加感性认识。通过认识实习活动，可以锻炼学生观察、理解实际问题的能力，培养学生认真、严谨的学习态度和工作作风。

在认识实习过程中，学生应严格按指导教师的安排，认真听取施工现场安全管理人员的入场教育，做好安全防范措施；主动和工程技术人员和工人师傅沟通，在技术人员或现场指导人员的辅导下熟悉工程概况和工地情况；认真观察工人师傅从事的砌砖、钢筋混凝土、装修等现场劳动，了解手工操作的基本技能。学生应仔细观察各种现象，认真听取现场介绍并做好现场参观的记录，通过撰写实习报告对参加认识实习的收获进行总结。

(2) 课程实习　作为课程教学内容的重要组成部分，课程实习与课程理论教学相配合而进行。如工程测量实习，在“工程测量”课程理论教学进行到一定阶段时，学校将安排一定时间集中进行。学生需要掌握主要测量仪器与工具的实际操作，学会依据测量数据绘制地形图的基本方法，使所学的相对分散、抽象的测量知识通过综合应用而形成完整、系统的实际能力。

学生顺利完成课程实习任务，需要事前认真学好相关课程的理论知识，实习过程中虚心接受实习老师的指导，同时要充分发挥团体合作精神。某些课程实习内容多、时间紧，单靠一个人的力量难以高质量的完成，只有小组的合作才能有效提高实习的效果，按时完成任务。

(3) 生产实习　生产实习是教学计划的一个重要组成部分，是强化学生对基础知识、技术方法认识、理解、掌握的重要手段和环节，是培养学生综合实践能力的有效方法，是学生进入社会的纽带和桥梁。

例如在“工程项目管理”的生产实习过程中，学生应用已学的专业知识和技术方法，编制实习工程的施工组织流程并与现场的施工组织流程相比较，找出两者的差异，分析各自的优缺点。通过生产实习，可以较全面地了解国内目前工程造价行业的发展水平，并结合自己所学专业知识，分析、研究工程造价实践中具有一般规律性的现象和问题，探索提高工程造价工作质量和效率的方法和途径。

学生在生产实习中应注意杜绝三种倾向：一是漫不经心、不以为然。工程本身就是需要严谨、认真的，而工程造价行业，更要做到严谨无误，养成一种良好的态度是生产实习的一个主要目的。二是脱离实际、照本宣科。部分学生在实习过程中不注意对工程特定的条件进行系统、全面地分析，对所参与、观察和了解到的现象机械地与曾经学过的课本内容相对照，轻易得出对、错、优、劣的结论。必须认识到课本内容是若干工程实践共性经验的抽象反映，理论对实践的指导作用并非一定是已有的结论对各种工程问题的机械规定。三是浅尝辄止、不求甚解。有些学生在实习中接触工程实践后，片面地形成了工程造价只需要实际操作技能的观念，忽略了扎实的理论基础、系统的思维方法和全面的知识结构才是指导实际操作，提高工作效率及水平的根本。缺乏完备的知识结构和良好的理论基础，或许能从事一时、一事的工程造价工作，但很难有长时间、多领域和高层次的发展。正确的学习态度是，注重生产实习中所参与和观察到的每一细节，深入了解其产生、形成、发展的实际背景和客观条件，结合所学的理论知识和技术方法对其认真地归纳、总结和分析，从而逐步提高自身对基础理论、技术方法的正确理解和运用能力。

工程造价专业实践教学环节的内容要求及学习方法建议见表7-2。

表7-2 实践教学环节学习方法与要求

活动形式 / 活动阶段	学习要求	实验课	设计课	实习课	课外科技活动
实践课前	复习已学理论	基本概念、基本原理、基本方法			
	弄清学习目的	实验目的	设计目标和设计阶段	对现象、过程和工具的认识与操作	课程内涵及其目标
	搜集信息资料	以往的实验报告、与本实验有关的资料，与本实验有关的仪器设备	社会需求、自然及环境条件，材料、技术、制造条件，经济、市场条件，以往的设计资料	以往的实习报告，操作规程，岗位职责，现场生产的一般情况	阅读有关文献，参阅相近的研究报告，材料、设备、资金情况
实践课初	自拟方案计划	实验方案、计划、仪器设备	设计方案、计划	个人实习计划	科技活动方案、计划
实践课间	完成技能训练	熟悉仪器设备，掌握实验技能	查阅技术标准，掌握设计技能	操作技能，处理技术问题	调查研究，实验，统计分析等
	勤观察多思考	观察实验现象，了解事物本质	从综合比较分析中寻找最佳方案	观察思考生产过程中的技术和管理问题	科学技术事实及其概括，直觉、灵感与科学发现
	锻炼创新能力	创新的思想意识、认知风格、处置方法、工作态度			
	解决实际问题	描述实验现象，统计分析实验数据，得到实验结论	按照设计目标完成设计任务，满足各项设计指标	记录实际生产过程，解决若干生产中遇到的实际问题	完成课题
实践课末	做好文字总结	实验报告	设计说明书，计算书	实习报告	科技小论文

7.2.4 锻炼综合技能培养

1. 查阅参考文献的技能

文献，是记录、存储、传递知识的载体，也是与某一学科有关的图书资料。利用、吸收前人或他人的知识需要阅读和研究文献。文献的形式有三大类：

(1) 图书 它包括：

1) 教科书。它是按照教学要求和学生认识规律编写而成，着重于系统和基本的理论和方法，大体上反映某门具体学科体系的全貌，知识内容比较成熟和稳定，如《高等数学》。

2) 专著。它是某一领域的学术性著作，是研究成果最集中的体现，其理论观点比较全面，提供的知识比较系统、成熟、可靠，且信息量大，如《钢筋混凝土结构理论》。

3) 论文集。它是研究人员的专题研究成果或阶段研究成果的汇编，往往先发表于报刊，再由编者筛选而成，具有较高的学术研究参考价值，如《工程管理论文集》。

4) 工具书。它是一种供人们查阅、当做参考工具使用的图书，知识内容广泛，便于查考使用，如《百科全书》。

5) 国家标准。它是对重复性事物和概念所作的统一规定，以科学、技术和实践经验的综合成果为基础，经有关方面协商一致，由主管机构批准，以特定形式发布，作为共同遵守的准则和依据，如《土的分类标准》。

6) 技术规程。它主要对具体技术要求或实验程序作出规定，所涉及的内容比较具体、单一、专用性强，如《钢筋混凝土梁设计规程》。

7) 技术规范。它是对技术要求、方法所作的系列规定，所涉及的范围一般很广较系统、通用性强，是国家标准的一种形式，如《钢结构设计规范》。

(2) 报刊 它包括：

1) 报纸。指连续性出版物，以新闻报道为主，信息量大，现实感强，但理论价值较小。

2) 期刊杂志。指有出版规律、每期载有不同作者至少两篇以上的连续出版物。其体裁庞杂、多样、内容多是未经重新组织的研究成果，却具有相当大的参考价值，如《建筑经济》。

(3) 非报刊文献 它包括：

1) 学术会议论文。这种文献专业性强，可基本反映某一学科进展状况，以及新成就、新发现、新问题。

2) 科技报告。它作为一种科研或革新成果的正式报告，或研究试验过程中的阶段进展情况实录，具有较高的使用价值。

3）政府出版物(行政法令、规章制度、会议决策等)。

4）技术档案(讲义、图片、照片、技术资料等)。

查阅文献的基本途径有两种：检索和记读书笔记。

文献检索是从众多文献中查找出符合特定需要的文献或某一个问题解答的过程。检索方法有手工检索和计算机检索两种。

手工检索是利用各种目录、索引、文摘等检索工具和辞典、百科全书等参考工具书，用手工来查找文献的方式。手工检索的基本手段有：卡片检索、附录检索、期刊检索、书本检索。卡片检索是将文献按书名、作者名或学科分类体系以一定顺序编成卡片供查询；附录检索是将文献名单附录于图书或文章之后作为参考文献书目；期刊检索是将本学科有关近期文献编入期刊，定期连续出版供查询；书本检索是以书本形式出现，收录文献的范围较齐全。

计算机检索由计算机在检索系统的数据库中查找文献、或在互联网上查找文献。检索系统的数据库指一组计算机可读的相关文献集合，这些文献可能摘自图书、期刊或非报刊文献。一个检索系统通常由一个或多个数据库组成；每一数据库由许多文献记录组成，每一个文献记录了该文献的题目、作者、内容简介、文献出处等字段。计算机检索必须将所收集的文献按固定格式编成计算机可读的文献记录；而且应该组成专业性、地区性、全国性，甚至国际性的计算机情报检索系统，采用人机交互式对话的联机系统，以便大大提高检索的效率和质量。

以下是一个利用计算机检索的实例：

例如要在CNKI数据库中查阅2005～2008年这3年中的“大学课堂教学”文献，我们该如何操作呢?

步骤如下：

1）打开WWW浏览器，在地址栏输入 http：//www. cnki. net 后按“Enter”键。(校内用户可直接通过图书馆网站登录,然后按“中文数据库”)，如图7-5所示。

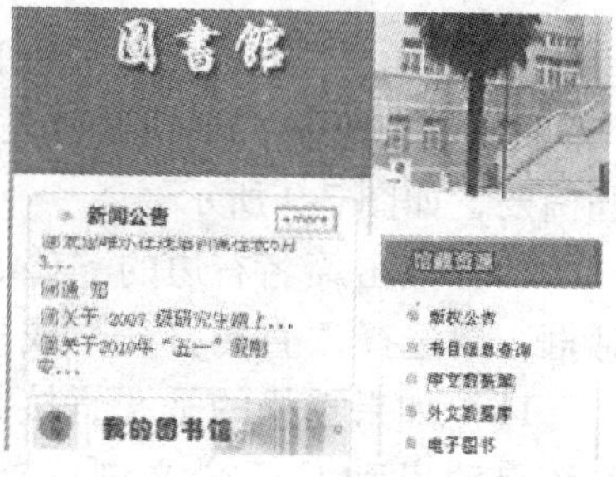

图7-5　登录界面

2）在数据库列表中选择“中国期刊网”→“中国期刊全文数据库”(如果想查阅报纸上的有关文献,则选择“中国重要报纸全文数据库”)。如图7-6和图7-7所示。

3）在“数据库登录”窗口中，输入账号、密码，点击“登录”(校内用户不必登录,直接进入步骤4)。

4）在“字段”选项的下拉菜单中选择“关键词”(也可以选择篇名、作者、机构、中文摘要等项目,视个人需要而定)。

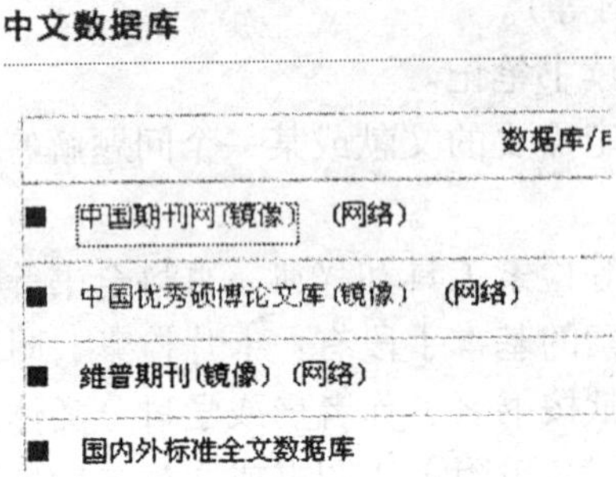

图 7-6 选择“中国期刊网”

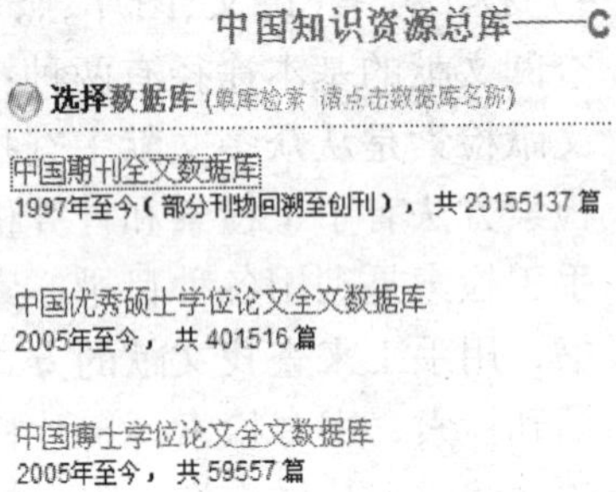

图 7-7 选择“中国期刊全文数据库”

5)在“检索词”选项中输入“大学课堂教学”字样。

6)要查找的年份,输入“2005”到“2008”。

7)在“请选择查询范围”中,选择“全部期刊”。

8)点击“检索”。这时页面右边出现的是检中的文章。可以看到,根据刚才输入的条件,共检得文章 3494 篇,如图 7-8 所示。

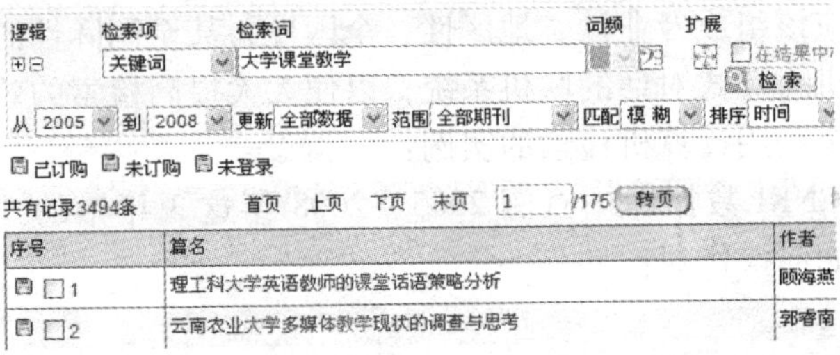

图 7-8 检索过程及结果

9)点击所需文章的篇名,页面下部显示该文的基本信息(作者、刊名、机构)和摘要,如图 7-9 所示。

10)点击篇名右边的“CAJ 原文下载”(或“PDF 格式”),这时出现一个对话框,要选择“直接打开”或“将该文件保存到磁盘”,如图 7-10 所示。

11)如果选择的是“直接打开”,则系统自动启动 CAJ 全文浏览器,显示该全文。如对该文满意,则进行“保存”操作。

如此重复第 9)、10)、11)步,将所有符合需要的文章保存,完成检索过程。

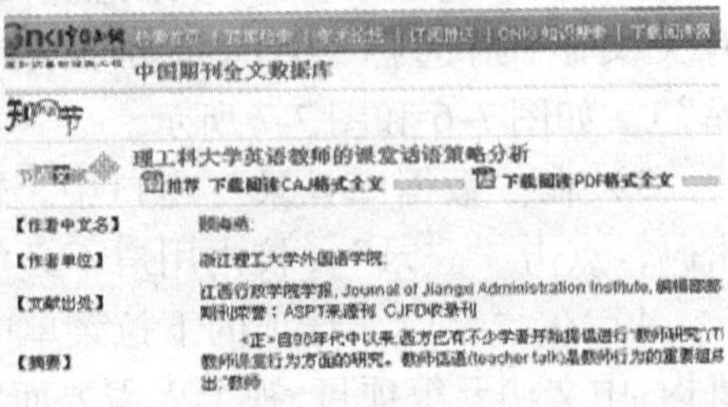

图 7-9 检索结果之一

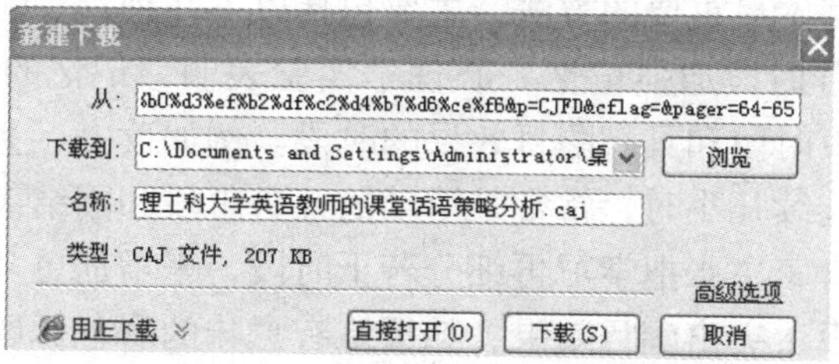

图 7-10　保存或下载文章

查阅参考文献应该结合记读书笔记同时进行。记读书笔记的方法有三种，它们是：摘录式笔记、批注式笔记和评注式笔记，如图 7-11 所示。

- 读书笔记
  - 摘录式笔记
    - 抄录（抄录与自己学习有关的段落，如重要结论、警句格言等）
    - 摘要（摘录要点，如重要论点、重要公式、重要过程或现象等）
    - 索引（不记内容，只记书刊名称、论文题目、出处，以便日后查找）
  - 批注式笔记
    - 勾画（在属于自己的书上，对一些理解的重要段落标注，以示强调）
    - 眉批（在属于自己的书的空白处写上自己的评语、体会、疑问、注解等）
  - 评注式笔记
    - 心得式（读完文献后，用自己的话写出认识、感想和体会）
    - 批驳式（对文献中的论述有不同见解或发现错误时，记下自己的见解）
    - 提要式（用自己的语言记下所读文献的纲目和要点）
    - 综述式（读几本书或几篇文章后，用自己的语言加以综合评述）

图 7-11　记读书笔记的方法

2. 自学的技能

大学生在校期间，每周上课不超过 25 学时，平均每天只上 5 学时，8 小时内还剩 3 小时，再加晚自习 2 小时，每人还有 5 小时自学时间，与上课时间正好为 1∶1。如加上双休日和寒暑假之一半（80 天 + 85 天）÷ 2 = 82.5 天 × 8 小时 = 1660 小时，则全年上课时间与自学时间之比为 1∶2.66。可见，大学生在校期间，绝大多数时间是靠课外自学。某高校文艺学教授说："在一定条件下，一个人学问的大小和他掌握书籍的多少成正比。"因此，掌握正确的读书方法对于课外自学就显得特别重要。

读什么书？怎样读书？取决于每个人不同的知识结构的需要。而确立什么样的知识结构，又取决于每个人不同的志向目标和兴趣爱好。但也有共性，那就是博专统一、一专多能的知识结构。

读书贵在能烂熟、记住，才能进一步灵活应用。因此，加强记忆的方法，则是读书诸法中最基本最重要的方法，主要包括以下几种：

(1) 利用最佳时段加强记忆　心理学实验表明，记忆的最佳时段是学习的开头时段、刚结束时段和具有醒目效果的时段。例如读书、上课、听报告、看演出等活动，如果连续几小时，常常是活动的开头阶段和刚结束时候记忆的印象最深刻。因此，教育家主张把学习再细分若干时段，来增加更多的开头、结尾最佳记忆时段。同时设法突出醒目效果，如提炼有意味的彩色标题，用红笔在书上圈画点线，来突出视觉上的醒目效果，以此来帮助记忆。

(2) 用朗读与默读相结合来加强记忆　虽然朗读可以通过视听双重感官向大脑皮质输送信息，但是心理实验发现：记忆外语单词，默读数遍之后再进行朗读，效果更佳。

(3) 高度集中注意力最容易记忆　注意力是指发觉一件事物或现象后，把意识固定在该事物或现象上。如果达到“意识焦点化”，就最容易强化记忆。在这个意义上可以说，记忆力等于注意力。但是，要想高度集中注意力，就必须保证身心健康。

(4) 复习可以提高记忆维持率　经验表明：如果只学习一次，即使当时觉得记得很熟，但 9 小时后可能忘记殆尽。但如果不断复习，却可以大幅度减少遗忘。根据教育心理学家们的研究，复习时间安排的最佳效果是：第一次学习 45 分钟的内容，10 分钟后复习 5 分钟，1 天后再复习 5 分钟，1 星期后再复习 3 分钟，半年后再复习 3 分钟。这样复习多次后，再回忆就很容易了。

知道了记忆的方法之后，我们再来进一步看如何读书，即读书的方法，在这给大家介绍一种“五层塔形读书法”，它是指纵向进层式的分层次，即根据每个人的主攻方向、理想志趣而分别确定泛读、通读、精读、熟读、背诵的层次范围。这五个层次形如宝塔，范围逐渐缩小；又如打井，难度逐层加深。它体现出循序渐进、博以返约的内在规律。

1) 泛读。就是博览群书，广泛涉猎。但泛读并不都是一字一句地读，而应分别轻重缓急：有的需要逐行逐句地读，有的可以一目十行地浏览大意，有的只需挑选某些章节读，有的甚至暂时只看内容提要和目录，以便将来需要细读时心中有数。可以说，泛读是在知识海洋中一次走马观花式的巡礼，也是博观约取的第一步。

2) 通读。在泛读中确定的、与自己专业或具体目标直接相关的那些书，要逐页逐行地一本一本地读完，并通晓大意，获得大体而完整的印象，但还不要字斟句酌地琐细推敲。通读对于泛读，是线与面的关系；而对于精读，又是面与线的关系。

3) 精读。它是在通读中遴选出来的重点部分，再反复精细地读。不仅要落实字词句，而且对全篇的基本内容（或中心论点）和基本特征，都要准确把握。

4）熟读。把精读部分再加筛选，将其中某些篇章或段落再进一步反复诵读，达到烂熟于心的程度。熟读的方法要放声朗读，这样才能声心交感，凝神专注，记得快而又牢；还要反复朗读，所谓“读书千遍，其义自见”，说明熟读不但能够温故知新，不断加深理解，而且有利于提高写作能力。熟读之于通读、精读是点与面、线的关系，点、线、面相结合是最合理的知识结构。

5）背诵。读书虽不必死记硬背，但在融会贯通的基础上，努力背诵一些基本的、常用的、精彩的东西，却是十分必要的。背诵要注意两点：一是要选择，对于那些与自己专业或目标无关的或关系不大的，都不需要强记硬背；二是要注意方法，选择适合自己的时间和方法背诵。比如，对于工程计量的一些计算规则，可以把它们抄在小纸片上，装在衣袋里，走路、坐公交车时都可以默背，并随时掏出来对照。

上述五层阅读法内容，并不局限于某个专业范围之内，可根据兴趣和需要，跨学科专业应用。例如你是学工科的，但你在泛读中发现经济学著作中某一篇文章很经典，也可列入精读或熟读范围。其他学科专业都可依此类推。

3. 解决疑难问题的技能

大学生在学习过程中会遇到各种疑难问题，这时，只靠听教师讲授和自己勤奋学习是不够的，还要靠勤于发问，且发问并没有什么好坏之分。刚刚学习提问的时候，不必抱着“发问要有水准”的心态，完全可以从小处的疑问开始，且不要怕同学们笑话。不懂就是不懂，千万别装懂。

疑问有两种类型：一是涉及学习重点的疑问。例如，对某一个公式的演变不甚了解，就会产生“怎么从那个公式演变成这个公式”的疑问。这一类问题，只要找出理由便解决了。二是迷宫式的疑问。例如，“往天空上升的过程中，会碰到什么？如果继续往上升，还会碰到什么？最后又碰到的是什么？”这称之为“无穷尽探求型”疑问。这一类的问题，都属于无法立刻解决的。如果一直耿耿于怀，非弄个水落石出不可，反而会使你的学习成绩下降。所以，应该培养自己提出与学习主体有关联的疑问的能力，切忌脱离太远。否则，大量与学习主体无关的疑问，反而会使你的思路越来越杂乱，最终一无所获。

高校的学习特点和人才培养模式，要求学生自己要善于发现问题，并学会自己解决问题。很多疑难问题的解决，首先要由自己借助图书馆来寻找答案，因为它的查询功能方便、快捷，而且大学生要培养自己独立学习、独立思考的能力。对确实靠自己无法解决的问题，再找老师咨询解决。向老师发问，应该限于实在想不明白的问题。其他的小问题，完全可以在上课之前和下课之后与同学们讨论解决。其实向同学请教的好处甚多，既可以从同学那里学到不少知识，又可以将自己知道的知识教给同学，还可对所讨论的问题加深理解，这就是所谓的教学相长。

当然，在上课的时候，你也应该用心听其他同学的发问，并认真思考。因为对于一般学生来说，课本中关键性的问题是大致相同的。

4. 正确对待考试的技能

虽然久经考场，从千百次的考试中走过来了，但大学生们面对考试，压力仍然很大。有的总觉着获得的成绩和努力不成正比。有的则因考试而丧失信心，产生自卑；有的则对考试过分焦虑，甚至出现了强迫症症状；还有的为分数而作弊，更有的自暴自弃。本来考试作为一种手段和尺度，主要是用来衡量学习和知识掌握的程度。如果大学生不能正确对待它，则会因考试而引起心理障碍，如焦虑、失眠、抑郁症、强迫症等。正确、积极地对待考试方法有以下三条。

（1）正确认识和看待考试　有的大学生把考试看做是和别人竞争的一种手段，认为要超过别人，就必须考试上胜人一筹。于是精神总是处于高度紧张之中，从而引起失眠、健忘等症状，有的甚至发展到强迫症状，严重影响正常的工作和学习。其实大学生都明白考试的含义，但是心里总是放不下、摆不正，不能坦然面对。因此我们说，不要将考试当做学习的唯一目的，更不要过分看重分数的高低，关键还是自己知识的真实掌握程度，更切忌将考试作为竞争或达到某种目的的手段，人为地给自己增加心理压力。

（2）注意考试中的心理卫生　减少过度的考试焦虑和考试怯场。考试焦虑是指担心考试失败有损自尊的一种负面情绪反应。表现为考试前后精神紧张、心烦意乱、失眠、健忘、注意力难集中、思维迟钝、记忆力下降等，并出现多汗、腹泻、感冒、眩晕等身体不适。考试怯场是焦虑情绪在考场上的反应，常常表现为心跳加快、情绪紧张、思维迟钝、恶心、烦躁、出汗、头晕等症状。这两种症状都会使考生的注意力分散、水平难以正常发挥及回忆困难，且熟悉的东西也会变得生疏；有时脑中一片空白，影响正常的发挥，严重者还引起焦虑症和强迫症。因此应该注意自己加以调节，平时树立自信心、勤奋学习，制订合理的学习和复习计划，做到心中有数；加强体育锻炼和营养，保证充足的睡眠和精力来参加考试。学会放松自己，尤其是平时学习和考场上，要运用深呼吸法或心理暗示法放松自己。

（3）寻求心理咨询　目前学习压力与学习障碍已成为大学生最常见的心理问题之一。这种现象有一定的客观原因，但主要和大学生个体的心理素质和学习目的、学习动机及需求有关。大学生当面临巨大的考试压力和考试焦虑，自己又难以从根本上调节的情况下，应注意及时寻求心理咨询的帮助，在咨询员的指导下，通过训练，及早摆脱考试给心理带来的重负和紧张。

本章小结

学习是指人在一定的环境中，对某些具体的经验、知识和技能的获得，并促进智力的发展、能力的提高、情感意志行为的变化过程。在教育上，学习则意味着通过模仿、读书、听课、研究、参加实际工作等获得知识和技能，并且要反复巩固所获得的东西。学习具有目的性、间接性、系统性、集中性、指导性等特点。

理工科大学生的学习任务主要包括五个方面的内容，其反映了理工科大学生培养目标的三个侧面：知识能力方面、情感方面和意志方面的目标。理工科大学生应具备的学习观主要包括学习的基础、学习的目标、学习的模式、学习风格和学习观念五个方面的内涵。

大学生学习过程可以划分为五个基本阶段：形成动机阶段、组织信息阶段、学习应用阶段、重复巩固阶段和迁移综合阶段，以上学习过程的后一阶段既是前一阶段的发展，同时，又会反作用于前一阶段。大学生在校学习还要经历从大到小两个不同层次的学习过程，第一层次学习过程为从入学到毕业，第二层次学习过程为从一门课程的开始到结束。

为适应工程造价系统性、综合性、严谨性等特点，通过严谨的职业资格认证考试成为工程造价人员，要求大学生在学习阶段能掌握良好的基础理论知识和技术方法，具有运用所学知识和方法分析、解决工程造价问题的能力。认真学好基础课程，注重知识的融会贯通、加强实践能力培养和锻炼综合能力素质，是学好工程造价专业知识、方法的基本要求。

【关键概念】 学习、实践意识、科技意识、学习动机、基础课程、实践技能、课程设计、综合技能

复习思考题

7.1　理工科大学生有哪些学习任务？这些学习任务包含了大学生培养目标的哪三个方面？

7.2　理工科大学生应具备的学习观有哪些？

7.3　大学生的学习过程可以划分为哪几个基本阶段？这些基本阶段之间有什么样的关系？

7.4　简述学习的客观规律和基本原则。

7.5　大学生应从哪些方面来培养自己的综合技能？

第8章　专业人士制度与就业指导

学习要点

本章介绍了工程造价专业人士的产生和专业人士制度的发展，我国注册造价工程师执业资格考试的相关内容和注册造价工程师的执业环境和范围，工程造价专业人才需求与就业指导。通过本章的学习，要求了解工料测量师和造价工程师的产生及其区别，了解我国造价工程师执业资格制度的发展过程及其相关规定。熟悉造价工程师的能力标准，树立责任风险意识，并掌握一定的风险控制措施，了解社会对工程造价专业人才的需求和就业领域。

8.1　专业人士的产生和专业人士制度的发展

8.1.1　工程造价专业人士的产生

从前面的学习中，我们知道工程造价专业人士在市场经济条件下的工程造价计价过程中发挥着非常重要的作用，建设项目的交易活动中离不开工程造价专业人士的工作。因此，从事工程造价咨询服务的人员成为建筑市场中一支非常重要的队伍。那么工程造价专业人士是如何产生的呢？

1. 造价工程师（工料测量师）的产生

造价工程师(Cost Engineer,CE)的产生有着悠久的历史，在英国他们被称为工料测量师(Quantity Surveyor,QS)。最早的建筑业组织形式是由业主自己施工建设，然后发展到业主直接雇用各种工匠进行施工，而业主则自己作为主要技术人员和管理人员来完成全部工程建设的设计和组织工作。16世纪前在欧洲，建筑师就是总营造师。他们受雇于业主，负责项目设计、购买材料、计算工程量、雇用工匠，并组织管理项目施工。后来，随着建筑技术的发展，出现了以下分工：一部分建筑师联合起来进行设计，在技术咨询领域内发展；另一部分建筑师则负责项目的施工或监督项目施工，形成了设计和施工的分离。设计和施工的分离不仅导致了业主对工程监督的需要，也导致了对工程造价进行确定与控制的需要。从此建筑师开始提供工程量清单(Bill of Quantities,BQ)，并负责从项目前期到结束的工程决算。建筑师根据业主要求承包商所承担的工作量，确定工程所需的费用，并在工程完工后，按照公平合理的单价结算，付给承包商工程款。

由于当时没有合适的准则作为计价标准，建筑师和承包商之间很难达成最终一致的结算。因此，承包商开始雇用自己的工程量核算人员，对建筑师提出的各项工程量清单进行核对。但是承包商往往由于利益驱动导致自己计算的工程量不断增大，致使业主和公众对项目各方，特别是建筑师与承包商都缺乏信任。直至19世纪初，英国政府规定建设项目必须有一名总承包商进行承包，于是产生了工程开工前承包商之间进行价格竞争并以总价合价为基础的招标方式。作为总承包招标的工作内容，客观上需要业主和承包商共同雇用同一位专业人士计算工程量，以便各承包商在同样的工程量清单上报价，避免重复劳动。1837年英国通过了《威烈特保护法》，要求雇用公用的工料测量师计算工程量。1862年，英国皇家建筑师学会发表声明支持由工料测量师提供工程量，反对由建筑师计算工程量。从此，工料测量师的地位有了稳固的基础。1868年英国测量师学会成立。1878年在英国颁布的《市政房屋管理条例》中，工料测量师的地位得到了法律承认。1946年启用皇家特许测量师学会称号。到了20世纪50年代，1951年澳大利亚工料测量师协会成立，1956年美国造价工程师协会也宣告成立。同时，其他一些发达国家的工程造价管理协会也相继成立。从20世纪70年代至今，各国的造价工程师协会先后开始了自己的造价工程师执业资格认可工作，纷纷推出造价工程师或工料测量师资质认可所必须完成的专业课程教育和实践经验，以及培训的基本标准。

2. 造价工程师与工料测量师

国际上工程造价专业人士从总体上可以分为造价工程师和工料测量师两大体系。

（1）造价工程师体系　美国的多数项目造价管理人员在通过了美国造价工程师协会的认可后，被称为“造价工程师”（Certified Cost Engineer, CCE）或造价咨询师（Certified Cost Consultant, CCC），在加拿大和其他没有造价工程师协会的国家也是如此。而且近些年来，为了满足广大青年专业人士希望早日获得一定的专业认证的需要，美国造价工程师协会在造价工程师的基础上，设置了预备造价咨询师（Interim Cost Consultant, ICC），预备造价咨询师只需要具备四年的相关专业经验。

（2）工料测量师体系　英国及英联邦国家的多数建设项目造价管理人员，在通过了相应的测量师学会，例如英国皇家特许测量师学会、澳大利亚工料测量师学会等的认可后被称为“工料测量师”。而且，在像英国和南非这样的国家，工料测量师和造价工程师同时并存，这两个国家都有自己的工料测量师学会和自己的造价工程师学会。

那么造价工程师和工料测量师两者有什么区别与联系呢？英国皇家特许测量师学会（RICS）认为皇家特许工料测量师是建筑队伍的财务经理，他们通过对建设造价、工期和质量的管理来创造和增加价值。他们的工作从最初的可行性分析，直至最终的项目竣工结算和评估。他们提供预算、造价计划、建筑合同方面的建议及有关承包商的选择建议，提供建设项目价值工程分析、财务账目核查，为税务和保险部门提供费用账目分析，并且为客户提供房屋经营与维护的全生命周期造价咨询服务。国际造价工程联合会(ICEC)认为造价工程师主要的职责涉及造价预算、造价控制和经营规划与管理科学的工程领域，它包括对建设项目和过程的管理、计划、排产和盈利分析。

可以说工程造价与工料测量非常相似，并且在很多方面是重合的。两者都是在建设项目管理领域工作，工料测量更多地注重建筑设计和建造，而工程造价更多地注重工程计划和过程。现将工料测量师、造价工程师所规定的工作职责和范围作一比较，见表8-1。

表8-1 造价工程师与工料测量师工作职责和范围的比较

造价工程师	工料测量师
① 建筑合同文本的服务/多种语言的造价估算服务 ② 行政控制管理 ③ 建筑领域中项目控制和工程咨询 ④ 建筑行业中高质量的工料测量/商务管理服务 ⑤ 工程造价估算服务 ⑥ 工程建设管理服务、造价估算服务、工程建设监管、进度计划、索赔等 ⑦ 资金项目管理 ⑧ 企业项目管理系统、计算机化管理、资产管理、风险和索赔管理、相关的系统集成和管理 ⑨ 提供本国的国家造价数据、估算服务/审计、培训活动、价值工程、索赔、程序支持、标杆管理、项目程序、专业的外部资源及PM/CM服务 ⑩ 全方位的工程咨询服务	① 提出最适合的项目实施方式，选择、组织和评价投标书及合同管理 ② 规划、估价和控制费用，评价设计方案，做可行性研究 ③ 提出费用控制基准和做预算 ④ 进行成本效益分析 ⑤ 制定合同条件，比如工程量表，但不局限于此 ⑥ 确定完成的施工工程量的价值，在施工中实施费用控制，确定变更和可能的变更引起的造价变化 ⑦ 安排资源供应时间表 ⑧ 编制计划和施工工作的进度计划，应用网络分析技术 ⑨ 分包合同管理 ⑩ 项目最终结算等

通过进一步对比来看，造价工程师与工料测量师所从事的工作大部分是一致的，但涵盖的范畴仍有一定区别。工程造价相对偏重于工程设计和造价控制，是从工程科学的角度出发，注重运用工程技术手段实现造价的预算与控制。而工料测量相对偏重于建筑设计和工料度量，更多地强调从管理科学的角度出发，突出组织的协调作用，注重从管理科学的角度，利用管理和专业技能提升项目的

价值。

8.1.2　工程造价专业人士制度的发展

1. 英国的工料测量师制度

（1）职称授予程序　在英国，工料测量师、预算师、高级预算师职称是由皇家测量师学会经过严格程序授予的。整个职称授予程序如图 8-1 所示。

任何有志于从事工程造价事业的人，无论其学历背景如何，都需要一步一步沿着专业阶梯前进，先是加入协会成为学生会员或见习会员，然后是一般专业会员，再通过考试申请执业资格。成为会员后可以在专业上不断提高，协会提供他们全过程的指导服务，帮助他们达到事业的顶峰。

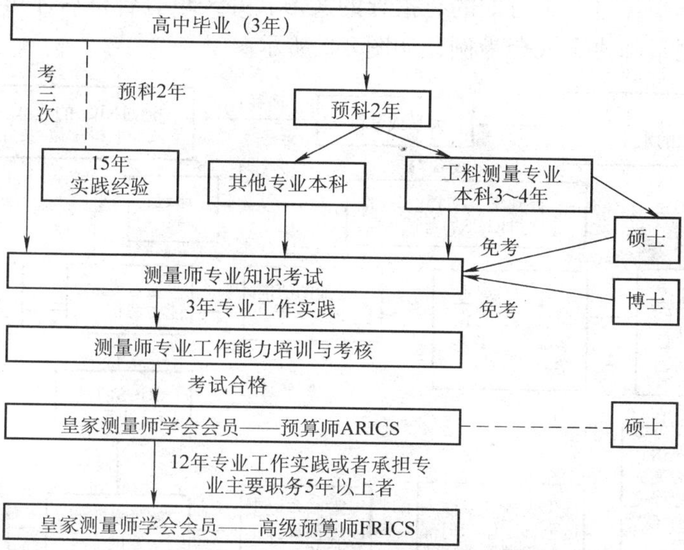

图 8-1　职称授予程序图

（2）测量师注册机构　英国主要的测量师注册机构有皇家测量师学会（Royal Institution of Charted Surveyors，RICS）和土木工程测量师学会（Institution of Civil Engineering Surveyors，ICES），两个学会所注册的测量师在从事的专业领域上有所区别，前者比较侧重于建筑工程，后者更侧重于土木工程。

皇家测量师学会（RICS）是由社会俱乐部形式发展起来的，成立的目的是为了提供一个对具体问题交换意见的论坛。RICS 的先驱可以追溯到 1972 年成立的“测量师”俱乐部，1834 年成立的“土地测量师”俱乐部，以及 1864 年成立的“测量师协会”。这些组织的会员依靠测量师这项职业的声誉服务于社会。到 1868 年，各种类似的测量师组织已经有了充分的共同目的，于是在当年的 3 月 23 日成立了测量师学会，即现在皇家测量师学会的前身。

英国土木工程测量师学会(ICES)的建立可追溯至20世纪60年代。当时，许多主要从事土木工程项目的工料测量师和土地测量师，认识到当时存在的专业机构不能充分代表土木工程的专业需求。那时，对工料测量师的教育和训练过分集中于楼宇建筑行业，而土木测量师则主要集中于地基和地形测量。因此，他们决定联合起来成立一个联合会，取名土木测量师联合会，并于1980年更名为土木工程测量师学会。

(3) 测量师(Chartered Surveyors)入会与注册　要求加入学会的人，必须具有报考大学或同等学历的水平。但想要被授予注册测量师(包括预算师 Chartered Quantity Surveyor)的正式职称，则必须通过学会的专业考试；或者是得到经学会承认的，可以免于学会专业考试的院校授予的学位及文凭。但无论何种方式都要求在实际工作中经过一定时期的有指导的实习，并经审查合格后才可正式授予职称。以皇家测量师协会入会为例，如图8-2所示。

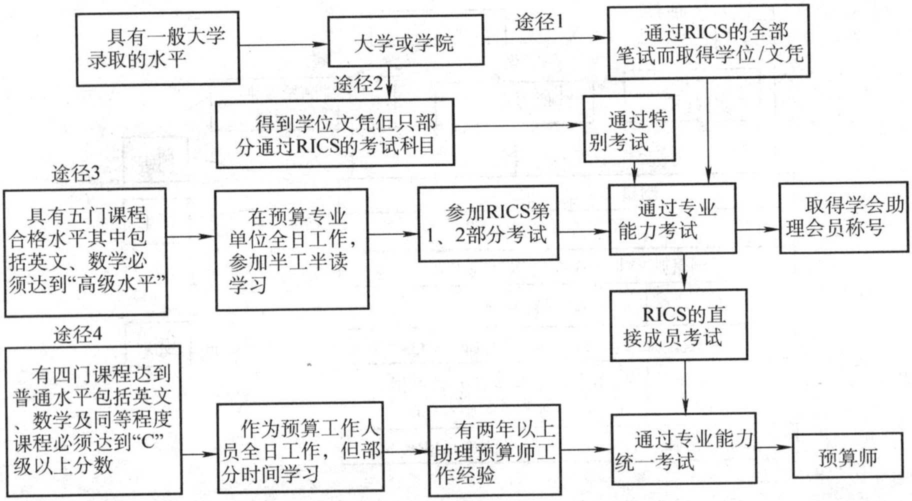

图8-2　皇家测量师学会入会途径

2. 美国的造价工程师制度

在美国，通常不对工程咨询机构的资质进行认证，而注重对执业人员的资格认证。从事工程咨询的专业人士主要有建筑师、专业工程师和成本估算师。而个人若要获得注册建筑师或注册专业工程师，必须符合相应的资格要求(包括学历和工作经验)，通过有关全国统一考试，并到州政府进行注册，才能获得注册或执业资格。但是成本估算师不属于美国政府注册的专业人士。然而在工程咨询服务中，成本估算师的作用却不可忽视，而且现在越来越多的业主要求从事成本估算的人具有认证资格，提供这种认证的组织有国际全面造价管理促进协会AACE-I和造价估算与分析师联合会SCEA。AACE-I提供两种认证：认证造价工程师(CCE)和认证造价咨询师(CCC)，两者的区别仅在于学历背景和工作经验的差异。

（1）AACE-I 认证目的及认证课程　国际全面造价管理促进协会是一个非盈利性职业协会，成立于 1956 年初，其前身为美国造价工程师协会(American Association of Cost Engineers,AACE)，于 1992 年更改为现名。在短短几十年，该协会发展迅速，目前在世界范围内有 5500 多名会员，是最大的服务于造价管理全过程的组织。并且在造价估价师、造价工程师、项目计划员、项目经理、项目控制专家行业协会中处于领导地位。AACE-I 的资格认证不是获得执业资格或注册，只是表明某人具有某行业最新的知识和技能。

AACE-I 的认证课程中包括成本估算、成本控制、管理科学、赢利分析、项目管理、计划和日程安排，以及其他有关成本管理科目。其中成本控制主要包含计划、制订方案、控制、网络方法等。

（2）AACE-I 认证的学历和工作经验要求　AACE-I 的认证资质有两种，分别是认证造价工程师(Certified Cost Engineers,CCE)和认证造价咨询师(Certified Cost Consultant,CCC)。造价工程师和造价咨询师的认证考试要求一样，他们的区别仅仅在于两者职业和教育背景的差异：造价工程师认证要求申请者有至少八年整的相关工作经验，其中四年已经具有工程学位或职业工程师执照。造价咨询师认证要求申请者在行业里有至少八年的工作经验，其中四年已经具有相关学科的四年制学位，这个相关的学位包括建筑工程、工程技术、贸易、会计、工程管理、建筑学、计算机科学、数学等。

认证要求个人在相关领域内具有教育背景和工作经验。申请者必须通过笔试，并准备一篇有关全面质量管理的技术性论文。该有关造价工程的专业论文字数不少于 2500 个字，并要在考试日期前提交。对于那些前三年内已经通过的论文，只要符合技术和长度要求，同样可以使用。同时申请人还必须成功地通过一个书面考试，并准备一篇关于全面造价管理的技术论文来证明自己获得的知识。书面考试为 6 小时，得分率必须在 70% 以上；论文必须由认证委员会审核通过。具体的认证途径，如图 8-3 所示。

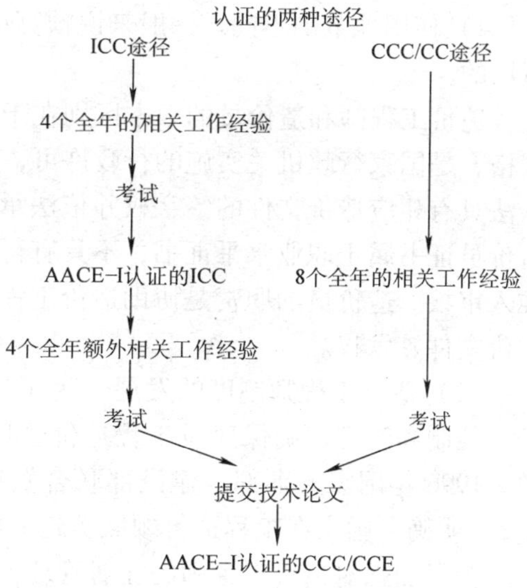

图 8-3　AACE 的认证体系

3. 中国内地工程造价专业人士制度的发展

我国2007年固定资产投资137323.9亿元，2008年固定资产投资172828.4亿元。从事工程造价专业的人员近百万人，这一队伍在专业和技术方面对管好用好固定资产投资发挥了重要的作用。在我国，工程造价专业人士包括造价员及造价工程师。

（1）造价员制度的发展　造价员是指取得《全国建设工程造价员资格证书》，在一个单位注册从事建设工程造价活动的专业人员。造价工程师是指取得《造价工程师注册证书》，在一个单位注册从事建设工程造价活动的专业人员。从事工程造价的专业人员在考取造价工程师之前可以考取造价员作为过渡。造价员资格考试分“工程造价基础知识”和“工程计量与计价实务”两个科目。《全国建设工程造价员资格证书》原则上每三年检验一次。

造价员以前称为预算员。我国建设部2005年在《关于统一换发概预算人员资格证书事宜的通知》中声明将概预算人员资格命名为“全国建设工程造价员资格”。2005年底前，中国建设工程造价管理协会(中价协)完成《中国建设工程造价员资格证书》的换证工作。

造价员和预算员除了名称改变之外，还存在以下不同：

1）概念不同。预算是造价范围内的一个小科目。

2）工作范围不同。预算员强调的主要是预算工作，而造价员则可以从事招投标、审计等范围较广的工作。

3）备案机制不同。预算员只要领了证、章就可以执业，不需要注册；而造价员则要登记注册，由当地造价管理部门进行管理和继续教育培训。

4）使用地范围不同。一般来说预算员只能在本省执业，而造价员则是全国适用的。

造价工程师和造价员的根本区别在于：造价工程师属于国家依法设定的职业资格，是国家行政机关实施的行政许可，是需职业市场准入审核的。造价工程师依法具有相应造价文件的签字权并依法承担法律责任。造价员是一种岗位设置，造价员证书属于职业水平证书，不具有行政许可的性质，也不需职业资格的市场准入审核。造价员的职责是协助造价工程师完成造价工作，造价员不具有独立的造价文件签发权。

（2）造价工程师制度的发展　为了加强建设工程造价专业技术人员的执业准入控制和管理，确保建设工程造价管理工作质量，维护国家和社会的公共利益，1996年国家人事部、建设部联合发布了《造价工程师执业资格制度暂行规定》，明确了国家在工程造价领域实施造价工程师执业资格制度。

为了加强对造价工程师的注册管理，规范造价工程师的执业行为，2000年3月建设部颁布了第75号部长令《造价工程师注册管理办法》，2002年7月建设部制定了《〈造价工程师注册管理办法〉的实施意见》，2002年6月中国工程造价管理协会制定了《造价工程师继续教育实施办法》和《造价工程师职业道德行为准则》，2007年制定了《注册造价工程师继续教育实施暂行办法》（中价协[2007]025号），并于2008年1月1日起施行，2010年发布《关于2010年至2011年注册造价工程师继续教育工作实施意见的通知》（中价协[2010]001号）等相关法规。至此，造价工程师执业资格制度逐步完善起来。

8.2　我国注册造价工程师执业资格制度概述

8.2.1　报考资格

1）凡中华人民共和国公民，遵纪守法并具备以下条件之一者，均可申请造价工程师执业资格考试：

a. 工程造价专业大专毕业，从事工程造价业务工作满五年；工程或工程经济类大专毕业，从事工程造价业务工作满六年。

b. 工程造价专业本科毕业，从事工程造价业务工作满四年；工程或工程经济类本科毕业，从事工程造价业务工作满五年。

c. 获上述专业第二学士学位或研究生毕业和获硕士学位，从事工程造价业务工作满三年。

d. 获上述专业博士学位，从事工程造价业务工作满两年。

2）上述报考条件中有关学历的要求是指经国家教育部承认的正规学历，从事相关工作经历年限要求是指取得规定学历前、后从事该相关工作时间的总和。

3）根据“国人部发〔2005〕9号”文件精神，凡符合造价工程师执业资格考试有关规定的我国香港、澳门地区居民，均可按照规定的程序和要求，报名参加相应专业考试。

8.2.2　考试内容

全国造价工程师执业资格考试由国家建设部与国家人事部共同组织，日常工作由建设部标准定额司承担。全国造价工程师执业资格考试实行全国统一大纲、统一命题、统一组织的办法。原则上每年举行一次，并在省会城市设立考点。考试采用滚动管理，共设五个科目，参加考试者报考四科（安装和土建二选一），单科滚动周期为两年。

考试科目有：“工程造价管理基础理论与相关法规”、“工程造价计价与控制”、“建设工程技术与计量”（土建或安装）、“工程造价案例分析”。其中，“工程造价案例分析”为主观题，在答题纸上作答；其余三科均为客观题。考试形式均采用闭卷笔试的办法。

考试以两年为一个周期，报考全部科目的考生在连续两个考试年度内通过全部科目方为合格，全部考试科目合格后可发放《全国注册造价工程师执业资格证书》。免试部分科目的考生，在一个考试年度内通过应试科目方可发放《全国注册造价工程师执业资格证书》。

8.2.3 注册制度

为了加强对注册造价工程师的管理，规范注册造价工程师执业行为，维护社会公共利益，建设部于2006年讨论通过《注册造价师管理办法》，并于2007年3月1日起施行。

(1) 注册条件　注册造价工程师的注册条件为：取得执业资格，受聘于一个工程造价咨询企业或者工程建设领域的建设、勘察设计、施工、招标代理、工程监理、工程造价管理等单位，无规定不予注册的情形。

(2) 注册程序　取得执业资格的人员，可自资格证书签发之日起一年内，向聘用单位所在地的省、自治区、直辖市人民政府建设主管部门(以下简称省级注册初审机关)或者国务院有关部门(以下简称部门注册初审机关)提出注册申请。

逾期未申请者，须符合继续教育的要求后方可申请初始注册。初始注册的有效期为四年。

(3) 初始注册　申请初始注册的，应当提交下列材料：①初始注册申请表；②执业资格证件和身份证复印件；③与聘用单位签订的劳动合同复印件；④工程造价岗位工作证明；⑤取得资格证书的人员，自资格证书签发之日起一年后申请初始注册的，应当提供继续教育合格证明；⑥受聘于具有工程造价咨询资质的中介机构的，应当提供聘用单位为其交纳的社会基本养老保险凭证、人事代理合同复印件，或者劳动、人事部门颁发的离退休证复印件；⑦外国人应当提供外国人就业许可证书，中国台港澳人员应提供就业证书复印件。

(4) 续期注册　注册造价工程师注册有效期满需继续执业的，应当在注册有效期满30日前，按照《注册造价师管理办法》中相关规定的程序申请延续注册。延续注册的有效期为四年。申请延续注册的，应当提交下列材料：①延续注册申请表；②注册证书；③聘用单位签订的劳动合同复印件；④前一个注册期内的工作业绩证明；⑤继续教育合格证明。

(5) 变更注册　在注册有效期内，注册造价工程师变更执业单位的，应当与原聘用单位解除劳动合同，并按照规定的程序办理变更注册手续。变更注册后延续原注册有效期。

申请变更注册的，应当提交下列材料：①变更注册申请表；②注册证书；

③与新聘用单位签订的劳动合同复印件；④与原聘用单位解除劳动合同的证明文件；⑤受聘于具有工程造价咨询资质的中介机构的，应当提供聘用单位为其交纳的社会基本养老保险凭证、人事代理合同复印件，或者劳动、人事部门颁发的离退休证复印件；⑥外国人应当提供外国人就业许可证书，中国台港澳人员应提供就业证书复印件。

8.2.4 管理制度

（1）继续教育制度　为规范注册造价工程师继续教育工作，加强统一管理，提高注册造价工程师的专业水平和综合能力，中价协负责组织开展继续教育工作，各省级和部门管理机构应在中价协的组织下，负责开展本地区和本部门注册造价工程师继续教育工作。

申请初始注册获得批准的注册造价工程师，在取得《中华人民共和国造价工程师注册执业证书》(以下简称注册证书)的当年应参加所在省级和部门管理机构组织的初始注册教育培训。培训内容主要是：《注册造价工程师管理办法》、执业道德规范及相关法律法规等。

取得《中华人民共和国造价工程师执业资格证书》(以下简称执业资格证书)超过一年，但少于一个注册有效期(四年)申请初始注册的人员，在申请初始注册时，应提供自执业资格证书签发之日起至申请初始注册年度止，每满一个年度不少于30学时继续教育学习证明。

注册造价工程师暂停执业期间，应主动参加继续教育学习，其造价工程师执业资格保留。未参加继续教育学习的注册造价工程师申请恢复执业时，应补习暂停执业之日起至申请恢复执业年度止的继续教育学习课程。

超过一个注册有效期或者一个延续注册有效期未参加继续教育学习的造价工程师，申请初始注册或恢复执业申请时，应参加中价协组织的继续教育补习学习班，考核合格者由中价协出具相关继续教育合格证明。

（2）资格年检制度　为了加强对造价工程师执业的监督和管理，造价工程师执业资格实行年检制度。造价工程师执业资格年检由建设行政主管部门负责。造价工程师执业资格年检应报送下列材料：①造价工程师上年度从事工程造价业务情况汇总表；②造价工程师上年度完成的三个典型业务报告封面复印件(反映本人执业单位和执业专用章使用情况)或两份工程造价业务报告；③造价工程师继续教育证书复印件(反映本人上年度继续教育情况)。

造价工程师未通过年检的，限期整改，整改期间必须参加40小时的培训，并不得执行工程造价咨询业务。年检不合格的，由建设部注销其造价工程师执业资格，并予以公告。

（3）惩罚制度　造价工程师在其执业过程中还应遵守相关规定，否则应承担相应的法律责任。

8.2.5 专业能力标准

工程造价是一门职业技术性较强的应用学科，结合我国工程造价专业人士从业的范围、职责及未来的需求，构造了一个动态的有层次的专业人士能力体系，见表8-2。

表8-2 我国造价工程师的知识结构和能力标准

专业能力体系	技术平台	经济平台	管理平台	法律平台
基本能力	建筑技术	工程经济	项目沟通	建筑法律及规章
	工料测量技术	统计学	人际关系处理	
	计算机技术	财务管理	项目组织	
			商务管理	
执业能力	估算技术	可行性研究	战略规划	
	造价控制	价格评估	合同管理	
			采购管理	
发展能力	信息管理	价值管理	项目风险管理	争端解决
	全寿命期成本管理	会计、审计	质量管理	新的法律和规章
			集成管理	

（1）基本能力　此能力主要是为了搭建造价工程师所需要的基本能力平台，主要通过学历教育建立其系统性。各方面能力的主要内容有：

1）建筑技术。包括工程材料、土木工程施工、工程结构等方面知识的理解和运用。

2）工料测量技术。理解和运用工程建设中所涉及的标准术语、能够进行准确的工程计量。

3）计算机技术。信息处理的基本技术、有关的软件和硬件管理、网络技术、计算机辅助工程造价的能力。

4）工程经济。宏观经济学与微观经济学、现金流的现值和终值的处理、建筑业的国民经济分析、项目融资、敏感性分析、方案选择等。

5）统计学。概率论、预测技术、风险概率、统计检验、数据处理等。

6）财务管理。成本管理的一般概念、最优化管理、生产能力管理等。

7）项目沟通。通过口头、书面或其他方式进行有效沟通、能够准确地以正式书函方式进行意思表示，沟通技巧等。

8）人际关系处理。处理项目团队中的各方关系、激励理论、项目内部成员间的矛盾解决等。

9）项目组织。绘制组织结构图、识别项目参与各方的作用、职责、权利、义务、建立项目内部的横向和纵向的矩阵式结构。

10）商务管理。顾客满意度、客户关系管理、职业健康和安全管理、资源的合理分配及相应的成本管理。

11）建筑法律及规章。有关建筑合同的法律及规章、有关争端解决方法的不同形式。

（2）执业能力　执业能力是在基本能力的基础上建立起来的，在执业资格的考试过程中，应着重考察从业人员在各个方面的实践工作能力。

1）估算技术。具备项目全寿命期工程计量与计价的能力。

2）造价控制。工作分解结构及相应的项目编码、利用挣值管理作为成本控制及风险预测的手段、造价发展的趋势分析、对各种造价控制手段的掌握和运用。

3）可行性研究。获取相应的信息、数据评价和分析、对财务性和非财务性的回报进行分析、分析资本市场、分析供给和需求的统计数据、分析通货膨胀的影响、分析利率的影响。

4）价格评估。在熟悉价格学的基础上，掌握市场价格信息及其走向，能做出正确的价格判断。

5）战略规划。界定项目的范围、研究项目的可交付性、制定项目的成本计划、进度计划和质量计划、进行合理的资源分配、考虑项目与项目之间的关系和冲突矛盾(即从考虑单一项目发展到若干项目的综合考虑)。

6）合同管理。安排不同的合同类型、进度款支付和工程结算、变更和索赔管理、对合同履行过程中出现的价格波动情况进行处理、定期向上级汇报。

7）采购管理。检查项目的可交付性、准备工程量清单及其他所需的文件、准备投标文件、执行投标人的选择程序、进行谈判、评标并选择中标人。

（3）发展能力　发展能力主要是在基本能力和执业能力的基础上进行拓展，其具体的能力标准可以根据造价管理和项目管理新的发展前沿进行调整。其主要内容包括：

1）掌握新出现的知识。如全寿命期成本管理、价值管理、集成管理等。

2）造价工程师原执业领域的拓展。包括项目风险管理、质量管理、信息管理(主要指工程造价数据库的建立和使用)、会计、审计、争端解决等。

另外，从工程造价全过程角度进行工程造价专业人才能力的培养，可对所需专业能力按照项目管理全过程，分阶段进行细分，见表8-3。

表 8-3 工程造价专业能力标准分层结构

专业能力	决策阶段	实施阶段			收尾阶段及运营阶段
		设计阶段	招投标与合同准备阶段	施工阶段	
基本能力	建筑技术、项目管理、相关法律法规、工程经济、工程财务、工程造价信息管理技术				
核心能力	① 项目投融资 ② 项目可行性研究及评估 ③ 投资估算 ④ 造价信息管理	① 工程计量 ② 工程计价	① 招标、投标文件编制 ② 合同文件准备和安排 ③ 工程项目采购管理	① 合同管理 ② 结算支付管理 ③ 变更管理	① 建设单位会计与审计 ② 竣工决算 ③ 项目后评估
发展能力	① 项目资源管理 ② 客户关系管理 ③ 多项目管理 ④ 企业战略管理	① 全寿命期造价(LCC) ② 价值管理(VM)		① 索赔管理 ② 挣值管理 ③ 争端解决	① 造价监督 ② 资金审计 ③ 税收 ④ 资产管理

8.3 我国注册造价工程师执业环境和执业范围

8.3.1 执业机构

造价工程师是指通过全国造价工程师执业资格统一考试或者资格认定、资格互认，取得中华人民共和国造价工程师执业资格，并按照《注册造价工程师管理办法》注册，取得中华人民共和国造价工程师注册执业证书和执业印章，从事工程造价活动的专业人员。造价工程师的执业机构有：建设单位、施工单位、房地产单位、建设工程咨询单位、建设工程监理单位、勘察设计单位、招投标代理机构、工程造价管理、造价师事务所、工程审计、财政金融等企事业单位。

8.3.2 业务内容

(1) 执业范围　依据《造价工程师执业资格制度暂行规定》，凡从事工程建设活动的建设、设计、施工、工程造价咨询、工程造价管理等单位和部门，必须在计价、评估、审查(核)、控制及管理等岗位配套有造价工程师执业资格的专业技术人员。《注册造价工程师管理办法》(建设部第150号令)规定造价工程师执业范围包括：

1) 建设项目建议书、可行性研究投资估算的编制和审核，项目经济评价，工程概、预、结算、竣工结(决)算的编制和审核。

2）工程量清单、招标控制价（或者控制价）、投标报价的编制和审核，工程合同价款的签订及变更、调整、工程款支付与工程索赔费用的计算。

3）建设项目管理过程中设计方案的优化、限额设计等工程造价分析与控制，工程保险理赔的核查。

4）工程经济纠纷的鉴定。

（2）注册造价工程师的权力和义务

1）注册造价工程师享有下列权利：使用注册造价工程师名称、依法独立执行工程造价业务、在本人执业活动中形成的工程造价成果文件上签字并加盖执业印章、发起设立工程造价咨询企业、保管和使用本人的注册证书和执业印章、参加继续教育。

2）注册造价工程师应当履行下列义务：遵守法律、法规、有关管理规定，恪守职业道德；保证执业活动成果的质量；接受继续教育，提高执业水平；执行工程造价计价标准和计价方法；与当事人有利害关系的，应当主动回避；保守在执业中知悉的国家秘密和他人的商业、技术秘密。

8.3.3 责任风险

1. 责任风险的定义

责任风险是指因个人或团体的疏忽或过失行为，造成他人的财产损失或人身伤亡，按照法律、契约应负法律责任或契约责任的风险。

2. 造价工程师责任风险

造价工程师责任风险是指造价工程师在执业过程中，由于受到各种不确定性因素的影响，其实际收益与预期收益发生一定偏差，从而有蒙受损失和获得额外收益的机会或可能性。造成造价工程师的风险可以从外部和内部两方面来分析，如图 8-4 所示。

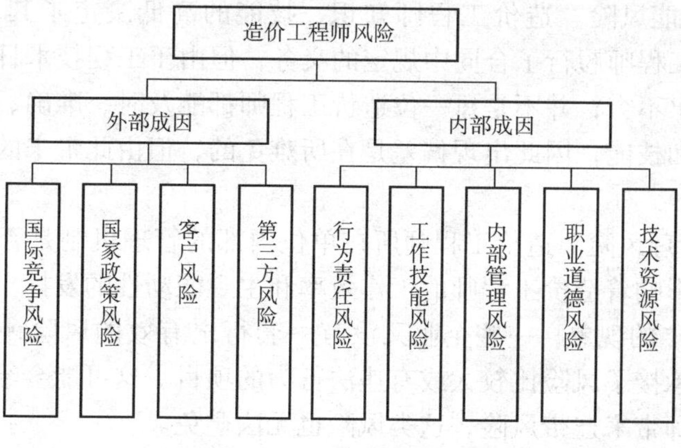

图 8-4　造价工程师风险成因

(1) 外部成因引起的风险

1) 来自国际竞争的风险。国外工程造价咨询人员具有丰富的经验、先进的现代化手段，熟悉国际惯例，掌握许多符合市场经济要求的计价方式，具有良好的诚信度、更宽广的服务范围，能为客户提供优质高效的服务。而我国企业在开拓国际市场时，对国际惯例或项目所在国的法律、法规、文化习惯不熟悉，从而给造价工程师带来风险。

2) 来自国家政策的风险。国内政治、经济、法律环境的变化，政策、执业资格管理办法等的变更，都会给造价工程师带来风险。如提高行业准入标准和执业要求、实施清出制度等。

3) 来自客户的风险。由于存在信息不对称问题，客户可能为了自身的利益提供不完善的资料，而造价工程师很难觉察，给他方造成损失，可能引起他方诉讼，从而带来风险。另一方面，客户可能为了自身的利益，通过各种手段和压力，苛刻要求造价工程师挤压或提高工程造价，使得造价报告偏离实际水平，给造价工程师带来较大风险。

4) 来自第三方的风险。工程造价报告的间接使用者——第三方(包括债权人、实际的或潜在的股东、供应商、银行和其他贷款人等)——可能由于信任报告而造成损失。如可行性研究报告评价较好的项目，实施后没能取得预期效益，可能损害了第三方利益，给造价工程师带来信任危机。

(2) 内部原因引起的风险

1) 行为责任风险。它是指造价工程师不履行合同义务或者履行合同义务不符合约定，在工作中发生主观上有意或无意的失职行为给委托方、第三方造成损失而承担违约责任的风险。如由于疏忽大意，对某些该实行检查的项目未进行相应的检查，或者虽然进行了检查，却未能发现隐患，并因此给工程造成损失，造价工程师要负相应的责任。

2) 工作技能风险。造价工程师知识、技能的高低决定了其工作质量的好坏。尽管造价工程师履行了合同中规定的义务，但由于工程技术日新月异，新材料、新工艺层出不穷，并不是每一位造价工程师都能及时、准确、全面地掌握所有的相关知识和技能，因此出现偏差是在所难免的，但由此带来的风险要由造价工程师来承担。

3) 内部管理风险。造价工程师所在单位内部的管理机制是否健全，运作是否有效，直接影响着造价工程师的工作效率和主观能动性的发挥。如我国目前存在“僧多粥少”的现象，一些企业又没有一套行之有效的风险评价体系，而出于多种原因，承接了风险比较大或有违法行为的项目。这可能会给直接从事该项目的造价工程师带来连带风险，这类风险也无法避免。

4) 职业道德风险。为了规范造价工程师的职业道德行为，提高行业声誉，中价协发布《造价工程师职业道德行为准则》(中价协[2002]第015号)，给造价工程师的执业提出了一系列约束法则。

5）技术资源风险。由于受到技术资源的限制，造价工程师无法对施工过程进行全面细致的检查。企业不具备造价软件和相应设备，使工程造价工作很难按时、按量完成。提供给造价工程师的图纸，工程变更、现场签证等基本材料存在问题。所有这些都会使造价工程师面临风险。

8.3.4　风险控制

造价工程师面临的风险是复杂的、多方面的，控制和防范这些风险也应是多方面、多角度的。

1. 对造价工程师外部责任风险的管理

（1）建立合伙制机构　合伙制企业是由两个以上的个人联合经营的企业，合伙人分享企业所得并对营业亏损共同承担责任。造价工程师的合伙是指由两个(包括公民、法人)或两个以上的造价工程师根据共同协议组成的联合体。合伙制的特征是造价工程师必须共同出资、共同经营、共同收益、共担风险，并对合伙联合体债务承担无限连带责任。

（2）建立行业自律制度　保护信誉良好的咨询企业，建立类似黑名单的制度，对从业人员在工作中徇私舞弊、滥用职权、收受贿赂或严重失误有一定的抑制作用。由行业协会公布“黑名单”，并在年检时给予处分，直至终身取消执业资格。

（3）建立信用评级制度　建立中介机构和从业人员的信用评级制度。由信用评级机构根据中介机构及其从业人员的履约记录、营业记录、资信情况等进行信用评级，以促使工程造价咨询人员自觉遵守市场秩序，严谨认真的完成本职工作。

（4）完善法律体系　我国建设工程造价管理存在政策法律不完善的现状，主要表现在：不同层次的法律、法规、规章、制度之间存在相矛盾的状况；法律、法规、规章、制度的覆盖率不是很大，部分定义不够明确。因此，一方面需要理顺现有法律之间的关系，对相互矛盾之处要进行修订；另一方面需要不断立法，完善法律、法规的覆盖面，对有必要进一步明确的地方进行明确。除此之外，针对有法不依、执法不严的情况还要建立有效的监督机制。

（5）推广担保制度　推广担保制度可以提高工程造价咨询单位的信誉水平。要求造价咨询机构在承揽业务时，提供金融或其他担保机构出具的保函。

（6）拓宽造价工程师服务面　造价工程师的执业岗位从传统的建筑业扩展到房地产业、投资行业、银行业、保险业以及法律、税务等诸多行业。其工作内容也从工程造价的分析、控制与核算这一单一的工作内容扩展到工程合同管理与法律事务服务、工程项目管理，为保险业提供工程索赔理赔金额计算、为仲裁机构或法律部门提供有关工程造价方面的权威性裁决意见等。

（7）加强我国造价工程师的继续教育　为适应新形势的发展要求，拓展我国造价工程师的知识结构，从以下几个内容方面加强造价工程师的继续教育：经济学基础知识、工程项目风险管理理论、建设法规、投资策略与工程经济分析、工程合同管理、现代项目管理、计算机与信息管理知识等。

2. 对造价工程师内部责任风险的管理

风险源是风险发生的根源，消灭了风险源便可以控制风险的发生。消灭造价工程师的风险源可从以下几个方面着手。

（1）严格履行合同　严格履行合同是防范风险的基础。造价工程师必须树立牢固的合同意识，对工作中涉及的所有合同，都要做到心中有数。对自身的责任和义务要有清醒的认识，既要严格按合同的规定履行自身的责任和义务，又要注意在职责范围内开展工作。合理地运用自身掌握的专业技能，最大限度地降低损失。

（2）提高专业技能　造价工程师的专业素质、知识结构、执业技能是其提供服务的必要条件。造价工程师只有通过不断学习，培养团队组织协调能力，才能适应社会和科学技术不断发展变化的需要。进而减少因不熟悉新工艺、新材料、新技术、新规范等给委托方、第三方带来损失。

（3）提高内部管理水平　设置合理的企业内部机构，建立严格的岗位责任制度，是减少造价工程师责任风险的重要措施之一。如结合工程实际，制定行之有效的人事管理制度、劳动合同管理制度，建立和健全激励和约束机制、造价质量考核制度等。

（4）加强职业道德约束　企业一方面可以采用奖惩制度，将职业道德行为与经济效益挂钩，有效防范造价工程师职业道德带来的风险；另一方面要加强造价工程师的职业道德教育，使遵守职业道德成为造价工程师的自觉行为。同时建立有效的监督机制，如将造价工程师职业道德行为与资格年检和清除制度相联系等。另外，造价工程师应对承包方进行重点监督，加强对其职业道德的约束，防范因承包方的职业道德低下而给自身带来风险。

（5）推行职业责任保险制度　由于工程造价计价与控制具有个别性、差异性、动态性、大额性等特点，造价工程师在进行业务活动时必然会面临较大的风险，因此，建立造价工程师职业责任保险制度，既是造价工程师运用市场手段来转移责任风险，减少财务损失的重要风险管理对策，也是减少委托方及第三方损失，降低整个工程建设风险的重要对策。

综上所述，造价工程师面临的风险是多方面的。在执业过程中，应增强风险防范意识，正确分析和评价其风险，选择合理的风险管理对策，降低风险可能带来的损失。

8.4 专业人才需求及就业指导

8.4.1 工程造价专业毕业生工作现状

在我国建筑市场上，工程技术、管理专业人力资源数量总体上较少，而且复合型、高水平的科技人员不多，技术创新能力差。工程造价行业从业人员状况可归纳为：大量工程造价人才在各自岗位上已经和正在发挥重要的作用，但普遍的存在知识面过窄，综合管理能力不强，面向国际市场的能力不足等问题。因此，提高整个建筑业尤其是建筑企业生产一线技术和管理岗位专业人才的数量和素质是当前建筑业发展面临的亟待解决的问题。建筑工程技术、管理专业人力资源现状决定了该专业毕业生市场需求量大，就业形势令人看好。

【课外阅读】　　2009 年造价行业就业及薪酬调查报告

伴随着 2010 年 3 月份招聘高峰期的来临，整个造价行业 2010 年的就业市场前景看好。在 2009 年整个造价行业就业形式和薪酬状况如何？国内专注于造价行业的人力资源网站——造价英才网，联合业内知名论坛——偶旺造价论坛、两天网，经过 2 个月的调查，特发布《2009 年造价行业就业及薪酬调查报告》。

调查内容：本次调查重点是造价行业就业情况及造价工程师、造价员等主要职位的薪酬情况。

调查方法：偶旺造价论坛、两天网、造价英才网在线问卷、造价英才网客服电话调查。

行业背景分析：造价行业发展前景可观。

1. 造价行业人才就业调查

通过调查发现造价行业人才就业区域分布如图 8-5 所示。

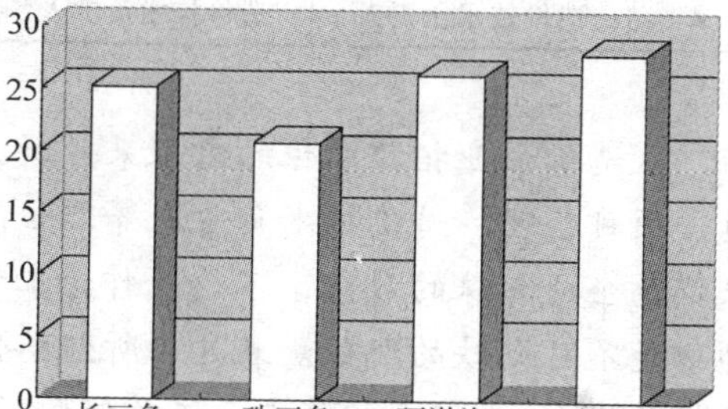

图 8-5　造价行业人才就业区域分布图

针对造价行业的就业分析。人员的分布主要还是在长三角、珠三角、环渤海三大区域。除此之外，川渝地区在 2009 年的发展也是十分的迅速。统观 2010 年的整体就业趋势，从初期的大型知名企业掌握着我国造价行业 60% 的中高端优秀人才，到现在人才格局的进一步合理化：长三角、珠三角、环渤海三大区域的优秀人才将进一步流通至内地。而随着内地造价企业的发展，对优秀人才的需求量也将越来越大，需要他们为企业注入新鲜的血液，带来先进的工作理念和企业管理思想等。

虽然自2010年春节后，全国多个城市闹民工荒，但是从造价英才网上统计的数据显示，本网站不管是高级人才注册量、简历更新量和投递量都是持续上升。与2009年的数据对比：2010年1月竞争指数是30，也就是说平均一个工作岗位有30个人在申请；反观2009年1月份，竞争指数是60。同期比较，就业环境有了很大改进，竞争缓和。

2. 2009年造价行业招聘企业形势

2009年造价行业招聘企业形势如图8-6所示。

从2009年开1月份开始，造价行业招聘企业数出现短期下降，春节后又出现上涨，到2009年10月份，已经有2300家以上，虽然3～6月份出现一定平稳，7月开始，招聘企业数进一步扩大增长，市场对行业人才需求明显回升。

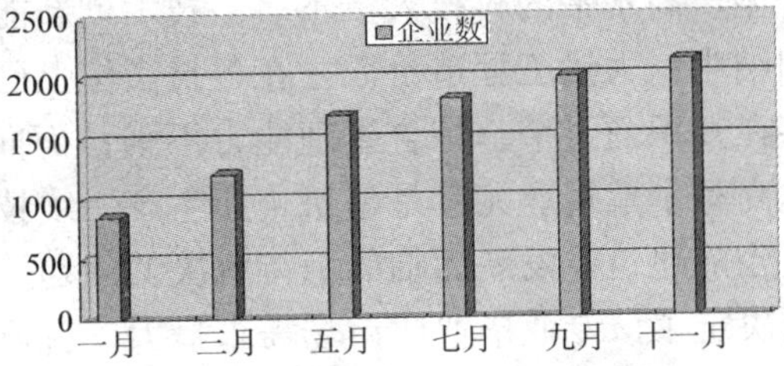

图8-6 2009年造价行业招聘企业形势

3. 造价行业主要招聘职位及人才申请职位排名对比

造价行业主要招聘职位及人才申请职位排名对比见表8-4。

表8-4 造价行业主要招聘职位及人才申请职位排名对比

排名	主要招聘职位	主要申请职位	排名	主要招聘职位	主要申请职位
1	造价工程师	造价工程师	5	注册咨询工程师	招标师
2	造价员	造价员	6	招标师	注册咨询工程师
3	项目经理	项目经理	7	注册会计师	招标代理员
4	造价技术负责人	造价技术负责人	8	招标代理员	注册会计师

从造价企业招聘职位的需求来分析，需求最多的是造价工程师，其次是造价员、项目经理、造价技术负责人等职位。注册造价工程师作为中高端人才一直以来都是企业青睐的对象，不论是作为工程管理还是企业资质升级，注册造价工程师都是不可或缺的职位。表8-4所列职位中，对造价技术负责人要求较高，一般是指具有10年以上相关专业工作经验及高级工程师职称。

从造价人才申请职位排名来分析，造价工程师依然是人才需求最多的职位，其次是造价员及项目经理。在造价行业，造价工程师是最重要的职位，它承担着提高建设工程造价管理水平，维护国家和社会公共利益的职责。

4. 造价行业主要从业人才薪酬状况

造价行业主要从业人才薪酬状况如图8-7所示。

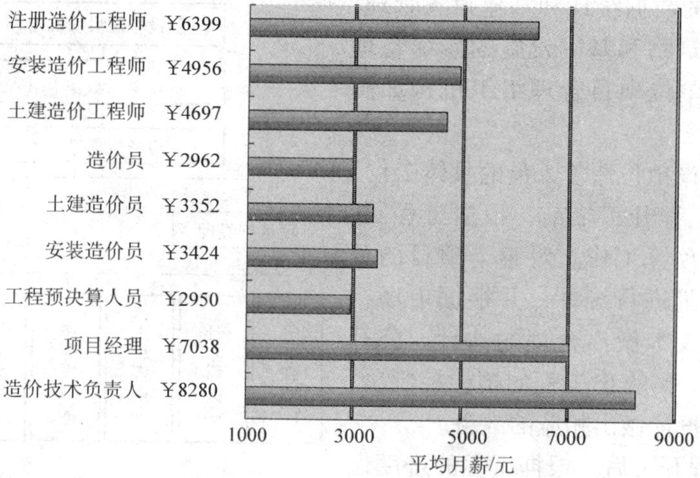

图 8-7　造价行业主要从业人才薪酬状况

注：以上调查得出均为 2009 年该职位在全国的平均月薪水平。

8.4.2　工程造价专业学生就业领域

工程造价专业是教育部根据国民经济和社会发展的需要而新增设的热门专业之一，是以经济学、管理学为理论基础，以工程项目管理理论和方法为主导的社会科学与自然科学相交的边缘学科，旨在培养掌握工程造价管理的基本理论与方法，具备从事工程造价的确定和分析、工程预算和竣工决算的编制、工程招标投标和合同管理、投资控制、房地产估价等基本技能的高等工程技术应用型人才。

总体来说，工程造价专业学生就业领域相当广泛。根据教育部就业指导中心最新公布的全国高校本专科专业就业报告，2009 年全国高校本专科毕业生初次就业率，在文科专业中，经济、管理类专业明显高于文史类专业。而理科专业中，工程管理与轨道交通相关专业就业率最高，工程造价专业就业率超 95%，在全国主要本科专业就业率中排行 11。工程造价专业学生就业领域大致可以分为以下五类。

1. 建设单位

（1）建设单位简介　建设单位（也称业主或甲方）是国家基本建设计划的执行者，是基本建设投资的使用者，是工程建设的组织者和监督者，同时又是建成工程的使用者，在整个基本建设中起主导作用。

基建处是负责管理建设单位基本建设的行政职能部门。具体职能包括：按照单位确定的发展规划，负责向上级管理部门申报建设项目的立项、编制基建计划、并办理项目报批手续；负责实施项目建设的前期准备、施工项目管理及竣工验收和资料归档，代表单位负责项目建设的进度控制、质量控制和投资控制；负责建设项目的数据统计和基建财务管理；负责单位建筑物和基础设施的修缮管理工作。建设单位项目管理组织机构如图 8-8 所示。

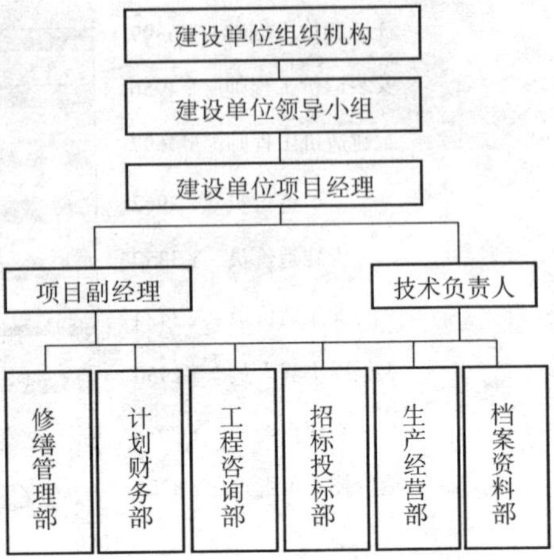

图 8-8　建设单位项目管理组织机构

（2）建设单位造价人员的具体工作

1）在工程开工之前，根据工程图，做好项目的预算工作。对整个项目的分部分项工程量进行统计，并根据市场行情，对项目成本做出合理的估计。公开招标的工程，需算出工程的招标控制价。为工程招标投标做出相应的准备。

2）工程开工后，根据工程的进度做好相关的统计工作，如各种经济类台账、报表，并及时上报给公司相关合同预结算部门，让公司决策层对项目资金需要量及使用情况有个详细了解。

3）对施工单位、材料供应商的经济报表或者工程量结算单进行审核，主要审核依据相应合同、工程图、定额等。

4）为公司洽谈施工发包合同、材料采购合同等提供智力支持，必要时，多渠道询价。

5）工程结束后，审核施工单位的竣工决算。并配合做好审计工作。

相对于施工单位造价人员，建设单位造价人员项目前期工作量比较多，工程进展过程中，主要侧重于审核工作，地位高于施工单位造价人员。

2. 施工单位

（1）施工单位简介　施工单位是工程造价专业本科毕业生就业的主要渠道之一。施工单位也称乙方，是指建筑工程的总承包单位或分包单位、劳务分包单位。如果工程项目由建设单位直接施工，那建设单位也可以称为施工单位。施工单位具体职位有：经理级别的有商务经理，主管级别的有经营主管、财务主管、科员有预算员、施工员、材料员、安全员、资料员、质检员、试验员等。施工单位项目管理组织机构如图 8-9 所示。

（2）施工单位造价人员的具体工作

1）招标投标阶段的造价管理。工程造价人员负责投标文件商务标的编制，在编制投标文件前应逐条研究招标文件，摸清招标人的要求及意图。进行现场勘察，充分理解、掌握招标图纸的范围、主要工作内容，归纳总结工程的重点、难点部分。了解现场施工条件及物资供应状况、劳动力状况等。协助技术人员确定主要施工方法，安排施工进度计划等。结合企业定额、市场价格信息最终做出合

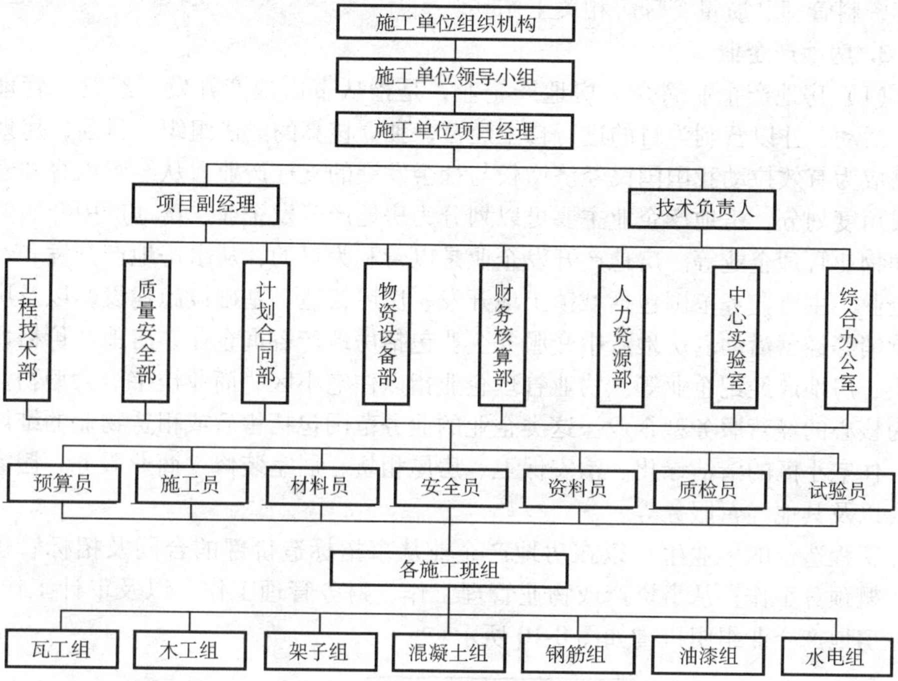

图 8-9 施工单位项目管理组织机构

理的报价。

2）施工阶段的造价控制。施工阶段是资金投入最大的阶段，是合同的具体化，是招标投标工作的延伸。为控制工程造价，造价人员应协同技术人员从技术措施上展开项目投资的有效控制，确定能合理地利用人力、财力、物力资源，并且使造价最低的方案。对主要施工技术方案做好论证的基础上，广泛应用新材料、新工艺、新办法等，想方设法在技术上实施项目投资的有效控制。此外，在施工阶段，工程造价人员还应协助资料员收集整理工程变更、工程签证方面的资料，为工程结算打下一个良好的基础。

3）竣工阶段的成本控制。施工单位的竣工结算是施工企业按照合同规定的内容全部完工，交工后与建设单位按照合同约定的合同价款及合同价款调整内容进行的最终工程价款结算。这就要求造价人员认真复核施工过程中出现的设计变更、施工签证、索赔事项及材料、设备的认价单并将其量、价分别与工程实际和市场价格进行对比分析，实事求是认真地进行统计分析，不能照搬招标控制价或报价的模式，做出真实反映工程实际费用开支的计价文件。同时要从竣工结算中总结经验，吸取教训，为今后的工程造价管理工作积累基础资料，建立工程造价资料数据库，正确分析和判断工程造价的发展趋势，预测工程造价。

此外，工程造价毕业生在施工单位还可从事施工管理、材料管理、安全管理、资料管理、质量管理等相关工作。

3. 房地产企业

（1）房地产企业简介　房地产企业，是指从事房地产开发、经营、管理和服务活动，并以营利为目的进行自主经营、独立核算的经济组织。目前，房地产业已成为有效拉动我国国民经济增长与社会发展的支柱产业。从经营内容和经营方式角度划分，房地产企业主要可以划分为房地产开发企业、房地产中介服务企业和物业管理企业等。房地产开发企业是以营利为目的，从事房地产开发和经营的企业。主要业务范围包括城镇土地开发、房屋营造、基础设施建设，以及房地产营销等经营活动。房地产中介服务企业包括房地产咨询企业、房地产价格评估企业、房地产经纪企业等。物业管理企业指以住宅小区、商业楼宇等大型物业管理为核心的经营服务型企业。这类企业的业务范围包括售后或租赁物业的维修保养、住宅小区的清洁绿化、治安保卫、房屋租赁、居室装修、商业服务、搬家服务，以及其他经营服务等。

工程造价的毕业生可以在房地产企业从事招标造价部的合同及招标管理工作、概预算工作；从事资产或物业管理工作，财务管理工作，以及审计工作等。常见房地产企业组织机构如图 8-10 所示。

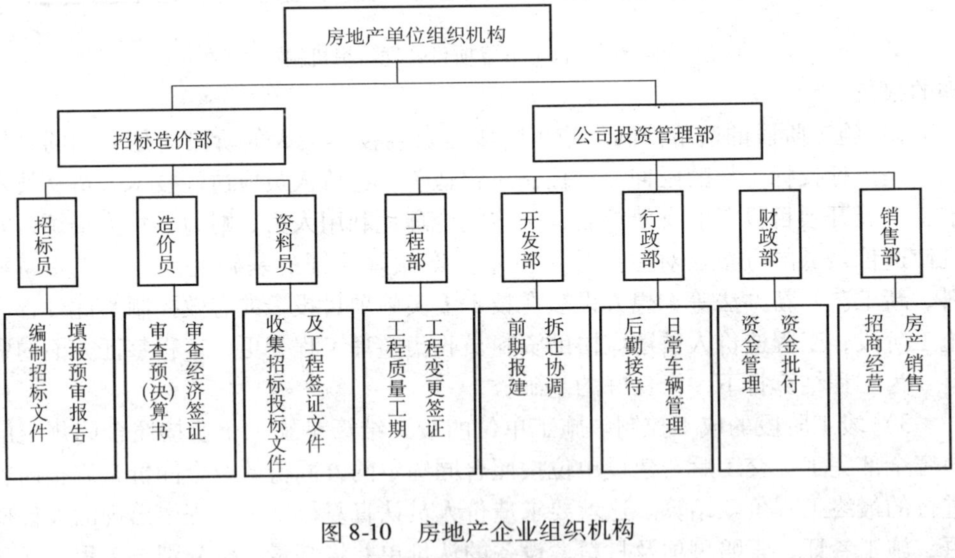

图 8-10　房地产企业组织机构

（2）房地产企业造价人员的具体工作

1）在项目立项进行可行性研究的阶段，造价人员的主要工作是可行性分析，包括市场分析评估、估算投资等，协助项目策划人员完成对项目的全程策划。设计阶段造价人员的主要工作是编制概算，设计经济效果分析控制。施工阶段，进行招标投标报价、控制投资，编制、审核预(决)算等。

2）为项目投资融资提供智力支持。造价人员要全面了解银行贷款、房地产信托、上市融资、债券融资等投资融资主要渠道，熟练掌握投资融资运作的相关规则和技术方法，能够根据具体的项目制定不同的融资方案，计算融资成本，预测融资状况对项目的影响，并估计项目的赢利水平，为项目的投资决策以及项目实施过程的成本控制提供对策和依据。

工程造价专业毕业生在房地产企业还可从事资产评估、置业顾问和中介经纪人等职务。

4. 咨询和监理单位

（1）工程造价咨询机构　造价咨询机构是指具备工程造价咨询、工程建设招标控制价编制、工程招标投标全过程代理资格的专业性工程机构，该机构实行董事会领导下的总经理负责制，下设总工程师办公室、市场部、招标投标代理部、工程造价咨询部和综合事务部等部门及分支机构。工程造价的毕业生可以任职于招标投标代理部、工程造价咨询部，从事以下工作：建设项目建议书与可行性研究及投资估算的编制、审核及项目经济评价，财政投资评审，各类土木工程、市政工程、线路管道和设备安装工程及装修工程招标代理，与工程建设有关的重要设备、材料采购招标代理，工程概算、预算、结算、竣工结(决)算、工程招标招标控制价、投标报价的编制和审核，提供建设项目各阶段工程造价监控及工程索赔业务服务，接受司法机关、仲裁机构委托对工程经济纠纷进行鉴定，建筑工程顾问，提供评估、招标及工程造价信息咨询服务，技术咨询等。工作内容从项目可行性研究到项目投资估算，从招标代理到项目管理，从招标控制价编制到工程造价监控，从工程造价审计到投资完成情况审计，涉及工程咨询的各个领域。

（2）建设监理公司　具有一定资质的监理公司可接受建设单位委托开展工程前期工作、规划咨询、编建议书、编可行性研究报告、评估咨询、招标代理及项目后评价等工作，也可承接各类工程设计和施工监理，主持各种类型工程招标投标业务、编审各类工程的预、结算和招标控制价等。工程造价人员可以对建设单位委托的工程项目投资决策、可行性研究、项目评估提供科学的、可靠的咨询服务，对建设单位委托的工程建设监理项目的投资、质量、进度进行有效的控制与监管。

工程造价本科毕业生初期可以在监理单位担任监理员，完成以下工作：

1）在监理工程师的指导下开展现场监理工作。

2）负责施工单位提交的开工报告、施工组织设计、技术方案、进度计划的初审工作。

3）检查施工单位投入工程项目的人力、材料、主要设备及其使用、运行状况，并做好原始检查记录。

4）负责工程计量工作，审核工程计量的数据和原始凭证。

5）对施工单位的施工工艺或施工工序进行检查、巡视和记录。

6）担任旁站工作，发现问题及时指出，并向专业监理工程师报告。

7）负责分项工程验收及隐蔽工程验收，参与工程项目的竣工验收。

8）协助监理工程师进行工程质量事故的调查。

9）做好监理日志并按照专业监理工程师的要求做好监理工作总结。

10）完成项目监理部安排的其他工作。

工程造价本科毕业生在取得高级专业技术职称、或取得中级专业技术职称后具有三年以上工程设计或施工管理实践经验时，可以报名参加监理工程师考试，取得《监理工程师执业资格证书》，并注册登记从事工程建设监理工作。

5. 其他机构相关职位

(1）定额办、造价总站　收集、整理、发布工程建设价格要素信息和工程造价指数，建立省级建设工程造价数据库，负责对建设工程造价咨询机构及从业人员的日常管理服务工作，负责调解有关建设工程造价方面的争议和纠纷，指导各市(区)建设工程造价管理机构的业务工作。

(2）建筑市场监管处　负责相关省市注册监理工程师、注册建造师、注册造价工程师的管理，负责进出省建筑施工、监理、招标代理、造价咨询企业的管理。

(3）建设工程招标投标管理办公室　负责贯彻建设工程招标投标的法律、法规、规章和政策，并组织实施与管理，监督发包承包合同与招标投标文件是否一致，监督规范有形市场的服务，全省建设工程招标投标的统计工作，及时发布工程项目及招标投标的动态信息。

(4）设计单位　相对大型的设计单位一般都设有经济所或经济处，也是工程造价的学生就业的一个途径。造价人员在此从事工程项目初步设计概算、预算、工程量清单计价(预算)，工程投标报价、工程预算审计、结算或决算审计，总承包项目现场费用控制等工作。

(5）建设银行工程造价中心　建设银行为了适应形势的发展，凭借其长期代行国家财政职能——从事固定资产投资管理和工程造价预(结)算审查业务所拥有的各类资源优势，组建起了提供工程建设监理、工程招标代理、工程造价咨询以及建设工程项目建议书和可行性研究报告编制等工程咨询类服务的中介咨询机构。主要业务范围应包括编制工程招标控制价、代审工程造价、接受委托代理工程监理、代理工程保险、建设项目可行性研究和评估、房地产估价、提供工程造价市场信息、受理法院以及工商等部门的委托鉴定工程造价、人才培训等。

(6）教师　工程造价专业的毕业生(研究生)可以留在高校或职业类学校从事工程造价相关专业的教育教学工作。

（7）招标投标代理机构　招标代理机构是依法设立、从事招标代理业务并提供相关服务的社会中介组织。工程造价专业的毕业生可以在招标投标代理机构从事招标代理业务，即接受招标人委托，组织招标活动。具体业务活动包括帮助招标人或受其委托拟定招标文件，依据招标文件的规定，审查投标人的资质，组织评标、定标等；提供与招标代理业务相关的服务，即提供与招标活动有关的咨询、代书及其他服务性工作。

（8）软件开发公司　工程造价的学生由于具备大量的工程计量与计价的相关专业知识，可以在软件开发公司从事工程造价管理相关软件的开发应用和技术支持等工作。与工程造价相关的软件有广联达软件、鲁班软件、神机妙算软件等。

以某211院校为例，该校2005级工程造价专业有本科毕业生34人，其中8人选择继续深造；22人进了施工单位工作，例如中建国际建设有限公司、中建三局建设工程股份有限公司、中建八局建设工程股份有限公司、中国对外建设总公司、北京城建集团、中交第三航务工程局有限公司等单位；1人就职于建设单位；1人考取公务员；1人在房地产单位工作；1人就职于在中国建设银行。职位分布如图8-11所示。

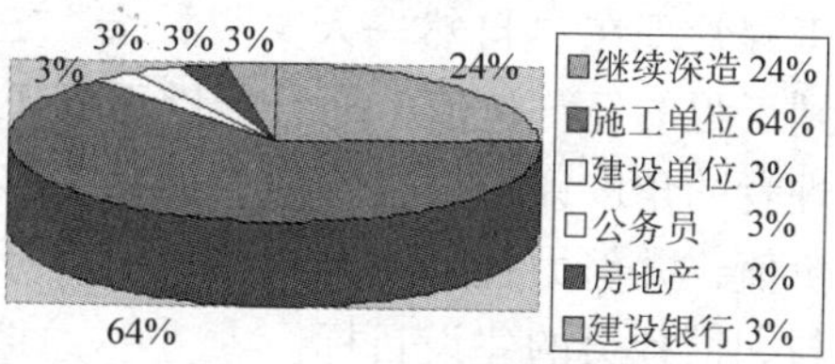

图8-11　某校工程造价专业毕业生职位分布

8.4.3　现代社会对工程造价专业学生的要求

随着社会的发展，工程活动已经成为了人类活动的中心领域，与工程有关的问题往往是人类面对的关键问题。一方面，工程作为直接的现实的生产力，将持续地塑造人类当前和未来的存在状况。随着城市化的进程，企业的组织结构、劳动就业结构、企业管理制度和整个经济管理方式发生着改变，人们的劳动方式、工作方式、生活方式、休闲方式等都将发生巨大变化，从而改变人们的思想观念、道德观念和思维方式。另一方面，作为面向未来的人类行动，工程活动包含着风险和不确定性。人类社会面临的突出问题的产生与工程有着千丝万缕的联系。无论是环境污染问题，还是温室效应问题，都是明显的例证。可见，从事工程活动，也就意味着对人类未来的一种谋划，意味着对人类生存状况的一种重建。就此而言，那些直接参与工程创新活动的工程造价人才，担负着通过工程来营造人类未来的重大使命。

为了适应工程实践的需要和应对经济全球化、市场国际化的挑战，工程造价专业学生在具有良好的知识结构，较强的沟通、协调和分析问题、解决问题能力的同时，必须在下述方面提高素养，才能成为称职的工程造价人才。

(1) 较强的组织领导才能　工程造价人才必须具备较强的组织领导才能。随着工程在社会发展中的作用越来越大，以及科学、技术、工程和社会之间的互动越来越强，工程造价人才会有越来越多的机会扮演组织者和领导者的角色。优秀的工程造价人才必须掌握基本的组织领导原则，有能力处理工程活动中可能发生的冲突，成为各个专业工程领域的重要角色，参与工程项目的规划、设计和建设，在工程领域、政府组织、非政府组织、研究机构、教育机构中发挥作用，展示才能。

(2) 开放的头脑和灵活的思维能力　工程造价人才不仅需要充足的专业知识，更需要智慧，需要有开放的头脑和灵活的思维能力。为此，工程造价人才应该清醒认识工程项目在"自然—社会—人文"关联中的位置和作用，正确把握工程管理在"自然—人文—社会"三元互动系统中的地位和价值，不仅能够看到工程的经济价值，而且能够看到工程的非经济价值；不仅能够站在投资者和管理者的角度评价工程价值，而且能够站在全社会的角度评价工程的价值包括负面价值，并努力找到协调这些价值目标的途径，使工程活动真正服务于可持续发展与和谐社会的建设目标。

(3) 开阔的国际化视野，良好的人际交往技能与合作精神　在经济全球化时代，工程造价人才需要具备开阔的国际化视野，具有很强的跨文化沟通能力，拥有良好的人际交往技能与合作精神。工程活动的国际化意味着工程造价人才的全球流动，意味着随时需要跨越国界的工程创新团队。工程造价人才只有具备了良好的内部和外部沟通技能，对全球市场和政治、经济、社会背景的复杂性有深入理解，才能适应经济全球化和市场国际化趋势。

(4) 强大的知识更新能力　工程造价人才需要具有很强的知识更新能力。当今社会的快速变化和工程复杂性的增加，以及知识老化速度的加快，尤其是各种标准和规范的推陈出新，迫切需要工程造价人才不断地更新知识，努力增强学习能力和创造能力，成为一个终身学习者，善于学习新事物并能够将新获得的知识应用于发展变化着的工程实践。

(5) 积极参与公共政策的讨论和咨询过程　随着工程造价作用的进一步凸现，工程造价人才将会更经常地介入公共政策的讨论和咨询过程。工程造价人才介入有关公共政策议题的讨论，不仅是工程造价人才自身的责任，而且对于工程造价职业的整体形象来说也是十分必要的。充分认识工程与公共政策互动良性关系，有利于降低工程风险，增加工程成功的机会。

本章小结

国际上，工程造价专业人士从总体上可以分为造价工程师和工料测量师两大体系。工程造价相对偏重于工程设计和造价控制，从工程科学的角度出发，注重运用工程技术手段实现造价的预算与控制。而工料测量相对偏重于建筑设计和工料度量，更多地强调从管理科学的角度出发，利用管理和专业技能提升项目的价值。

在我国，工程造价专业人士包括造价员和造价工程师。造价员是指取得《全国建设工程造价员资格证书》，在一个单位注册从事建设工程造价活动的专业人员。造价工程师是指取得《造价工程师注册证书》，在一个单位注册从事建设工程造价活动的专业人员。造价工程师执业资格考试由国家住房和城乡建设部与国家人事部共同组织，实行全国统一大纲、统一命题、统一组织的办法，考试每年举行一次。造价工程师专业能力包括基本能力、执业能力和发展能力。

工程造价专业学生就业领域包括建设单位、设计院、施工单位、房地产企业、咨询和监理单位、高校、定额办、造价总站、建设银行工程造价中心、招标投标代理机构等。

工程造价专业学生不仅要具有良好的知识结构，较强的沟通、协调和分析问题、解决问题能力，还需具备较强的组织领导才能，开放的头脑和灵活的思维能力，开阔的国际化视野，良好的人际交往技能与合作精神，很强的知识更新能力，积极参与公共政策的讨论和咨询过程，才能满足现代社会的需要，成为称职的工程造价人才。

【关键概念】 专业人士、人事制度、执业资格、专业能力、执业环境、执业范围、人才需求、就业指导

复习思考题

8.1　造价工程师体系和工料测量师体系有何异同？

8.2　报考我国注册造价工程师有哪些要求？考试有哪些内容？

8.3　我国注册造价工程师要面临哪些责任风险？如何控制这些风险？

8.4　现代社会对工程造价专业学生的有什么新的要求？

8.5　思考自己的就业方向，对自己的职业生涯进行初步规划。

参 考 文 献

[1] 罗福午. 土木工程(专业)概论[M]. 武汉：武汉理工大学出版社，2005.

[2] 顾祖惠. 工程项目建设基本知识[M]. 上海：同济大学出版社，2005.

[3] 刘光忱. 土木建筑工程概论[M]. 大连：大连理工大学出版社，2008.

[4] 李毅，王林. 土木工程概论[M]. 武汉：华中科技大学出版社，2008.

[5] 郑天旺，李建峰. 土木工程施工[M]. 北京：中国电力出版社，2005.

[6] 严玲，尹贻林. 工程造价导论[M]. 天津：天津大学出版社，2004.

[7] 刘亚臣，刘宁. 工程管理概论[M]. 大连：大连理工大学出版社，2008.

[8] 任宏. 建设工程管理概论[M]. 武汉：武汉理工大学出版社，2008.

[9] 梁基照. 工程管理学[M]. 北京：国防工业出版社，2006.

[10] 李建峰. 工程计价与造价管理[M]. 北京：中国电力出版社，2005.

[11] 马楠. 建设工程造价[M]. 北京：清华大学出版社，2006.

[12] 梁川，等. 工程建设投资与经济管理[M]. 成都：四川大学出版社，2007.

[13] 魏文彪. 工程项目施工成本管理便携手册[M]. 北京：地震出版社，2005.

[14] 姚兵. 建筑经济学研究[M]. 北京：北京交通大学出版社，2009.

[15] 白永秀. 市场经济教程[M]. 北京：中国人民大学出版社，2006.

[16] 关强，孙凤英. 交通运输工程学科专业概论[M]. 北京：人民交通出版社，2007.

[17] 周和生，尹贻林. 建设项目全过程造价管理[M]. 天津：天津大学出版社，2008.

[18] 吴现立，冯占宏. 工程造价控制与管理[M]. 武汉：武汉理工大学出版社，2008.

[19] 刘伊生. 建设工程全面造价管理——模式·制度·组织·队伍[M]. 北京：中国建筑工业出版社，2010.

[20] 杜栋. 协同管理系统[M]. 北京：清华大学出版社，2008.

[21] 杨德广，谢安邦. 高等教育学[M]. 北京：高等教育出版社，2009.

[22] 徐蓉. 建设工程工程量清单与造价计算[M]. 上海：同济大学出版社，2009.

[23] 徐占发，佟令玫. 土建工程概论与实训指导[M]. 北京：人民交通出版社，2007.

[24] 刘富勤，陈德方. 工程量清单的编制与投标报价[M]. 北京：北京大学出版社，2006.

[25] 熊伟，王辉. 关于《工程造价》专业人才培养目标及课程设置体系初探[J]. 高等教育研究(成都)，2006.

[26] 唐伯武. 大学新生入学导论：走进河南工业职业技术学院[M]. 武汉：武汉理工大学出版社，2008.

[27] 刘佛翔，代春艳. 人员素质测评[M]. 长春：吉林大学出版社，2005.

[28] 鲁宇红. 大学生职业生涯规划与就业指导[M]. 南京：东南大学出版社，2008.

信息反馈表

尊敬的老师：

您好！感谢您多年来对机械工业出版社的支持和厚爱！为了进一步提高我社教材的出版质量，更好地为我国高等教育发展服务，欢迎您对我社的教材多提宝贵意见和建议。另外，如果您在教学中选用了**《工程造价（专业）概论》（李建峰等编著）**，欢迎您提出修改建议和意见。索取课件的授课教师，请填写下面的信息，发送邮件即可。

一、基本信息

姓名：________ 性别：________ 职称：________ 职务：________

邮编：________ 地址：____

学校：____________________________________

任教课程：____________ 电话：____—________（H）________（O）

电子邮件：____________________ 手机：________ QQ：________

二、您对本书的意见和建议

（欢迎您指出本书的疏误之处）

三、您对我们的其他意见和建议

请与我们联系：

100037 机械工业出版社·高等教育分社 刘涛 收

Tel：010-8837 9542（O），6899 4030（Fax）

E-mail：ltao929@163.com

http://www.cmpedu.com（机械工业出版社·教材服务网）

http://www.cmpbook.com（机械工业出版社·门户网）

http://www.golden-book.com（中国科技金书网·机械工业出版社旗下网上书店）

信息反馈表